NUTRITION

에센스

영양학

서광희 · 서정숙 · 이승교 · 정현숙
박찬윤 · 윤예리 · 이윤정 · 정유미

㈜지구문화
JIGU CULTURE Co.Ltd

머리말

현대는 웰빙 시대(건강식품)를 지나 메디푸드, 즉 치료음식의 시대로 접어 들었습니다. 영양섭취를 중시하는 추세로 트렌드가 변하고 있다는 말입니다. 그만큼 많은 사람들이 영양과 건강한 식생활에 대한 관심이 높아졌습니다.

이러한 관심은, 현대 사회에서 삶을 건강하게 영위하기 위해서는 식도락이나 영양적인 측면, 그리고 다이어트가 고려된 음식을 섭취하는 것이 가장 중요하다고 사람들이 생각하기 때문입니다.

이 책은 현대인에게 필요한 영양소를 분석하고 어떤 방법으로 섭취해야 하는가에 대한 지식을 총정리해 담았습니다. 에너지의 주된 공급원이 되는 영양소로부터 미량이라도 반드시 필요한 성분까지 총체적으로 다루었고, 2020년 개정에 따라 영양소 섭취기준을 연령별 · 성별 필요량을 다루는 등 식품영양계열 종사자를 포함한 학생뿐만 아니라 일반인들에게도 바람직한 정보들을 제공하고 있습니다.

이 책에서는 음식의 영양분이 인체로 흡수되는 과정과 구조를 자세히 다뤘을 뿐만 아니라 인체가 외부로부터 받아들인 영양소들을 어떻게 흡수하고 활용하는지를 그림과 함께 쉬우면서도 새롭게 설명 · 작성하였습니다.

필자들의 미숙한 지식으로 인하여 미흡한 점도 많을 것으로 생각되나 앞으로 판을 거듭하면서 재검토하고 보완하여 보다 체계화된 영양학 교재로 꾸며 나갈 것을 다짐합니다.

끝으로 이 책의 출판을 위해서 애써주신 (주)지구문화 임직원여러분께 심심한 감사를 드리는 바입니다.

임인년 새 봄에

저자 대표

차 례 CONTENTS

Chapter 3 지 질

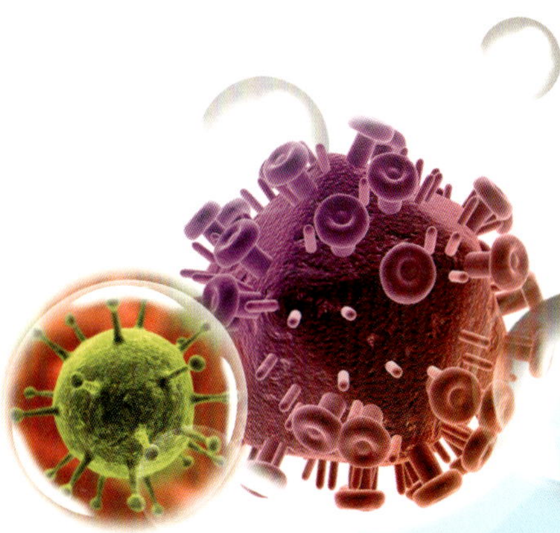

Chapter 4 단백질

Chapter 5 에너지 대사

CONTENTS

Chapter 8 수분, 체액과 산-염기 평형

CONTENTS

Chapter 9 지용성 비타민

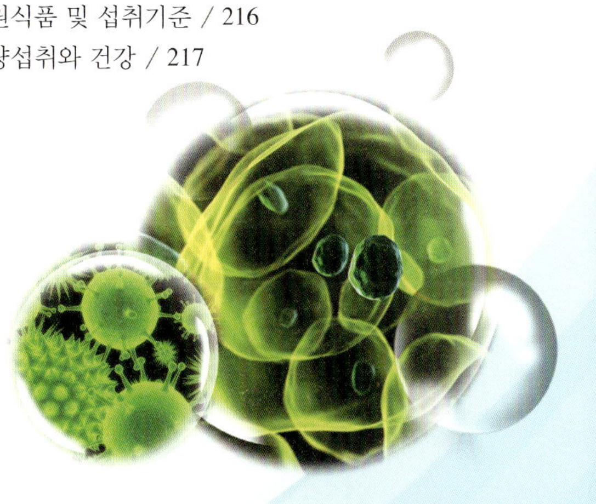

Chapter 10 수용성 비타민

CONTENTS

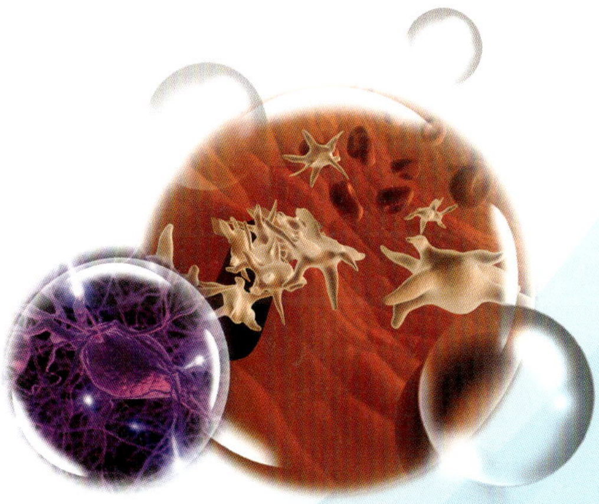

Chapter 1

영양의 개요

제1절 서 론

1 건강이란?

세계보건기구(WHO, World Health Organization) 주최로 1946년 뉴욕에서 개최된 '건강관련 국제회의' 에서 "건강이란 단지 질병이 없거나 허약하지 않은 상태를 뜻하는 것이 아니고, 신체적 · 정신적 그리고 사회적으로 완전하게 양호한 상태를 의미한다." 라고 정의하였다.

2 영양결핍과 영양과잉 현상

신체가 필요로 하는 다양한 영양소의 균형이 잘 갖추어진 건강식을 실천하기 위해서는 여러 가지 식품을 매일 골고루 섭취해야 한다. 부적절한 식생활로 인하여 영양소의 부족과 과잉 현상이 계속되면 영양 불균형 상태가 되어 건강을 해치는 일이 발생할 수 있다.

영양학자들이 영양소의 고른 섭취를 주장하는 핵심적인 이유는 인체의 영양균형이 깨질 때 면역기능이 저하되기 때문이다. 면역기능이 저하된다는 것은 백혈구의 수가 줄어든다는 것을 의미하고, 결국 각종 병원균에 노출되어 병이 나게 된다.

음식을 골고루 섭취하지 않고 편식을 하면 겉으로는 정상으로 보이지만 속은 특정 영양소 부족으로 영양결핍 현상을 일으켜서 비정상 상태가 되는데 이를 '경계 결핍증' 이라고 한다. 경계 결핍증이 무서운 이유는 영양불균형으로 인해 인체의 면역력이 떨어져서 쉽게 질병에 걸릴 수 있기 때문이다.

또한 영양소를 오랫동안 과잉섭취하면 영양과잉이 되어 해로운 상태가 된다. 예를 들면 철분의 과잉섭취는 간 손상을 초래하고, 비타민 A의 과잉섭취는 간 손상과 함께 구토 · 두통 · 현기증 · 시력손상 등을 나타낸다.

최근에 가장 흔한 영양과잉 증상은 열량 영양소의 과다섭취로 인한 비만증이다.

3 영양(nutrition) 이란?

사람이 건강을 유지하기 위해서는 물과 산소뿐만 아니라 충분한 휴식, 그리고 적당량의 음식물이 필요하다.

생물체가 필요한 물질을 외부로부터 섭취해서 건강을 유지하는 모든 현상을 '영양'이라고 하는데, 여기에는 식품의 생산 · 가공 · 저장 · 유통과정 · 국가정책 · 조리급식 등을 포함해야 하고, 음식물 즉, 영양소를 섭취하는 인간의 심리적 · 물리적 · 생화학적 · 의학적인 요인, 그리고 식사환경 · 인체의 상태 · 사회적 배경 등도 포함해서 생각해야 한다.

WHO는 "생명이 있는 유기체가 생명의 유지 · 성장 · 발육, 장기 · 조직의 정상적 기능의 영위, 에너지의 생성을 위해 음식물을 이용하는 과정이 곧 영양이다."라고 하였다.

(1) 영양학(nutritional science)

영양학은 영양이라는 넓은 영역 중 과학적으로 체계화된 것, 즉 "인체와 영양소와의 관계" 혹은 "인체 내에서의 영양소의 작용을 연구하는 학문"이라고 할 수 있다.

영양소 중의 몇 가지는 체내에서 합성되지만 근본적으로는 합성하지 못하기 때문에 외부에서 이들을 섭취해야 한다. 영양학에서는 영양소의 성질, 필요량, 결핍 증세, 음식의 소화 및 흡수문제 등을 취급한다.

우리가 음식을 섭취하면 소화 · 흡수 · 대사과정을 거쳐서 이용되어 생명을 유지할 수 있다. 이런 점에서 볼 때 영양학은 단독으로 분리된 학문이 아니고 자연과학을 포함해서 사회과학 · 인문과학에 걸친 넓은 학문분야에 관련된 응용과학(applied science)이라고 할 수 있다. 영양학은 기초영양학(basic nutrition), 임상영양학(clinical nutrition), 보건영양학(public health nutrition), 그리고 응용영양학(applied nutrition)으로 크게 나눌 수 있다.

기초영양학은 앞에서 설명한 협의의 영양과학(nutritional science)이다. 인체를 대상으로 소화 · 흡수, 체내 각 기관의 대사 및 생리작용의 관련성 등의 사항을 취급한다.

임상영양학은 비건강인을 대상으로 하여 의학과 생화학의 도움을 받아 질병의 적극적 치료의 일환으로 발전하고 있다. 즉, 각종 질병이 있을 때의 영양현상을 연구하고 질병의 예방과 치료에 관한 영양대책의 이론을 확립하고 실천하는 데에도 관련되며 식이요법도 연구한다.

보건영양학은 개인 또는 지역사회인들의 건강을 위해서 영양문제와 문화 · 사회 · 경제적 요인과의 관계를 연구하여, 건강과 영양상태를 증진시키기 위하여 필요한 영양개선의 계획과 실천 및 그 평가에 필요한 지식과 기술을 다루는 과학이라고 할 수 있다.

사람의 건강과 위생을 강조할 때는 보건영양학이라는 말을 쓰고 지역사회인의 영양교육을 강조할 때는 지역사회영양학이라는 용어를 쓴다.

응용영양학은 인간의 성장, 발육 · 임신 · 분만 · 수유기 · 유아기 · 이환 시 등에 따라 영양섭취와 영양상태, 사회경제 및 인구와 영양문제, 노동과 영양문제, 질병을 유발하는 식사성 요인, 급식문제, 영양지도, 환경과 식생활문제, 영양정책문제 등을 총괄하여 취급하는 영양학이다.

결론적으로 영양학은 생화학 · 의학 · 생리학에서 얻은 과학적 지식을 기초로 해서 실제의 식생활에 결부시켜 실행하는 학문이다. 즉, 개인과 가족 및 지구상의 모든 사람들의 건강 유지와 증진을 목표로 인류를 위해 공헌하는 학문이 영양학인 것이다. 그러므로 인간이 태어나면서부터 수명을 다하기까지 건강상태를 유지하기 위해서 어떤 음식물을 얼마만큼, 어떤 형태로 섭취하는 것이 가장 바람직한가를 밝혀내는 것이 반드시 필요하다.

(2) 영양소 (nutrient)

영양소는 식품을 구성하고 있는 물질 중 우리 몸에 에너지를 공급하고 성장과 조절 등 건강을 유지하는 데 필요한 성분으로, 인간이 필요로 하는 영양소는 당질 · 지질 · 단백질 · 무기질 · 비타민 · 물의 6가지로 분류된다.

매일 섭취하고 있는 음식물은 다음의 3가지 역할을 하는데, 이는 음식물에서 공급되는 영양소의 기능에 따른 것이다.

① 음식물은 에너지 (energy)를 생성한다.

인간이 살아가기 위해서는 에너지가 필요하다. 이러한 에너지는 밥이나 빵 · 국수 등의 곡류, 감자, 설탕 등과 버터나 식물성 기름인 유지로부터 주로 얻는다.

에너지원이 되는 주요 영양소는 당질과 지방, 그리고 고기 · 생선 · 달걀 등에서 얻는 단백질이다. 이들 영양소는 체내에서 여러 가지 화학변화에 의해 에너지를 생성한다.

② 음식물은 신체조직을 만든다.

신체가 성장하는 시기에는 여러 가지 영양소가 요구된다. 섭취하는 음식물의 종류와 양에 따라 성장에 미치는 영향이 크다.

신체를 만드는 영양소로는 단백질과 무기질이 중요하다. 단백질을 많이 함유한 식품으로는 고기, 생선, 달걀, 대두 및 치즈 등이 있으며, 무기질의 급원으로는 칼슘이 많은 우유나 뼈째 먹는 생선 및 철을 다량 공급하는 간을 비롯하여 기타 여러 식품에도 무기질이 함유되어 있다.

③ 음식물은 체내에서 여러 가지 기능을 조절하며 지배하는 성분을 지니고 있다.

체내에서는 여러 가지 변화가 복잡하게 진행되고 있다. 여러 반응의 진행이나 조절을 하는 물질은 물을 비롯한 비타민, 무기질, 단백질 등이다.

비타민의 발견은 장기간의 항해에 따른 생채소 섭취의 부족, 백미 중심의 식생활 등으로 인한 건강 악화의 원인 규명에 의해 시작되었다. 나아가서 효소 화학의 진보에 따라 비타민의 중요성이 더욱 확실하게 규명되었다.

4 영양학의 발달과정

(1) 메소포타미아, 이집트 시대

선사시대의 메소포타미아 사람들은 사람의 몸이 별의 운행에 의해 지배되며 신의 의도 하에 있다고 생각했다. 이들은 이미 혈관에는 동맥과 정맥의 구별이 있다는 사실을 문헌에서 표현하고 있다.

이집트 사람들은 생명의 숨결에 정기(pneuma)라고 하는 기체가 포함되어 있어 이것이 사람의 생명을 유지하는 원천이라 여겼으며, 이런 추상적인 물질관은 근대에 로랑 라부아지에(Laurent Lavoisier, 1743~1794)가 산소를 발견하기까지 계속되었다.

(2) 고대 그리스 시대의 생명관, 건강관

고대 그리스 시대의 대표적인 철학자였던 히포크라테스(Hippocrates, 460~375 B.C)는 4원소설을 주장했다. 사람의 혈액 · 점액 · 담즙은 음식물로부터 만들어지며 병은 자연력으로 치료된다고 하여 자연의 힘과 음식물의 중요성을 설명하였다. 그는 실험은 하지 않았으나 "자연적으로 몹시 뚱뚱한 사람은 마른 사람보다 빨리 죽기 쉽다."라는 말을 남겼다. 이 말은 현재에 와서 과학적으로 규명되었다.

4원소에 더 보태어 눈에 보이지 않는 에테르(ether)의 존재를 설명한 아리스토텔레스(Aristoteles, 384~322 B.C)도 이 시대의 사람이다.

(3) 중세 연금술 시대~근세

로마 · 이슬람 시대에는 병에 잘 듣는 약초요법 등이 탄생했다. 연금술의 시대에 와서는 큰 업적은 없었지만 이탈리아의 르네상스를 대표하는 예술가 · 생물학자 · 항공항해 기술자였던 레오나르도 다빈치(Leonardo da Vinci, 1452~1519)가 "인간은 영양물을 섭취하지 않으면 살아갈 수 없다."라고 하였다.

다빈치가 사망한 지 얼마 안 되어 이탈리아의 산토리우스(Santorius, 1561~1636)는 자신의 체중을 측정하면서 '아무것도 먹지 않고 아무 배설도 없었지만 체중이 줄어든다.' 라는 사실을 발견하였다.

이는 오늘날 말하는 '불감증설(insensible perspiration)' 로서 에너지 발생에 수반되는 H_2O와 CO_2가 몸으로부터 사라졌기 때문이었다.

(4) 근대화학의 탄생기

보일(Boyle, 1627~1691)은 근대화학의 아버지로 불리운다. 이 시대에 기체연구에 대한 발전은 눈부셨다.

영국의 프리즐리(Priesley, 1733~1804)는 산소를 발견하였고, 프랑스의 화학자 라부아지에(Lavoisier, 1743~1794)는 이산화탄소가 탄소와 산소의 결합으로 만들어진다는 것을 밝혀냈으며, 그가 만든 천칭과 한난계로 실험을 하여 에너지 대사의 기초를 만들었다. 이를 통해 그는 영양학의 시조(始祖)라고 불리고 있다.

18~19세기에 걸쳐 영양소의 발견이 왕성하였다. 마가린이라고 불리던 스테아르산(stearic acid), 염소의 기름인 카프르산(capric acid), 글리세린(glycerin)이 18세기 후반에 잇달아 발견되고, 1840년을 전후해서 전분 · 설탕을 카보하이드레이트(carbohydrate), 그리고 단백질을 프로테인(protein)이라고 부르기 시작했다.

한편, 체내의 소화상태도 점차 밝혀졌는데 후에 간장 글리코겐(glycogen)의 발견자인 베르나르(Bernard, 1813~1878)는 췌액이 지방을 소화할 수 있다는 사실을 알았고, 타액이 전분을 분해한다는 것도 다른 학자가 확인했다.

이 시기에 무기질에 대한 연구도 행해짐으로써 K, Na, Ca, I에 대한 기록이 발견되었고, 1838년에는 혈액의 적색소에는 다량의 산소가 결합되어 있으며 조직에서 철(Fe)을 함유한 색소가 호흡에 관여한다는 사실이 스웨덴의 베르젤리우스(Berzelius, 1779~1848)의 저서에 기록되었다. 이때 이미 철분제가 빈혈환자에게 투여되고 있었다.

(5) 현대영양학의 시초

에너지 대사에 관한 연구는 19세기 후반에 더욱 왕성해졌다. 19세기 독일의 화학자 리비히(Liebig, 1803~1873)는 열량소가 몸에서 산화되는 결과를 보기 위해 식품의 에너지값을 계산했는데, 단백질은 질소(N)를 함유하여 에너지가 된 뒤, 소변의 질소가 되어서 배설된다고 했다.

애트워터(Atwater, 1844~1907)는 로사(Rosa)와 함께 칼로리메타를 제작했다. 이어서 봄베 열량계(Bomb-calorimeter)의 식품연소치를 바탕으로 하여 탄수화물 · 지방 · 단백질 각 1g에 대해 각각 4 · 9 · 4kcal의 열량이 발생한다고 하는, 이른바 애트워터 열량계수를 제시하였다. 이 계수는 오늘날에도 이용되고 있다.

이처럼 에너지 연구가 행해지는 한편, 영양생리 · 대사에 관한 연구성과도 뚜렷해졌다. 위액, 췌액, 소장의 소화효소 작용이 잇달아 밝혀지고 나아가 독일의 피셔(Fisher, 1825~1919)나 리비히(Liebig) 등을 중심으로 음식물의 영양소가 화학적으로 해명되었다.

(6) 20세기 – 비타민의 발견, 영양학의 확립

비타민의 발견은 20세기 최초의 커다란 사건이었다.

영국 생물학자 홉킨스(Hopkins, 1861~1947)는 아미노산 중 트립토판(tryptophan)을 발견했는데, 쥐가 4가지 영양소만으로는 자라지 않으며, 전유(全乳)를 주었더니 무사히 자랐다는 사실에서 별도의 영양소인 '보조인자(accessory factor)'가 우유에 포함되어 있다고 주장했고, 이것이 비타민 발견의 계기가 되었다.

에이크만(Eijkman, 1858~1930)은 백미로 사육된 닭이 각기병을 일으켰으나 쌀겨로 치료했다고 발표했다. 풍크(Funk, 1884~1967)는 1911년에 쌀겨에서 새의 각기병을 치료하는 인자를 추출해서 처음으로 비타민(vital amine, vitamine, 생명력이 넘치는)이라고 이름 붙였다.

1920년에 드러먼드(Drummond, 1891~1952)의 제의에 의해서 vitamine의 어미 e를 제거하기로 하여 vitamin이 되었다. 맥컬럼(McCollum, 1879~1967)은 1913년에 기름에 녹는 영양소를 fat-soluble A(지용성 A), 물에 녹는 영양소를 water-soluble B(수용성 B)라고 불렀다. 비타민의 발견은 1930~1940년에 급격하게 늘어났으며 발견한 순서대로 A, B, C, E 등으로 불렀다. 비타민 K의 경우는 혈액응고를 의미하는 'koagulation'에서 따온 이름이다.

한편 대사 연구도 눈부시게 진보했다.

엠덴(Embden, 1874~1933), 마이어호프(Meyerhof, 1884~1951), 코리(Cori) 부부(1896~1984, 1896~1957)는 포도당이 젖산을 만드는 '해당계' 임을 밝히고, 1937년에 독일의 크렙스(Krebs, 1900~)가 포도당을 완전히 체내에서 산화해서 에너지를 만드는 TCA cycle(구연산회로)의 순서를 밝혀냈다. 지질에 대해서는 누프(Knoop, 1875~1946)가 베타(β)–산화설(1905)을 주장했는데, 지방이 체내에서 분해되는 것으로 현재에도 놀랄만한 일이다.

지방에 관한 20세기 최고의 위대한 업적은 필수지방산의 발견일 것이다. 1930년 미국의 버(Burr) 부부는 흰쥐에게 리놀레산(linoleic acid)과 리놀렌산(linolenic acid)을 주지 않으면 각기가 생기거나 꼬리가 비늘 모양으로 거칠어진다는 것을 알고서 지방은 에너지뿐만 아니라 필수지방산을 공급하는 것에 의의가 있다는 사실을 발견했다.

단백질 연구는 미국의 오스본(Osborne, 1859~1929)과 멘델(Mendel, 1872 ~1935)에 의해 시작되었으며 옥수수의 제인(zein)을 써서 실험용 흰쥐에게 리신(lysine)과 트립토판(tryptophane), 2가지 아미노산이 필요하다는 것을 밝혀낸 것은 단백질 영양연구에 있어서 큰 업적이었다. 로즈(Rose)는 성인에서의 필수아미노산은 8종류, 유아기에는 히스티딘(histidine)을 더해서 9종류로 결정하였다.

한편, 무기질 분야도 미국의 셔먼(Shermann), 맥컬럼(McCollum) 등을 중심으로 Ca, P 등의 연구가 진행되었고, 최근에는 미량무기질의 필요성이 점차 밝혀지고 있다.

20세기 전반에 걸쳐 화학을 비롯해 물리학 · 생물학과 같은 기초과학이 크게 발달했는데 특히 분석기술의 진보는 주목할 만하다. 비타민이나 아미노산의 미생물 정량법이나 크로마토그래피(chromatography)에 의한 아미노산의 분석, 방사선 동위원소를 이용하는 대사실험, 전기영동법 및 초원심법에 의한 고분자 생체물질의 분리, 전자현미경에 의한 관찰 등 매우 많은 분석이 이루어졌다.

(7) 20세기 후반-건강을 목표로 하는 영양학, 실험 분야에의 진출

1950년대 미국의 젊은 화학자인 왓슨(J. D. Watson)과 크릭(F. H. C. Crick)이 핵산의 구조를 밝혀냈다. 생어(Sanger, 1955)가 인슐린의 아미노산 배열순서를 밝힘으로써 급속하게 유전의 연구나 단백질의 생합성 메커니즘이 해명되어 이른바 바이오 테크놀로지 시대가 왔다. 생체리듬(biorhythm) 연구도 영양적으로 영향을 주고 있다. 특히 식욕 · 소화 · 대사 등 영양에서 기본이 되는 현상에 생체 리듬이 깊숙히 관계하고 있다는 사실은 영양학의 새로운 연구분야를 보여주었다.

또한 워커(A.R.P Walker), 클리브(T. L. Cleave) 등은 아프리카의 '반쓰' 라는 종족이 백인에 비해 심장질환이나 동맥경화 발생률이 낮은 것은 식사에 섬유소가 많은 것과 관계가 있다고 생각하였다. 1971년 버킷(D. P. Burkitt)은 섬유소 섭취량이 적으면 대장암에 걸리기 쉽다고 하였는데, 이후 섬유소가 혈청 콜레스테롤 저하작용도 한다는 것이 잇달아 보고되면서 섬유소의 영양상 의의가 인정되었다.

최근 선진국에서 포식과 과식에 따른 비만과 동물성 지방의 과다섭취에 의한 동맥경화 외에 식염의 지나친 섭취로 인한 고혈압 등 영양소의 영향이 주목을 받고 있다. 질병으로 이어지는 영양은 임상영양학을 발생시켰고, 영양학 지식이 적극적으로 병의 치료에 응용되는 결과로 이어졌다.

한편, 영양학을 인문 · 사회과학과 접목하려는 시도가 보이는 것도 최근 영양학의 특징이다. 즉, 사람이 지리적 · 민족적으로 어떤 식사형태를 취하고 있으며, 이것이 영양에 어떤 영향을 주는가 등을 생태학적 방법으로 연구하는 영양생태학 등이 그 예이다. 각 나라마다 식사목표를 정한 것도 영양학의 실천분야에서 좋은 예라고 할 것이다. 영양권장량의 책정, 국민영양조사, 집단급식 실시, 영양교육 실시 등은 영양학이 사회에 공헌하는 중요한 예들이다.

이와 같이 영양학은 이미 단순한 기초과학의 개념을 넘어 종합학문의 형태를 갖추고 있다. 사람들의 건강을 증진하기 위해서 역학연구나 분자 수준에서의 연구가 요구되고, 그들의 연구성과를 살려나가는 것이 미래의 인류발전으로 이어지는 영양학의 사명일 것이다. 그러므로 영양학은 앞으로 가장 큰 발전이 기대되는 학문의 하나라고 할 수 있다.

5 영양 관련 국제기구

영양문제는 전 세계인의 관심사이고 건강문제와 직결되므로 여러 국제기관에서 많은 사람들이 활약하고 있다. 그 주요 기구는 다음과 같다.

(1) 국제연합식량농업기구(FAO)의 영양분과위원회

FAO(Food and Agriculture Organization)는 1945년에 발족된 UN의 전문기관으로서 세계 각 국민의 영양 · 식량 · 농림 · 어업의 증산, 분배의 개선과 생활의 향상, 농촌생활개선을 행한다. 본부는 로마에 있다.

(2) 국제연합세계보건기구(WHO)의 영양분과위원회

WHO(World Health Organization)는 1948년에 발족한 UN의 전문기관이다.

여기에서는 임상영양에 관한 일을 하고 있다. 그 외 각 국민의 보건사업의 지도, 조정, 원조, 검역, 감염병 발생의 감시, 국제적인 질병 · 장해 등의 통계작성도 한다.

(3) 국제연합아동기금(UNICEF, The United Nations International Children's Emergency Fund)

이 기관에서는 아동의 복지와 영아, 아동, 임산부, 수유부의 급식문제를 취급한다.

이들 기관의 한결같은 노력에 의해 세계의 식량 · 영양 · 건강분야에서의 혜택은 끝이 없을 정도이다. 그럼에도 불구하고 지구상의 빈부격차는 여전히 커서 5억을 넘는 사람들이 아직도 식량의 결핍으로 기아에 시달리고 있다.

특히 아시아, 아프리카, 라틴아메리카에서는 인구 중 20~30%의 사람들이 낮은 영양 상태에 처해 있다. 녹색혁명이나 단백질 격차(protein gap) 해소 등의 노력을 실시하고 있으나 아직도 결실을 맺지 못하고 있다.

(4) 세계식량계획(WFP, World Food Programme)

세계식량계획은 전 세계에서 기아로 고통받는 사람들에게 식량을 지원하는 세계 최대의 식량지원기구로 1961년에 유엔(UN) 산하기구로 설립되어 1963년에 출범하였고 이탈리아 로마에 본부가 있다. WFP의 주요사업은 긴급지원(emergency operation) 및 개발원조(development and recovery operation)로, 전 세계 기아퇴치를 목표로 한다. WFP는 연간 평균 전 세계 73개국 9천만 명 이상의 사람들에게 370만 톤의 식량을 지원하고 있다. 우리나라는 2011년부터 WFP 집행이사회의 이사국으로 참여하고 있다.

제2절 식생활과 건강

쌀을 주식으로 하고 있던 우리나라 사람들은 쌀을 먹음으로써 주요 영양소를 섭취하였다. 쌀은 탄수화물이 풍부해서 뛰어난 에너지원일 뿐만 아니라 다량으로 섭취하면 단백질도 섭취할 수 있었다. 하지만 매 끼니마다 다량의 밥을 먹는 것이 식염의 섭취량을 많게 하여 고혈압을 발생시키고, 다량의 밥을 빨리 먹는 것은 위장에 부담을 주었으며 또한 상대적으로 다른 영양소의 섭취를 부족하게 만들었다.

그러나 최근 몇 년 동안 식생활이 변화되었으며 식사는 주식 편중에서 부식에 중점을 두는 형태로 바뀌어 왔다. 이에 따라 최근 크게 증가한 성인병의 예방에 영양이 중요시 되고 있다.

또한, 아침식사를 거르는 인구의 증가나 가공식품을 섭취하는 사람이 늘어나 영양의 시간적 배분이나 영양소 간의 밸런스를 무너뜨리고 있다. 그러므로 청소년기의 체중증가가 장래에 성인병을 초래하지 않도록 적당한 운동이나 영양이 필요하다.

건강한 식생활의 기본은 다양한 식품을 적당한 양으로 섭취하여 영양의 균형을 맞추는 것이다. 한 가지 식품의 섭취로 모든 영양소의 필요량을 충족시킬 수는 없으므로 다양한 식품의 섭취를 통해 필요한 영양소를 골고루 공급받는 것은 매우 중요하다.

균형잡힌 식사는 모든 영양소가 적당한 양으로 포함되어 있는 식사를 말하며 이를 위한 가장 좋은 방법은 매 식사에서 여섯 가지 식품군을 골고루 섭취하는 것이다.

건강식품 제조업체 E 회사 부설 생명과학연구원은 최근 여대생 207명을 대상으로 '여대생의 식습관과 다이어트 및 영양실태' 에 대해 조사한 결과, 가임기인 여대생들의 체격 및 영양 불균형이 심각한 상태로 조사됐다고 밝혔다.

조사결과에 따르면 조사대상의 55.4%가 체중 이상이었고 20%가 마른 비만이었으며 20%가 복부 비만으로 나타났다. 또 전체의 90%가 영양 불균형 상태였으며 빈혈 · 위장질환 · 변비 등의 만성 질환을 앓고 있는 것으로 나타났다.

1 한국인 영양섭취기준

한국인 영양섭취기준(Dietary Reference Intakes for Korean : KDRIs)이란 질병이 없는 대다수의 한국 사람들이 건강을 최적상태로 유지하고 질병을 예방하는 데 도움이 되도록 필요한 영양소 섭취수준을 제시하는 기준이다.

영양소의 필요량뿐만 아니라 만성질환이나 영양소 과다섭취에 관한 우려와 예방의 필요성을 고려하고, 비타민과 무기질 보충 및 강화 또는 첨가식품의 이용 등 환경변화에 대처하기 위한 목적으로 영양섭취기준을 2005년에 제정하였다.

2010년에는 보완의 필요성이 제기되어 1차 개정하고 2015년에 2차 개정을 하였다. 조정된 내용은 성인연령기준을 20세에서 19세로 하향하였고, 소아청소년 체위기준이 다소 상향되어 식이섬유 · 칼륨 · 비타민 D · E 등의 충분섭취량을 수정하였다.

2020년 3차 개정에서는 최근 높아진 대사증후군과 만성 퇴행성 질환 예방을 위해 포화지방과 콜레스테롤 섭취기준을 19세부터 성인까지 적용하였다.

(1) 평균필요량 (Estimated Average Requirement : EAR)

건강한 인구집단의 50%에 해당하는 사람들의 1일 필요량을 충족시키는 값으로, 대상집단의 필요량 분포치의 중앙값으로부터 산출한 수치이다.

특정 인구집단의 영양섭취 실태평가나 식사계획에 이용할 수 있다.

(2) 권장섭취량 (Recommended Nutrient Intake : RNI)

건강한 인구집단의 97~98%의 영양필요량을 충족시키는 수준으로, 평균필요량에 표준편차의 2배를 추가한 값이며 대상 인구집단이 정상분포를 이루고 있음을 원칙으로 한다.

(3) 충분섭취량 (Adequate Intake : AI)

영양소 필요량에 대한 정확한 자료가 부족하여 권장섭취량을 산출할 수 없을 때 필요하다. 모든 연령층에 대해 식이섬유 · 비오틴 · 판토텐산(pantothenic acid) · 비타민 D, E, K · 칼륨 · 나트륨 · 염소 · 불소 · 망간 · 물의 AI를 정하고, 1세 미만 영아는 식이섬유를 제외한 보는 영양소의 AI가 정해진다.

(4) 상한섭취량 (Tolerable Upper Intake Level : UL)

대부분의 사람의 건강에 위해가 되지 않는 최대영양소 섭취수준으로 그 이상을 섭취할 경우에 독성을 일으킬 가능성이 있는 영양소를 대상으로 하였다. 이 수준까지 섭취하라는 의미가 아님에 유의해야 한다. 특히 지용성 비타민과 일부 미량원소는 흡수 후에 배설이 어렵기 때문에 독성을 나타내기 쉽다.

새로운 개념의 영양섭취기준은 한 영양소에 대하여 2~3가지 개념의 수치가 있으며 식생활의 내용을 정밀하게 평가하고 식사에 적용할 수 있도록 제정되었다.

2 균형잡힌 식사계획

(1) 식사 구성안

영양섭취기준은 건강한 사람이 건강을 유지하고 생활하기에 적절한 영양소의 양을 정한 것이어서 영양소의 양만을 정하고 모든 사람이 거기에 맞게 식품을 섭취할 것으로 기대하기는 어렵다. 그래서 모든 사람이 영양섭취기준을 만족할 수 있는 식사를 하기 위해서는 하루에 어떤 음식을 어느 정도 먹어야 하는지를 알려주기 위해 고안된 것이 식사 구성안이다.

균형잡힌 식생활을 위해서 식품이 함유한 영양소를 5가지 기초식품군으로 분류하여 매일 골고루 섭취하도록 권장하고 있다.

① 곡류 ② 고기, 생선, 달걀, 콩류 ③ 채소류 ④ 과일류 ⑤ 우유 및 유제품류

(2) 식사 구성안의 권장식사 패턴

한국인들이 많이 섭취하는 식품을 중심으로 식사 구성을 쉽게 하도록 표 1-1의 식품군별 대표식품의 1인 1회 분량과 함께 권장식사 패턴(표 1-2)을 제시한다. 한국영양학회에서는 한국인 영양섭취기준을 아동용 · 청소년용 · 성인용 · 노인용으로 연령대별로 제시하고 있다.

예를 들면 권장식사 패턴은 어린이와 성인의 음식 섭취양상이 다르고 우유 · 유제품에 대한 기호도 차이가 크므로 어린이와 청소년의 경우는 우유 · 유제품 2회 사용을 기준 (A 타입)으로 하였고, 성인은 1회 사용을 기준 (B 타입)으로 하였다.

표 1-1 각 식품군의 1인 1회 분량

식품군	1인 1회 분량
곡류	밥 1공기(210g), 국수 1대접(건면 100g), 식빵(대) 2쪽(100g), 감자(중) 1개(130g)*, 시리얼 1접시(40g)*
고기 · 생선 · 달걀 · 콩류	육류 1접시(생 60g), 닭고기 1조각(생 60g), 생선 1토막(생 60g), 달걀 1개(60g), 두부 2조각(80g), 콩(20g)
채소류	콩나물 1접시(생 70g), 시금치나물 1접시(생 70g), 배추김치 1접시(40g), 오이소박이 1접시(60g), 버섯 1접시(생 30g), 물미역 1접시(생 30g)
과일류	사과(중) 1/2개(100g), 귤(중) 1개(100g), 참외(중) 1/2개(200g), 포도(중) 15알(100g), 오렌지주스 1/2컵(100g)
우유 · 유제품류	우유 1컵(200g), 호상 요구르트 1/2컵(100g), 액상 요구르트 3/4컵(150g), 아이스크림 1/2컵(100g), 치즈 1장(20g)*

*표시의 식품들은 1회 분량 에너지의 1/2을 함유하고 있으므로 식단 작성 시 0.5회로 간주함.

표 1-2 권장식사 패턴(성인의 경우 1일 권장섭취량 횟수)

식품군 \ 적용대상	A타입					B타입			
	1,400A	1,600A	1,800A	2,000A	2,600A	1,600B	1,900B	2,000B	2,400B
	3~5세 유아	6~11세 여	6~11세 남	12~18세 여	12~18세 남	65세 이상 여	19~64세 여	65세 이상 남	19~64세 남
곡류	2	2.5	3	3	3.5	3	3	3.5	4
고기 · 생선 · 달걀 · 콩류	2	3	3.5	3.5	5.5	2.5	4	4	5
채소류	6	6	7	7	8	6	8	8	8
과일류	1	1	1	2	4	1	2	2	3
우유 · 유제품류	2	2	2	2	2	1	1	1	1

1) 곡류 : 식이섬유 섭취를 늘리기 위해서 잡곡류 사용을 권장함
2) 고기 · 생선 · 달걀 · 콩류 : 고기의 경우 살코기 기준이며, 지방 함량이 높은 식품을 이용할 경우에는 유지류를 추가 사용하는 것으로 간주해야 함
3) 채소류 : 소금 5g 이하의 영양목표를 달성하기 위해 가능한 싱겁게 조리하도록 함
4) 나트륨 : 국과 찌개류의 경우에는 건더기 위주로 섭취하도록 함
5) 과일류 : 식이섬유 섭취를 늘리기 위해 주스보다는 생과일 섭취를 권장함
6) 우유 · 유제품류 : 단순당질이 적게 함유된 제품을 권장함
7) 양념류 : 각 권장섭취 패턴에 이미 양념 사용량이 포함되어 있음. 여기서 양념이란 간장, 고추장, 된장, 소금 등의 조미료류를 말하며 50~85kcal 사용된 것으로 계산함

(3) 식사모형

식사 구성안의 이해를 돕고, 일반인이 쉽게 균형잡힌 식사를 계획할 수 있도록 만든 식품구성 자전거(Food balance wheels)가 식사모형이다. 자전거 뒷바퀴를 다섯 가지 식품군의 섭취횟수와 섭취분량에 비례하도록 나누고, 앞바퀴는 균형잡힌 식사와 함께 적절한 수분 섭취가 중요함을 강조하고 있다.

권장식사 패턴의 섭취횟수를 사용하여 가장 일반적인 2,000kcal 기준의 식단을 표 1-3과 같이 원의 면적 비율을 계산하고 식품구성 자전거의 모형으로 도식화하였다.

표 1-3 2,000kcal 기준의 두 가지 식단을 이용한 면적비율

식품군	2,000kcal(A, B 타입)			
	권장횟수	1회 분량	횟수 X 분량	면적 비율(%)
곡류	3	210	630	33
고기 · 생선 · 달걀 · 콩류	3.5	60	210	11
채소류	7	70	490	25
과일류	2	100	200	10
우유 · 유제품류	2	200	400	21
		총 합	1,930	100

그림 1-1 식품구성 자전거

보건복지부, (사) 한국영양학회, 한국인 영양섭취기준 개정판, 2015

3 한국인의 식사지침

식사지침은 질환의 예방과 부적절한 식생활 습관을 개선하여 건강상태를 유지하기 위해 실천해야 할 식생활 내용을 일반인들이 누구나 이해하기 쉽게 제시한 것이다.

보건복지부에서는 2002년도에 한국인을 위한 식사지침을 제정하였고, 2015년과 2020년에 새로운 한국인 영양섭취기준을 반영하여 영양목표 달성을 위한 실천적 방법을 제시하였다(표 1-4).

또한, 연령별 식생활 실천지침을 참고하도록 한다(표 1-5).

표 1-4 한국 성인을 위한 식생활지침과 세부지침

권장사항	제한사항
① 각 식품군을 매일 골고루 먹자. • 곡류는 다양하게 먹고 전곡을 많이 먹는다. • 여러 가지 색감의 채소를 매일 먹는다. • 다양한 제철과일을 매일 먹는다. • 간식으로 우유, 요구르트, 치즈와 같은 유제품을 먹는다. • 가임기 여성은 기름기 적은, 붉은 살코기를 적절히 먹는다.	① 짠 음식을 피하고 싱겁게 먹자. • 음식을 만들 때는 소금, 간장 등을 보다 적게 사용한다. • 국물은 짜지 않게 만들고, 적게 먹는다. • 음식을 먹을 때 소금, 간장을 더 넣지 않는다. • 김치는 덜 짜게 만들어 먹는다.
② 활동량을 늘리고 건강 체중을 유지하자. • 일상생활에서 많이 움직인다. • 매일 30분 이상 운동을 한다. • 건강체중을 유지한다. • 활동량에 맞추어 에너지 섭취량을 조절한다.	② 지방이 많은 고기나 튀긴 음식을 적게 먹자. • 고기는 기름을 떼어 내고 먹는다. • 튀긴 음식을 적게 먹는다. • 음식을 만들 때, 기름을 적게 사용한다.
③ 청결한 음식을 알맞게 먹자. • 식품을 구매하거나 외식을 할 때 청결한 것으로 선택한다. • 음식은 먹을 만큼만 만들고, 먹을 만큼만 주문한다. • 음식을 만들 때는 식품을 위생적으로 다룬다. • 매일 세 끼 식사를 규칙적으로 한다. • 밥과 다양한 반찬으로 균형잡힌 식생활을 한다.	③ 술을 마실 때는 그 양을 제한하자. • 남자는 하루 2잔, 여자는 1잔 이상 마시지 않는다. • 임신부는 절대로 술을 마시지 않는다.

표 1-5 연령별 식생활 실천지침

영유아를 위한 식생활 실천지침	임신 · 수유부를 위한 식생활 실천지침
① 생후 6개월까지는 반드시 모유를 먹이자. • 생후 1년까지는 모유를 먹이는 것이 좋다. • 모유를 먹일 수 없는 경우에만 조제유를 먹인다. • 조제유는 정해진 양을 물에 타서 아이를 안고 먹인다. • 잠잘 때는 젖병을 물리지 않는다. ② 이유식은 성장단계에 맞추어 먹이자. • 집에서 만든 이유식을 먹인다. • 신선한 재료를 위생적으로 조리한다. • 이유식은 간을 하지 않고 조리한다. • 이유식은 숟가락으로 떠 먹인다. ③ 곡류, 과일, 채소, 생선, 고기 등 다양한 식품을 먹이자. • 다양한 조리법으로 만들어 먹인다. • 싱겁고 담백하게 조리한다. • 안전한 식품을 사용한다.	① 우유 제품을 매일 3회 이상 먹자. • 우유를 매일 3컵 이상 마신다. • 요구르트, 치즈, 뼈째 먹는 생선 등을 자주 섭취한다. ② 고기나 생선, 채소, 과일을 매일 먹자. • 다양한 채소와 과일을 매일 섭취한다. • 살코기와 등푸른 생선 등을 자주 섭취한다. • 달걀과 콩 제품을 자주 섭취한다. ③ 짠 음식을 피하고, 싱겁게 먹자. • 장아찌나 젓갈 같은 짠 음식과 가공식품을 적게 섭취한다. • 음식을 만들거나 먹을 때 소금이나 간장을 적게 사용한다. ④ 술은 절대로 마시지 말자. • 술은 절대로 마시지 않는다. • 커피, 콜라, 차, 초콜릿 등 카페인 함유식품을 적게 섭취한다. ⑤ 안전한 식품을 선택하고, 위생적으로 관리하자. • 신선한 재료를 위생적으로 조리한다. • 가공식품이나 인스턴트 식품을 적게 섭취한다. ⑥ 임신부는 적절한 체중증가를 위해 알맞게 먹자. • 세 끼 식사와 간식을 즐겁게 섭취한다. • 일상적인 활동과 가벼운 운동을 규칙적으로 한다. ⑦ 수유부는 모유 수유를 위해 알맞게 먹자. • 음식과 물을 충분히 섭취하여 모유 부족을 예방한다.

어린이를 위한 식생활 실천지침	청소년을 위한 식생활 실천지침
① 채소, 과일, 우유 제품을 매일 먹자. • 여러 가지 채소를 매끼 섭취한다. • 우유를 매일 2컵 이상 마신다. ② 고기, 생선, 달걀, 콩 제품을 골고루 먹자. • 고기, 생선이나 달걀을 매일 섭취한다. • 콩이나 두부를 매일 섭취한다. ③ 매일 밖에서 운동하고, 알맞게 먹자. • 매일 걷기, 줄넘기, 뛰어놀기 등의 운동을 한다. • 나이에 맞는 키와 몸무게를 유지한다. ④ 아침을 꼭 먹자. • 하루에 두 끼 이상을 밥으로 섭취한다. • 좋아하는 반찬만 골라 먹지 않는다. ⑤ 간식은 영양소가 풍부한 식품으로 먹자. • 간식으로는 과일과 우유가 좋다. • 과자나 음료수 및 패스트푸드를 적게 섭취한다. • 불량식품을 먹지 않는다. ⑥ 음식을 낭비하지 말자. • 음식은 먹을 만큼 덜어서 먹고, 남기지 않는다. ⑦ 식사예절을 지키자. • 음식을 먹기 전에 손을 씻는다. • 제자리에 앉아서 바른 자세로 섭취한다.	① 채소, 과일, 우유 제품을 매일 먹자. • 다양한 채소와 과일을 섭취한다. • 우유를 매일 2컵 이상 마신다. ② 튀긴 음식과 패스트푸드를 적게 먹자. • 스낵류와 튀긴 음식을 적게 섭취한다. • 햄버거나 피자 등 패스트푸드를 적게 섭취한다. • 가공식품과 인스턴트 식품을 적게 섭취한다. ③ 건강 체중을 바로 알고, 알맞게 먹자. • 내 키에 맞는 체중을 알고 유지하도록 한다. • 활동량을 늘리고 매일 운동한다. • 무리한 다이어트를 하지 않는다. ④ 음료로는 물을 마시자. • 술은 절대 마시지 않는다. • 탄산음료를 적게 섭취한다. • 물을 자주 마신다. ⑤ 아침을 꼭 먹자. • 아침을 거르지 않는다. • 저녁을 제 시간에 섭취한다. • 한꺼번에 많이 먹지 않는다. ⑥ 위생적인 음식을 선택하자. • 불량식품을 먹지 않는다. • 가공식품의 영양표시와 유통기한을 확인한다. ⑦ 밥을 주식으로 하는 우리 식생활을 즐기자. • 하루에 두 끼 이상을 밥으로 섭취한다. • 밥과 다양한 반찬을 갖추어 섭취한다.

어르신을 위한 식생활 실천지침	성인을 위한 식생활 실천지침
① 채소, 고기나 생선, 콩제품 반찬을 골고루 먹자. • 다양한 채소 반찬을 매끼 섭취한다. • 고기나 생선, 계란, 콩 제품 반찬을 매일 섭취한다.	① 채소, 과일, 우유 제품을 매일 먹자. • 여러 가지 채소를 매일 섭취한다. • 다양한 제철 과일을 섭취한다. • 우유, 요구르트, 치즈 등 우유 제품을 간식으로 섭취한다.
② 우유 제품과 과일을 매일 먹자. • 우유, 요구르트나 두유를 매일 섭취한다. • 다양한 제철 과일을 섭취한다.	② 지방이 많은 고기와 튀긴 음식을 적게 먹자. • 고기는 기름을 떼어 내고 섭취한다. • 튀기거나 볶은 음식을 적게 섭취한다. • 등푸른 생선을 자주 섭취한다.
③ 짠 음식을 피하고, 싱겁게 먹자. • 장아찌나 젓갈 같은 짠 음식을 적게 섭취한다. • 음식을 만들거나 먹을 때 소금이나 간장을 적게 사용한다. • 국과 찌개의 국물을 적게 섭취한다.	③ 짠 음식을 피하고, 싱겁게 먹자. • 장아찌나 젓갈과 같은 짠 음식을 적게 섭취한다. • 음식을 만들거나 먹을 때 소금이나 간장을 적게 사용한다. • 국과 찌개의 국물을 적게 섭취한다.
④ 많이 움직여서 식욕과 적당한 체중을 유지하자. • 자신에게 알맞은 운동을 규칙적으로 한다. • 많이 걷고 움직이는 생활을 한다.	④ 활동량을 늘리고, 알맞게 먹자. • 운동은 1회 30분 이상, 1주 3~4회 이상 실천한다. • 생활 속에서의 신체 활동을 늘린다. • 단 음식과 단 음료를 제한한다. • 건강 체중을 유지한다.
⑤ 술은 절제하고, 물을 충분히 마시자. • 되도록 술을 마시지 않는다. • 술을 마실 때는 하루 1잔 이내로 제한한다(1잔은 소주로는 1.5잔, 맥주로는 1캔, 양주로는 1잔에 해당된다). • 물을 자주 마신다.	⑤ 술을 마실 때는 그 양을 제한하자. • 되도록 음주를 피한다. • 남자는 하루 2잔, 여자는 1잔 이내로 제한한다(2잔은 소주로는 3잔, 맥주로는 2캔, 양주로는 2잔에 해당된다). • 임신부나 청소년은 절대 술을 마시지 않는다.
⑥ 세끼 식사와 간식을 꼭 먹자. • 세끼 식사를 규칙적으로 한다. • 조금씩 자주 섭취한다.	⑥ 세끼 식사를 규칙적으로 즐겁게 하자. • 아침을 거르지 않는다. • 저녁 식사는 가족과 함께 즐겁게 한다.
⑦ 음식은 먹을 만큼 준비하고, 오래된 것은 먹지 말자. • 음식은 한꺼번에 많이 만들지 않는다. • 남은 음식은 바로 냉장 보관하고, 오래된 것은 버린다.	⑦ 음식은 먹을 만큼 준비하고, 위생적으로 관리하자. • 음식은 먹을 만큼 만들거나 주문한다. • 남은 음식은 바로 냉장 보관하고, 오래 두지 않는다.
	⑧ 밥을 주식으로 하는 우리 식생활을 즐기자. • 밥과 다양한 반찬을 갖춘 식사로 영양의 균형을 유지한다.

당 질

제1절 당질의 영양

1 당질의 분류

당질 또는 탄수화물은 주로 태양 에너지를 이용한 광합성에 의하여 공기 중의 CO_2와 흙 속의 물(H_2O)로부터 만들어지며, 자연계에 가장 많이 존재하는 유기물이다. 탄소(C) · 수소(H) · 산소(O) 등의 원소로 구성되어 있으며 일반식은 $C_n(H_2O)_n$이다. 당질은 동물에 있어서 가장 중요한 에너지원이고 핵산의 구성성분이며 세포막 등에 함유되어 있다.

당질에는 단당류(monosaccharides), 이당류(disaccharides)와 3~10개의 단당류가 결합한 올리고당(oligosaccharides)이 있다. 그리고 10개 이상의 단당류가 결합한 것을 다당류(polysaccharides)라고 한다.

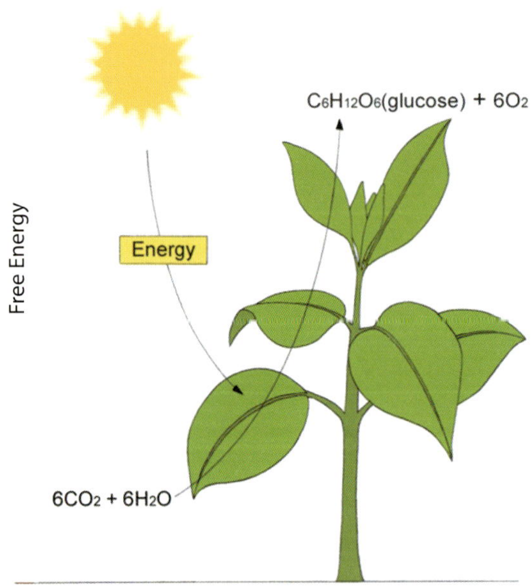

그림 2-1 탄수화물의 광합성 작용

2 단당류 (monosaccharides)

(1) 구조

단당류는 다가 알코올(1분자 내에 여러 개의 OH를 가진 알코올)로서 화학적으로는 한 분자 내에 1개 이상의 알코올기(−OH)와 1개의 알데히드기(−CHO) 또는 카르보닐기(케톤기) (=CO)를 갖는 화합물 또는 축합물이다.

(2) 종류

단당류는 탄소수에 따라 3탄당, 5탄당, 6탄당으로 분류한다. 이 중에서 우리 인체에 중요하면서 식품에 가장 흔하게 들어 있는 것은 6탄당으로 포도당 · 과당 · 갈락토오스 등이 있다. 그 밖에 5탄당은 식물계에 널리 분포되어 있다.

1) 오탄당 (pentose)

5탄당은 식물의 줄기 및 잎과 과피 등의 세포막을 구성하고 있어 초식동물은 효과적으로 이용하나 사람은 이것을 섭취해도 거의 이용되지 않는다.

리보오스(ribose)와 디옥시리보오스(deoxyribose)는 핵산(DNA, RNA)의 성분과 조효소(coenzyme)의 성분으로 중요하며 리보플라빈(비타민 B_2)의 구성성분으로 존재한다. 그 외에 자일로오스(xylose), 아라비노오스(arabinose) 등이 있다.

2) 육탄당 (hexose)

① 포도당 (glucose)

포도당은 영양적으로 가장 중요한 단당류로서 체내 당대사의 중심 물질이며 생체계에 가장 기본적인 에너지 급원으로 과일이나 벌꿀 및 엿 등에도 다량 함유되어 있다. 특히 포도에는 20~30%의 당이 들어 있어 일명 'grape sugar' 라고 하며, 인체의 혈중에 100mL당 70~110mg(평균 0.1%)의 포도당이 함유되어 있다. 인체의 혈액에 들어 있는 포도당을 혈당(blood sugar)이라고 한다.

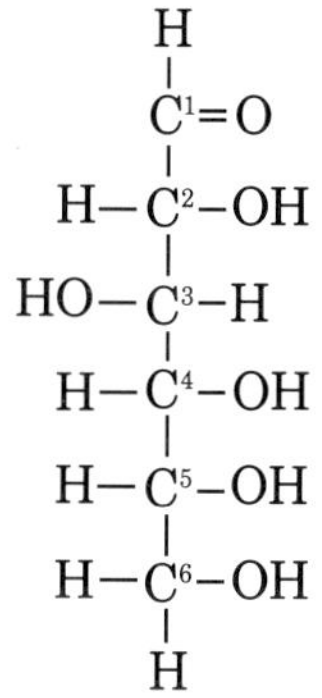

D−glucose

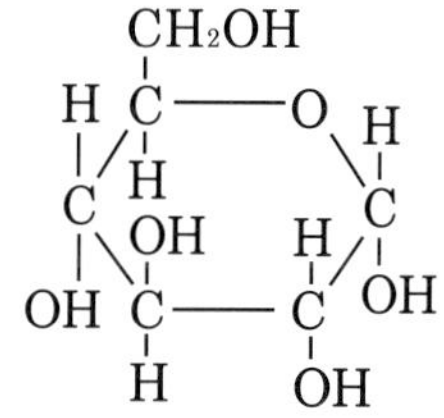

D−glucopyranose

② 과당 (fructose)

과당은 과일 · 꽃 · 벌꿀 등에 유리상태로 존재하며 특히 과일에 많이 있어 일명 'fruit sugar' 라고도 한다. 당류 중에서 단맛이 가장 강하고(설탕이 100일 때 170 정도) 케토오스(ketose)의 대표적 당이기도 하다. 일반적으로 포도당과 결합하며 이당류의 설탕이나 다당류인 이눌린(inulin) 등에 들어 있다.

체내에서는 포도당과 같이 그대로 흡수되어 각 조직에서 열량원으로 이용되기도 하며 열량섭취가 과다하면 글리코겐이나 지방으로 전환되어 저장된다.

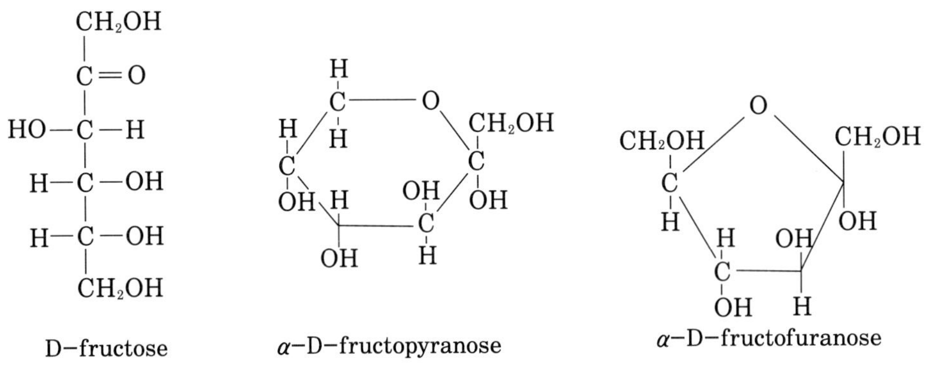

③ 갈락토오스 (galactose)

갈락토오스는 유리(遊離)된 상태로는 거의 존재하지 않고 포도당과 결합된 유당(lactose)의 형태로 주로 젖 속에 함유되어 있어 사람이나 젖소 및 양 등의 포유동물에서 발견되는 단당류이다.

동물 체내의 당단백질과 당지질의 성분으로 세레브로시드(cerebroside)와 강글리오시드(ganglioside) 등은 뇌나 신경조직 중에 있으며 특히 뇌 성장에 중요하다. 포도당보다 단맛이 덜하며 물에는 잘 녹지 않는다.

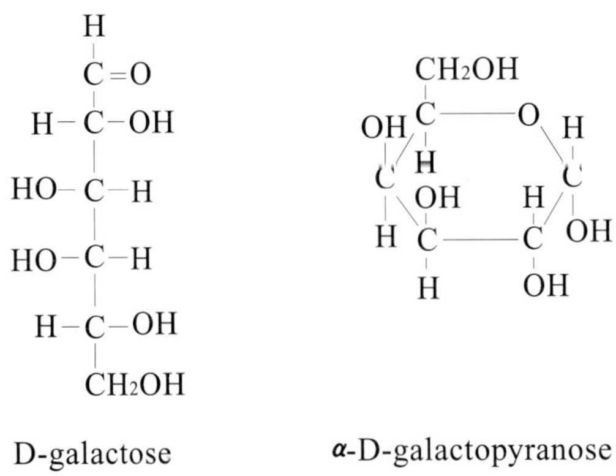

3 소당류 (oligosaccharides)

소당류는 여러 개의 단당류가 글리코시드 결합으로 이루어지는데 글리코시드 결합으로는 $\alpha-1.4$ 결합, $\alpha-1.6$ 결합, $\beta-1.4$ 결합이 있다. 소당류는 단당류 3~10분자가 결합된 것으로 이당류(disaccharides)와 삼당류(trisaccharides) 및 사당류(tetrasaccharides) 등으로 분류한다. 식품에는 이당류가 많고 삼당류나 사당류 등은 적다.

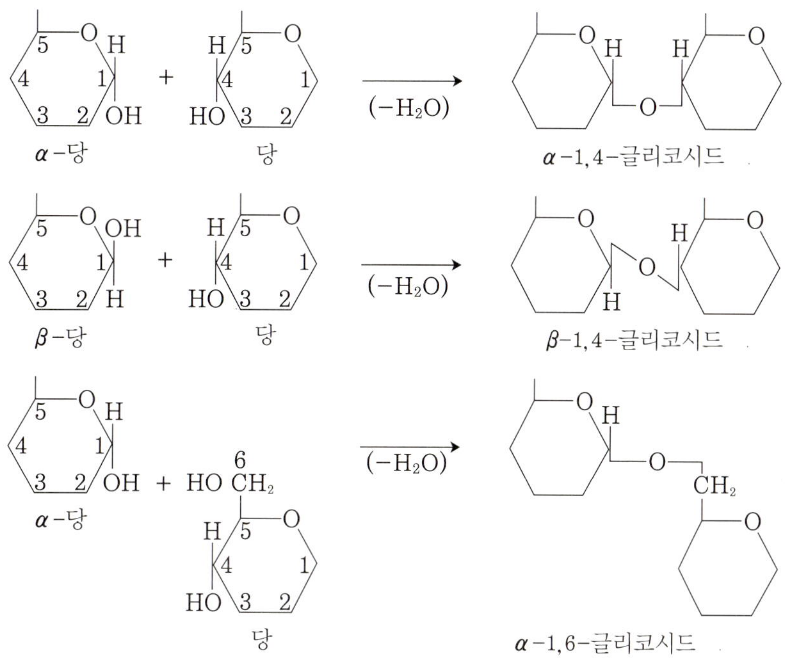

그림 2-2 글리코시드 결합

(1) 설탕 (sucrose)

서당이라고도 하며, 포도당과 과당이 결합한 것으로 식물계에 널리 분포되어 있는데, 특히 사탕수수(sugar cane)나 사탕무(sugar beet) 뿌리에 많이 들어 있어서 공업적으로 제조한다.

서당은 비환원성 당으로서 비교적 단맛이 높고 우리 식생활에서 가장 널리 이용되는 감미료이다.

설탕의 감미도를 100으로 했을 때 다른 당류의 상대적인 감미		
과 당 173	포도당 74	갈락토오스 32
전화당 130	맥아당 33	유 당 16

(2) 맥아당 (maltose)

맥아당은 엿당이라고도 하는데, 천연식품 중에는 적고 맥아가 발아한 종자에 많다. 호화된 전분 또는 글리코겐을 엿기름으로 가수분해하면 생성되는데, 감주의 주성분을 이루고 있다.

맥아당은 두 분자의 포도당이 결합하여 만들어진 것으로 단맛은 설탕에 비해 약 1/3 정도이고, 효소인 말타아제(maltase)에 의해 쉽게 포도당(glucose)으로 분해되므로 소화가 잘 된다.

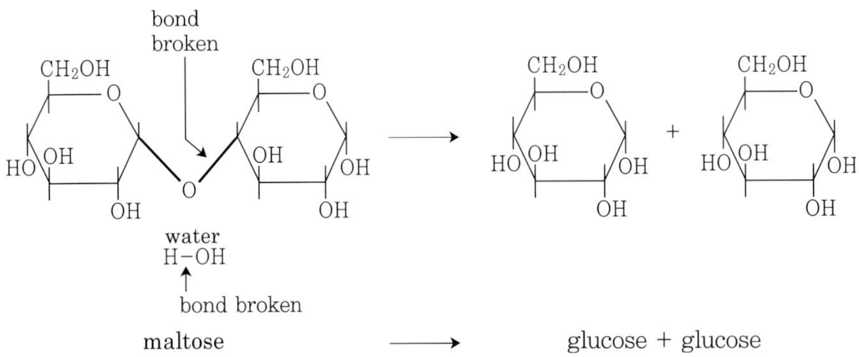

(3) 유당 (lactose)

유당은 일명 젖당(milk sugar)이라고 부르는데 포유동물의 유즙(모유 5~7%, 우유 4~5%)에 들어 있고 뇌 발달에 필수적인 갈락토오스(galactose)를 제공한다. 유당은 한 분자의 포도당과 갈락토오스가 β-1.4와 결합을 한 것으로 소화관 내에서는 락타아제(lactase)에 의해 분해된다. 이당류 중에서 식물계에는 들어 있지 않은 유일한 당이다.

유당은 단맛이 약하며 물에 잘 녹지 않는다. 유용한 세균인 유산균의 발육을 도움으로써 다른 잡균의 번식을 억제하여 정장(整腸)작용을 한다.

(4) 기능성 올리고당류

현재 시판되고 있는 기능성 올리고당은 포도당이나 과당과 같은 단당류가 몇 개(oligo) 결합되어 있는 프락토 올리고당(fructo oligosaccharide), 갈락토 올리고당(galacto oligosaccaride) 및 이소말토 올리고당(isomalto oligosaccaride) 등이 사용되고 있다.

이 올리고당은 설탕과는 달리 불용성 글루칸(glucan)을 생성하여 치아표면을 상하지 않게 하므로 충치 발생을 억제하고 내열성과 내산성이 있어서 유제품, 건강보조식품, 조미료 등의 식품가공에 이용되고 있다.

대체로 소화 · 흡수되지 않으므로 대장까지 그대로 도달하게 되고 올리고당이 있으면 장 내의 비피더스(bifidus)균의 증식과 정장작용 · 혈청 콜레스테롤 감소 · 혈당치 감소 및 변비 예방효과 등이 있다고 알려져 최근에는 기능성 식품소재로 이용되고 있다.

4 다당류 (polysaccharides)

단당류 중 주로 육탄당이 직선 또는 가지로 수없이 많이 결합된 물질이다. 영양에 중요한 3가지의 다당류로는 전분, 글리코겐, 식이섬유소가 있다.

(1) 전분 (starch)

전분은 곡류와 감자류의 주성분으로서 식물체 중에서 CO_2와 H_2O로부터 합성되어 뿌리나 열매에 저장된다.

전분의 구조는 글루코오스가 $\alpha-1.4$ 결합으로 직쇄구조인 아밀로오스(amylose)와 아밀로오스의 직쇄구조에 $\alpha-1.6$ 결합의 가지로 연결된 아밀로펙틴(amylopectin)으로 이루어져 있다.

전분의 종류에 따라 이들의 조성비가 다른데 일반적으로 전분은 80% 내외의 아밀로펙틴과 20% 내외의 아밀로오스로 되어 있으며 찹쌀이나 찰옥수수 등의 전분은 100%가 아밀로펙틴으로 되어 있다.

(2) 글리코겐 (glycogen)

식물의 전분과 같이 동물의 간과 근육에 저장되는 물질로 일명 동물성 전분(animal starch)이라고 부르는 다당류이다. 그 구조는 아밀로펙틴과 거의 같으나 가지가 많고 사슬의 길이가 짧아 에너지가 필요할 때는 빠르게 포도당으로 분해된다.

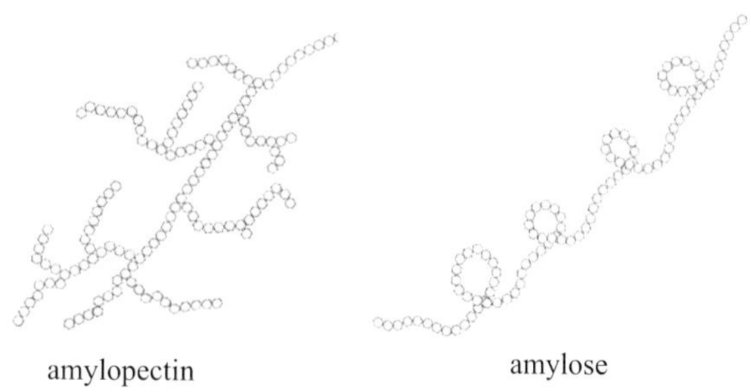

amylopectin 과 amylose 의 구조

glycogen 의 구조

생체 내에 섭취된 여분의 당질이 글리코겐으로 저장되었다가 필요에 따라 전환되어 쓰인다. 우리 몸에 필요한 열량보다도 많이 섭취하여 혈당량이 증가하게 되면 간과 근육세포 내에서 글루코오스(glucose)가 글리코겐으로 전환되며, 반대로 혈당량이 낮아지면 간의 글리코겐은 글루코오스로 분해되어 다시 혈당량을 일정하게 유지시킨다.

(3) 식이섬유소(dietary fiber)

식이섬유소는 체내에서 소화가 안 되므로 비만증의 예방효과가 있고 변비예방 및 게실증(diverticulosis) 방지나 혈중 콜레스테롤의 저하 및 허혈성 심장질환 등에도 효과가 있다고 밝혀져 있다. 그 밖에 당의 흡수를 저하시켜서 당뇨병의 식이요법에도 널리 이용되고 있다. 또한 식품첨가용의 착색안료로 만들어 식품을 착색시키는 데 사용되기도 한다. 그러나 과잉섭취 시에 다른 영양소들과 무기질 흡수에 장애가 되고 가스 발생으로 인한 불편함이 있으므로, 1일 식이섬유소 섭취는 20~35g 정도가 바람직하다.

식이섬유소는 물에 녹지 않는 불용해성 섬유소와 물에 녹는 가용성 섬유소로 구분되며 각기 다른 생리기능을 가지고 있다

1) 불용성 식이섬유소

불용성 식이섬유소에는 셀룰로오스나 헤미셀룰로오스 및 키틴(chitin) 등이 있는데 섬유소는 주로 식물 세포막을 이루는 주성분이며 물에 녹지 않는다. 셀룰로오스(cellulose)는 포도당의 β-1.4 결합으로 약 3,000개가 직쇄결합한다.

인체 내에는 셀룰라아제(cellulase)가 없이 영양소로 이용되지 않고 소화관을 자극하여 연동운동을 촉진하며 대변의 배설을 촉진시킨다. 다만, 초식성인 반추동물은 위 속의 미생물이 분비하는 효소로 가수분해하여 이용한다.

헤미셀룰로오스(hemicellulose)는 식물 세포벽에 있는 셀룰로오스 이외의 다당류의 혼합물을 말하고 반섬유소라고 부르나 섬유소와는 매우 다르다. 즉 셀룰로오스는 가수분해하면 D-glucose가 생기나 헤미셀룰로오스의 경우에는 주로 자일로오스(xylose)이고, 그 밖의 물질은 조금씩 다른데 글루코오스나 만노오스(mannose) 등의 육탄당 및 아라비노오스(arabinose)나 람노오스(rhamnose) 등도 함유되어 있다.

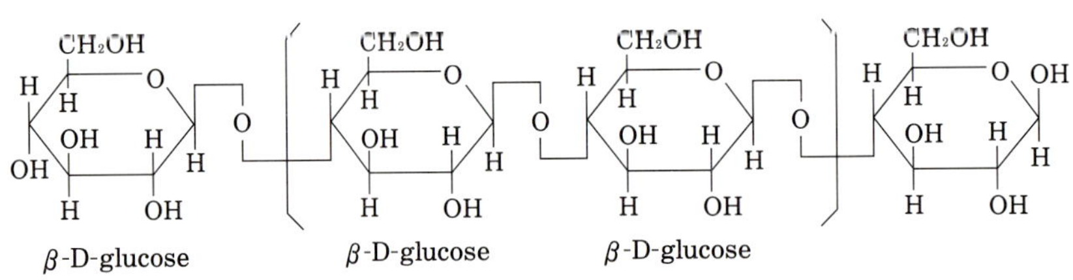

cellulose 구조(glucose가 β-1, 4 결합)

2) 가용성 식이섬유소

가용성 식이섬유소에는 펙틴, 검, 해조다당류 등이 있다. 펙틴은 식물계에 널리 분포되어 있고 주로 사과나 딸기 등의 과실류와 근채류 등에 함유되어 있으며 두류 · 귀리 · 보리에는 검(gum)이 많이 들어 있다. 인체 내에서는 소화되지 않으나 물을 흡수하여 팽창하므로 만복감을 주며, 장을 자극하여 변비예방 효과와 포도당 흡수를 지연시켜 당뇨병에 효과가 있고, 혈중 콜레스테롤을 저하시키는 기능이 있다.

표 2-1 식이섬유소(dietary fiber)의 분류 및 기능

분 류		함유식품	기 능
불용성	cellulose hemicellulose lignin chitin	통밀, 현미, 보리, 두류 등의 곡류와 채소류 등 식물의 세포벽 새우, 게	① 소화기관 내 체류시간 단축 (장 내용물의 신속한 대장 통과) ② 장내세균에 의해 발효 안 됨 ③ 변비예방(정장 효과), 대변량 증가
가용성	식물성 gum 해조다당류 pectin	두류, 보리, 귀리 등과 아이스크림, 과자류에 첨가된 구아검, 아라비아검 해조류(미역, 다시마, 한천) 과실류(귤, 사과), 근채류	수분을 보유하여 끈적거리는 gel을 형성 ① 포만감을 느끼게 한다. ② 포도당의 흡수 지연(혈당상승을 막음) ③ 혈청 콜레스테롤 농도 저하
화학적으로 만든 것	CMC polydextrose	아이스크림 식이 음료, 캔디, 아이스크림	

제2절 당질의 소화와 흡수

1 소화계

우리가 음식물을 먹을 때 소화기관에 의해 분해되는 것을 소화(digestion)라고 하며 소화에 의해 생긴 작은 분자의 물질이 내벽점막(mucous membrane)을 통해 체내로 들어가는 것을 흡수(absorption)라고 한다.

소화계는 입 → 인두 → 식도 → 위 → 소장 → 대장 → 항문에 이르는 소화관(digestive tract)과 소화액(digestive juice)을 분비하는 소화선(구강선, 간장, 췌장 등)으로 구성되어 있다.

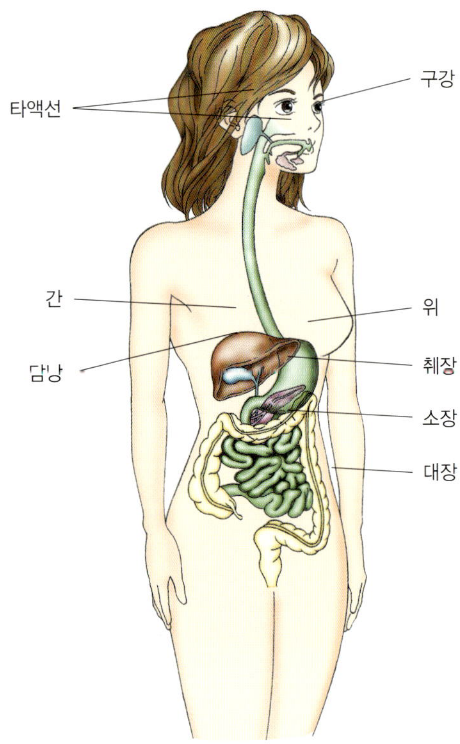

그림 2-3 소화계의 구조

2 당질의 소화

우리가 섭취하는 당질의 대부분은 다당류인 전분이며 이당류로는 설탕, 맥아당, 유당 등이 있지만 전분보다는 그 양이 훨씬 적다.

이들이 단당류로 가수분해되는 것을 소화라고 하며, 셀룰로오스처럼 소화되지 않는 당질도 있다.

(1) 입에서의 소화

전분이 입으로 들어가면 침과 섞이게 되고 타액 중에 프티알린[ptyalin(α-amylase)]의 작용을 받아 덱스트린(dextrin)과 맥아당으로 분해된다. 이 프티알린이 작용하는 최적 pH는 6.6 부근이고 pH 4.0 이하에서는 불활성이 된다. 하지만 음식이 입안에 머무는 시간이 짧으므로 입 속에서는 당질이 많이 가수분해되지 못하고 위로 내려간다.

(2) 위에서의 소화

위에서는 강한 산성인 위산이 분비되므로 점차 pH가 떨어져서 4.0 이하가 되면 프티알린의 작용이 정지된다. 위에서는 당질을 소화시킬 수 있는 효소가 분비되지 않아서 분해는 일어나지 않고 위의 기계적 작용에 의해 부드러운 덩어리(糜汁)가 된다.

그러나 서당이나 이눌린과 같이 D - fructose를 함유하는 화합물은 비교적 가수분해가 잘 되므로 위산에 의해 일부가 가수분해된다.

(3) 소장에서의 소화

당질의 소화는 소장에서 거의 이루어진다. 위에서 산성화된 물질이 십이지장에 들어가면 알칼리성인 췌액 · 장액 · 담즙(bile)이 분비되면서 중화(中和)되어 장내 소화효소가 작용하기에 알맞은 pH로 된다. 따라서 췌액에서 분비하는 아밀라아제인 아밀롭신(amylopsin)에 의해 전분과 덱스트린이 맥아당으로 분해된다.

소장액 중에는 말타아제(maltase), 수크라아제(sucrase), 락타아제(lactase)가 들어 있다. 이들은 맥아당을 두 분자의 포도당으로, 설탕을 포도당과 과당으로, 유당은 포도당과 갈락토오스로 분해한다. 수크라아제와 락타아제의 분비량은 연령에 따라 다른데 락타아제는 어린아이에게서, 수크라아제는 어른에게서 많이 분비된다.

(4) 대장에서의 소화

대장에서는 소장에서 분해되지 않은 셀룰로오스나 헤미셀룰로오스 등이 대장의 세균으로 발효 · 부패하여 젖산 · CH_4 · CO_2 · H_2 등으로 되어 대변으로 배설되며 이 중에서 산은 일부 흡수된다. 또한, 펙틴 · 이눌린 · 펜토산(pentosan)도 장내 세균인 젖산균이나 일부 대장균에 의해 분해된다고 볼 수 있다.

3 당질의 흡수

당질이 완전히 소화되어 단당류로 되면 장에서 흡수되어 문맥계(portal venous system)를 통해 간으로 간다. 단당류는 주로 포도당 · 과당 · 갈락토오스 · 만노오스와 같은 육탄당이나, 식물 중에 오탄당이 있으면 그것도 흡수된다.

흡수는 단순 확산, 촉진 확산, 능동 수송의 방법으로 이루어진다.

단순 확산은 농도가 높은 곳에서 낮은 곳으로 농도차에 의하여 흡수되나, 능동 수송은 농도차에 역행하면서 운반체에 의하여 에너지를 사용하면서 이루어지는 방식이다.

촉진 확산은 농도가 높을수록 흡수가 빨라지는 확산의 방식에 운반체가 있어 더 빠른 속도로 흡수되며 능동수송에 의한 것은 에너지가 관여하는 것을 말한다.

당류의 흡수에는 두 가지 방식이 있는데, 포도당과 갈락토오스는 능동 수송에 의하여 흡수되고 과당은 촉진 확산에 의하여 흡수된다.

당질의 흡수속도는 당류의 종류에 따라 다르다. 즉, 포도당의 흡수속도를 100으로 볼 때 갈락토오스는 110, 과당은 43, 만노오스는 19, 자일로오스는 15, 아라비노오스는 9이다.

흡수된 과당과 갈락토오스는 간에서 포도당으로 전환된다.

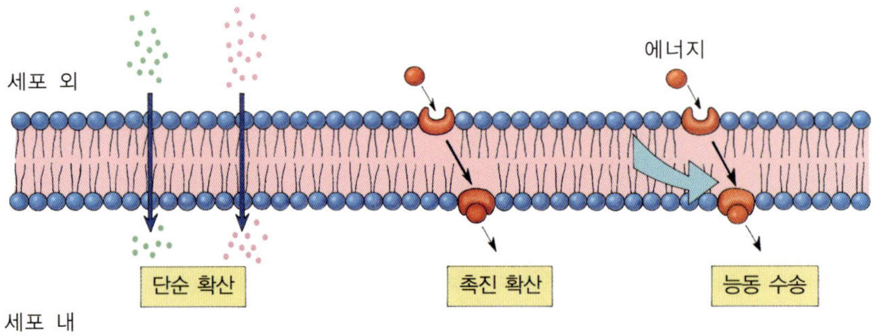

그림 2-4 영양소의 흡수기전

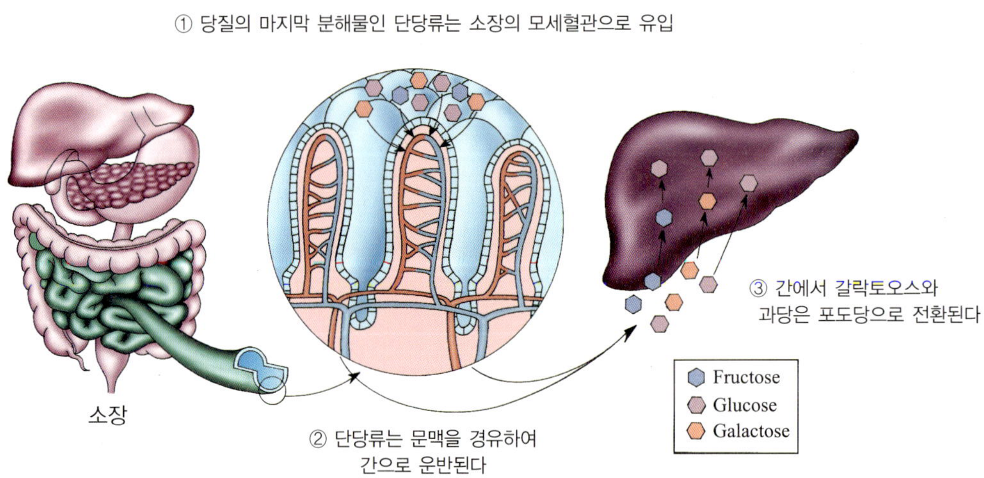

그림 2-5 단당류의 흡수

제3절 대 사

대사란 생체 내에서 영양소가 변화해 나가는 과정을 말하며 동화작용과 이화작용이 있다. 동화작용(anabolism)은 소화에 의해 체내에 흡수된 영양소가 근육 · 혈액 · 효소 · 호르몬 · 면역 물질 · 글리코겐 등 체내에서 필요로 하는 물질로 합성되는 과정이며, 글리코겐이나 트리글리세리드 등의 체성분이 에너지 공급을 위해서 소비되고 체조직은 끊임없이 분해되는 과정을 이화작용(catabolism)이라고 한다.

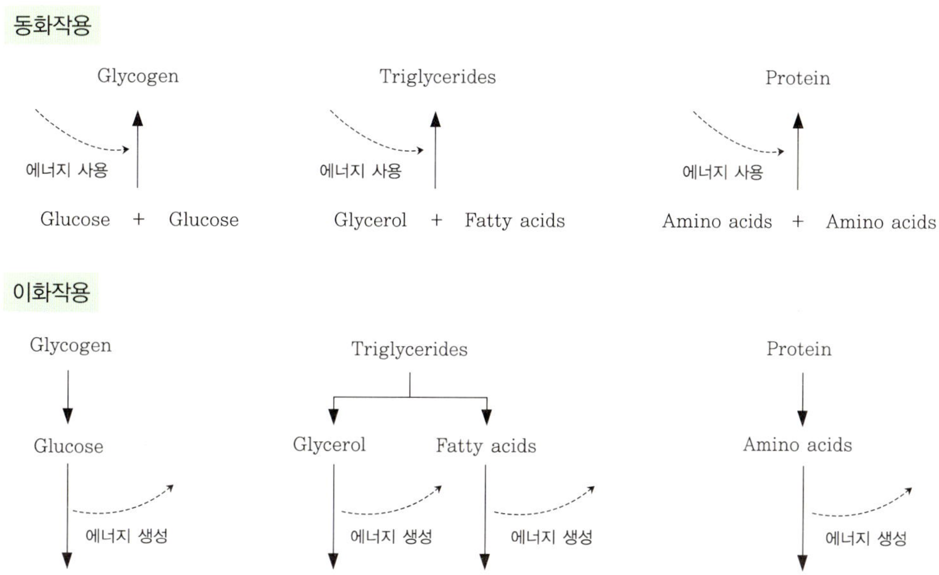

그림 2-6 이화작용과 동화작용

1 소화흡수 후의 작용

식사 중의 당질은 소화가 끝나면 단당류로 되어 흡수되는데, 주로 이용되는 중요한 단당류는 포도당, 과당, 갈락토오스이다.

흡수 후에는 문맥을 통하여 간으로 가는데, 간장 내에서의 당질대사는 다음과 같다.

① 포도당으로부터 글리코겐을 생성한다.
② 갈락토오스와 과당을 포도당 또는 글리코겐으로 바꾼다.
③ 혈당을 생성한다.
④ 포도당을 산화 · 분해해서 에너지를 생성한다.
⑤ 당신생 및 포도당으로부터 몇 종류의 아미노산을 생성한다.
⑥ 포도당으로부터 지방산을 생성한다.

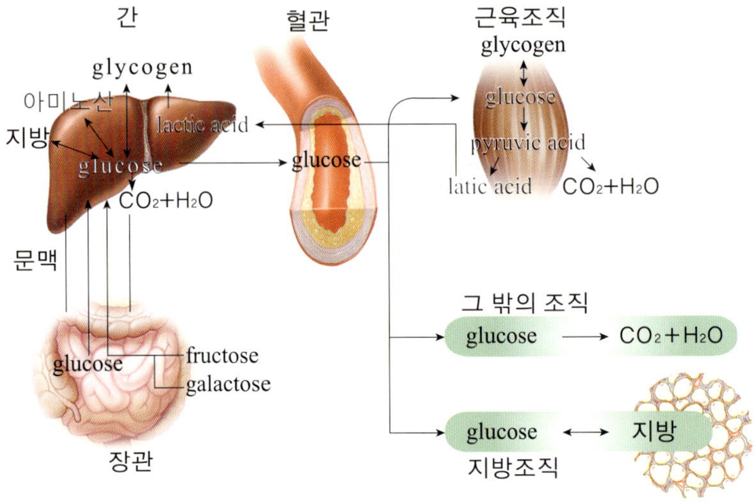

그림 2-7 당질 흡수 후의 작용

글리코겐은 간이나 근육에 저장되어 있는데 이것은 흡수된 단당류를 원료로 해서 생성된다. 근육에서는 이 글리코겐을 분해하여 에너지를 얻고 있다.

한편, 뇌 및 신경의 세포에선 혈액 중의 포도당이 중요한 에너지원이 된다.

혈액 중의 포도당을 혈당이라고 부르며 농도는 70~110mg／dL(약 0. 1%)를 정상의 범위로 본다. 간에 저장되어 있는 글리코겐은 혈당농도를 유지하기 위해 포도당으로 분해되어 혈액으로 보내진다.

2 혈당 조절

열량원으로서의 포도당은 생명유지를 위해 혈액 중에 평균 100mg／dL 농도로 유지되고 있다. 식후 일시적으로 증가하면 간 글리코겐의 생성이 왕성해짐으로써 1~2시간 후에는 정상으로 되돌아온다.

반대로 에너지 생성 때문에 혈당이 소비되어 감소하게 되면 간 글리코겐을 포도당으로 분해해서 보충한다. 또 식후에 음식물에서 당질의 공급이 계속되지 않아도 당신생에 의해 포도당이 생성됨으로써 혈당을 일정 농도로 유지할 수가 있다.

혈당을 유지하는 데는 여러 가지 호르몬이 관여하고 있는데 혈당을 저하시키는 호르몬으로는 인슐린이 있고, 혈당을 상승시키는 호르몬에는 글루카곤 · 글루코코티코이드 · 아드레날린 · ACTH(부신피질자극호르몬) · 성장호르몬 등이 있으며, 이들의 작용으로 균형을 유지한다. 이 중 인슐린은 췌장의 β-세포에서 분비되는 것으로서 글리코겐의 생성과 세포에서의 당의 이용을 촉진함으로써 당신생을 억제해서 혈당을 저하시킨다. 인슐린이 체내에서 요구하는 양만큼 공급될 수 없으면 혈당의 상승이 일어나서 포도당이 소변으로 배설된다.

혈당 수준이 지속적으로 100mL의 혈액 내에 60mg 이하가 될 때 저혈당증(hypoglycemia)이라고 하며 40mg/100mL 이하이면 위험한 상태이다. 또한, 당질을 다량으로 투여하여 혈당치가 1시간 이내에 200~300mg/dL까지 증가하다가 2시간 이상이 지나서 정상으로 돌아오는 것을 고혈당증(hyperglycemia)이라고 한다.

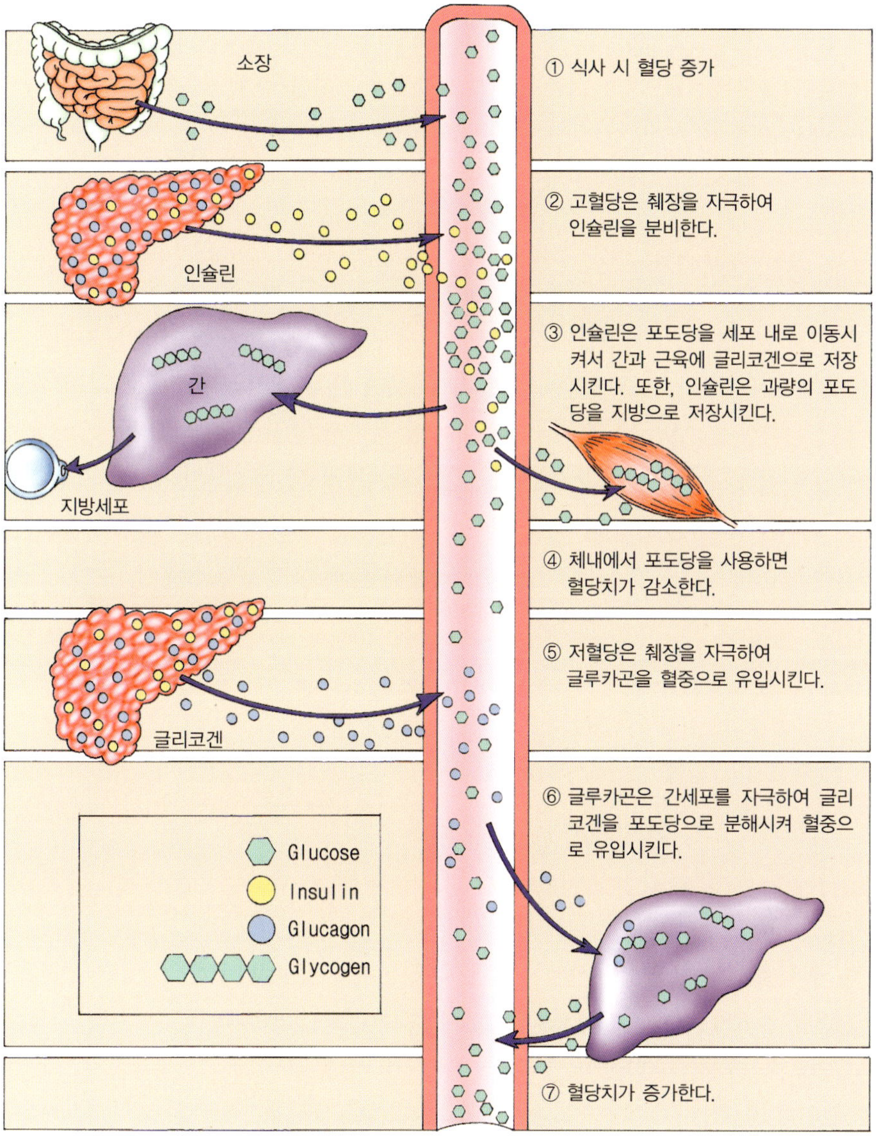

그림 2-8 혈당 조절 과정

혈당의 감소는 세포 내의 에너지 대사의 감소를 초래하고 주된 증상은 두통 · 허약함 · 어지럼증 · 근육경련 등을 들 수 있다. 오랫동안의 기아상태, 인슐린의 과잉분비, 다량의 알코올 섭취 시에 발생된다.

3 간 글리코겐

간의 글리코겐 함량은 2~8% 정도로써 다른 조직에 비해 양도 많고 체내의 요구에 의해서 분해와 생성이 되풀이되고 있다. 포도당은 인산과 결합하여 glucose-6-phosphate(포도당-6-인산)가 되고 해당계 반응이 행해진다.

반대로 간 글리코겐은 혈당을 유지하기 위해 포도당으로 분해된다.

글리코겐 생성의 역반응에 의해 포도당-6-인산으로 분해되고 여기에 glucose-6-phosphatase(포도당-6-인산가수분해효소)가 작용해서 포도당을 생성한다. 혈당은 간 글리코겐의 분해 및 음식물의 소화에 의해 흡수된 포도당으로부터 공급되고 있다.

4 근육 글리코겐

근육에는 약 0.5~1.0%의 글리코겐이 함유되어 있다. 이는 근육의 에너지원으로 중요하며 근육량(성인의 약 40~50%)이 많기 때문에 근육에 있는 글리코겐의 역할이 크다. 근육에 저장된 글리코겐은 근육 내에는 당 분해에 필요한 효소(포도당-6-인산가수분해효소)가 없기 때문에 직접 포도당으로 분해되지 못하여 혈액 중으로 보낼 수 없으므로 혈당의 급원으로는 사용될 수 없고 근육의 운동에 의하여 열량원으로 사용된다.

표 2-2 인체 내 당질량 (체중 70kg 남자)

간 글리코겐	간 중량(1,800g) 중	108g
근육 글리코겐	근육 전 중량(35kgL) 중	245g
혈액 등 세포외액의 글리코겐	전 액량(10L) 중	10g
계		363g

Harper: Review of Physiological Chemistry(1973)

5 당질대사

혈액 중의 포도당은 근육에서 글리코겐으로 전환된다. 글리코겐의 생성과정은 간에서와 동일한데 인산을 결합시키는 효소는 헥소키나아제(hexokinase)이다. 반대로 근육 글리코겐은 분해해서 에너지를 생성하고 있다. 이런 과정은 글리코겐이 피루브산(pyruvic acid)으로 분해되는 해당작용(glycolysis)과 피루브산이 TCA 회로(tricarboxylic acid cycle 또는 Kreb's cycle이라 함)를 거쳐 산화되는 과정으로 나눌 수 있다.

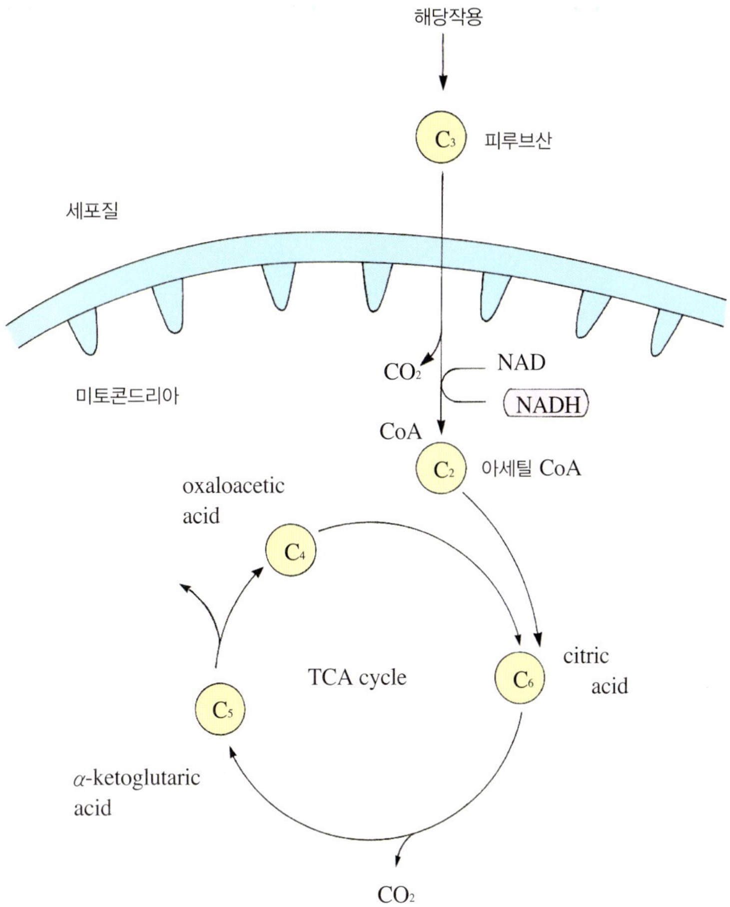

그림 2-9 당질 대사의 개요

(1) 해당계 (glycolysis)

근육 글리코겐은 간 글리코겐의 분해과정과 같은 모양으로 포도당-6-인산이 된다. 다음에 과당-6-인산이 되고 ATP를 소비한 후 인산화되어서 과당-1.6-이인산이 된다.

과당-1.6-이인산은 인산을 2개 결합하고 있으며 2개의 삼탄당으로 나누어진다. 이들은 서로 전환이 가능하다.

글리세르알데히드-3-인산은 여러 단계의 반응을 거쳐서 피루브산(pyruvic acid) 또는 젖산(lactic acid)으로 분해된다. 이 해당 작용은 혐기적(anaerobic) 조건에서 진행되며 산소를 필요로 하지 않는다.

포도당-6-인산에서 ribose-5-phosphate(오탄당 인산)을 생성하고 포도당-6-인산으로 되돌리는 pentose phosphate pathway(오탄당 인산회로, HMP shunt라고 함)가 있으며 이 회로는 핵산 생성에 필요한 리보오스(ribose)와 지방산 및 콜레스테롤 합성에 필요한 NADPH를 생성하므로 중요하다.

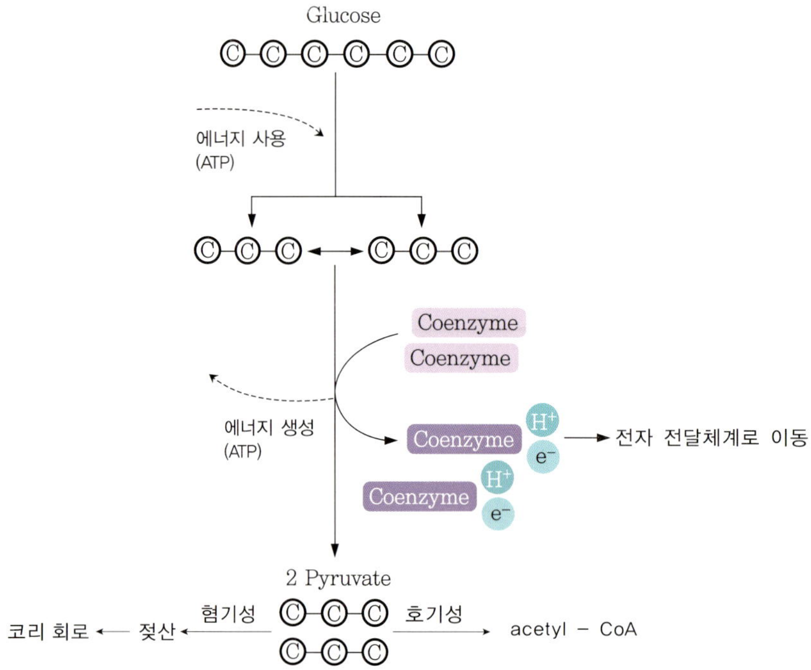

그림 2-10 해당작용

(2) TCA 회로(tricarboxylic acid cycle)

해당 작용으로 생성된 피루브산은 산소가 충분한 호기적 상태에서는 미토콘드리아(mitochondria) 내에서 진행하는 TCA 회로로 완전히 산화된다. 호기적 해당과정에서 생성된 피루브산은 산화적 탈탄산 반응을 받아서 CO_2를 방출하고 아세틸 CoA를 생성한다. 이 반응에 관여하는 효소는 피루브산 탈수소효소(pyruvate dehydrogenase)인데 이의 대표적인 보조효소는 티아민(비타민 B_1)을 함유한 TPP(thiamin pyrophosphate)이다.

생성된 아세틸 CoA는 옥살로아세트산(oxaloacetic acid)과 결합해서 시트르산(citric acid)을 생성하고 시트르산은 이소시트르산(isocitric acid)을 거치며 CO_2가 떨어져 α-케토글루타르산(α-ketoglutaric acid) 된다. 이어 산화적 탈탄산 반응에 의해 숙시닐 CoA를 거쳐 숙신산(succinic acid)이 된 후에 탈수소 반응을 거쳐 푸마르산(fumaric acid) → 말산(malic acid) → 옥살로아세트산(oxaloacetic acid)으로 재생된다.

이 과정에서 고에너지 물질인 ATP가 생성된다. 포도당 1분자가 완전히 대사되면 총 32개의 ATP를 생성한다.

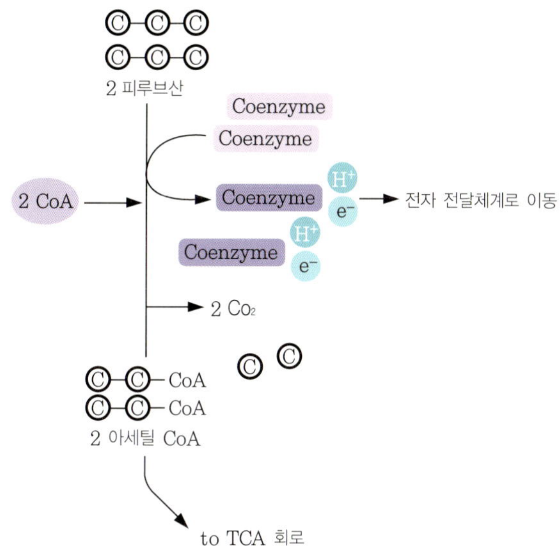

그림 2-11 피루브산-아세틸 CoA 반응

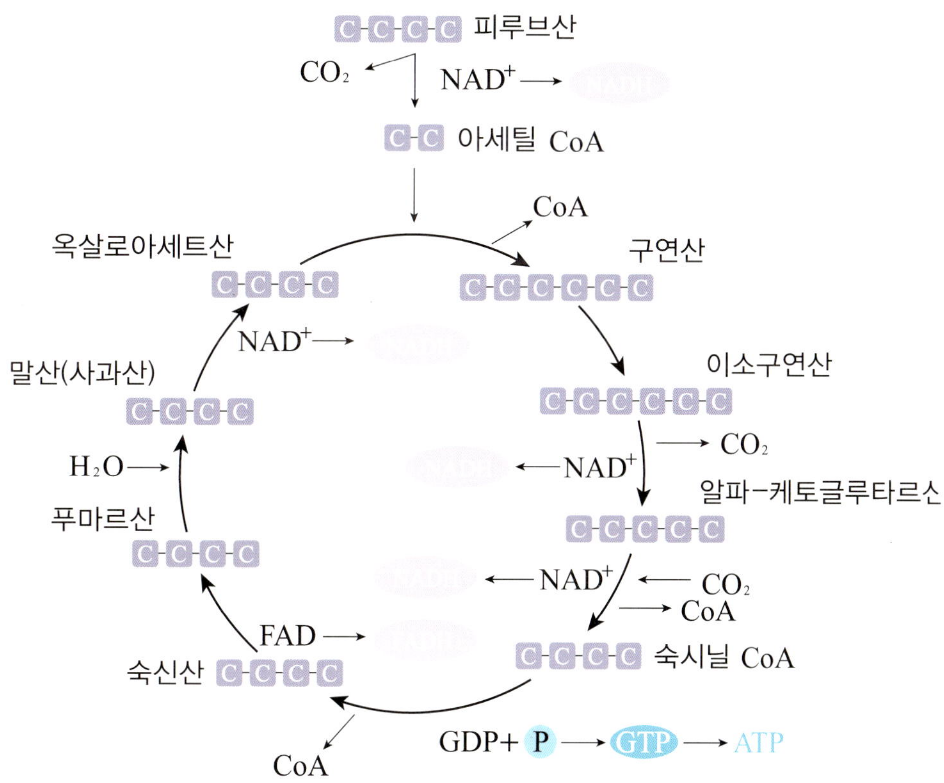

그림 2-12 TCA 회로

(3) 코리 회로(Cori cycle)

운동할 때와 같이 산소가 부족한 혐기적 상태에서는 호기적 상태와는 달리 생성된 피루브산이 TCA 회로로 들어가지 못하고 NADH를 소모하면서 젖산(lactic acid)을 생성하게 되는데 이것이 몸에 축적되면 피로감과 근육통이 일어난다. 이때 젖산을 간으로 이동시켜 ATP를 사용하여 포도당으로 전환한 후 다시 근육조직으로 보내는 과정을 '코리 회로' 라고 한다.

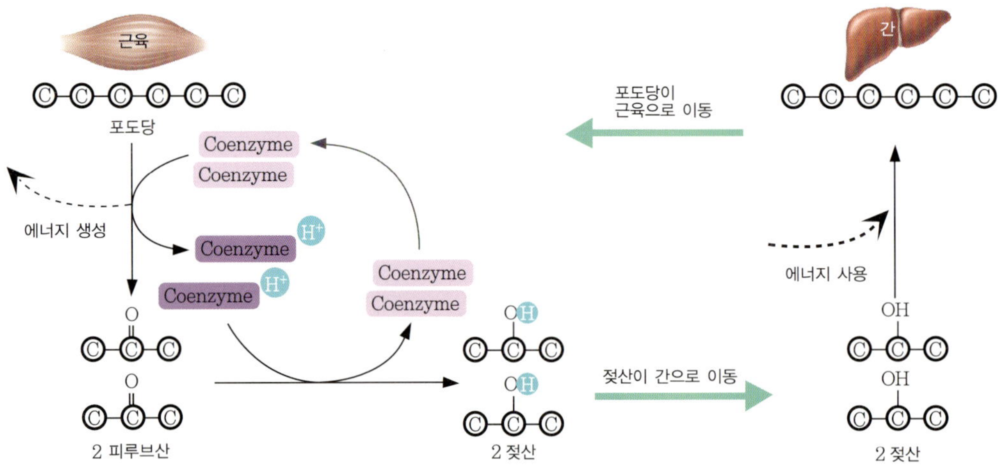

그림 2-13 코리 회로

(4) 전자 전달계

당질, 지질, 단백질 및 알코올은 대사에 의해 NADH와 $FADH_2$를 생성하여 최종 에너지 생성 단계인 전자 전달계를 통하여 생체 내에서 직접 에너지원인 ATP로 전환한다. NADH는 2.5개의 ATP를, $FADH_2$는 1.5개의 ATP를 생성한다.

이 반응은 미토콘드리아에서 산소를 필요로 한다. 포도당 1분자가 산소가 충분하여 완전 산화되면 해당 경로에서 2개의 ATP 이외에 $NADH_2$분자로부터 5개가 추가되므로 7개의 ATP가 생성되고 TCA 회로에서 25개가 생성되므로 모두 32개의 ATP가 생성된다.

6 에너지와 ATP

생체 내에서의 직접 에너지원인 ATP(adenosine triphosphate)는 ADP에 인산 1개가 결합된 것인데 다른 화합물의 결합과는 다르게 다량의 에너지를 필요로 하고 또한 다량의 에너지를 저장할 수 있기 때문에 고에너지 화합물이라고 부른다.

포도당이 생체 내에서 산화되는 경우의 에너지는 직접 열로 발산되는 것이 아니라 체내에서 근육 수축, 물질 합성, 능동 수송 등 에너지를 필요로 하는 화학 반응 과정에서 ATP의 인산 하나가 떨어져 나가면서 방출된 에너지가 이용된다.

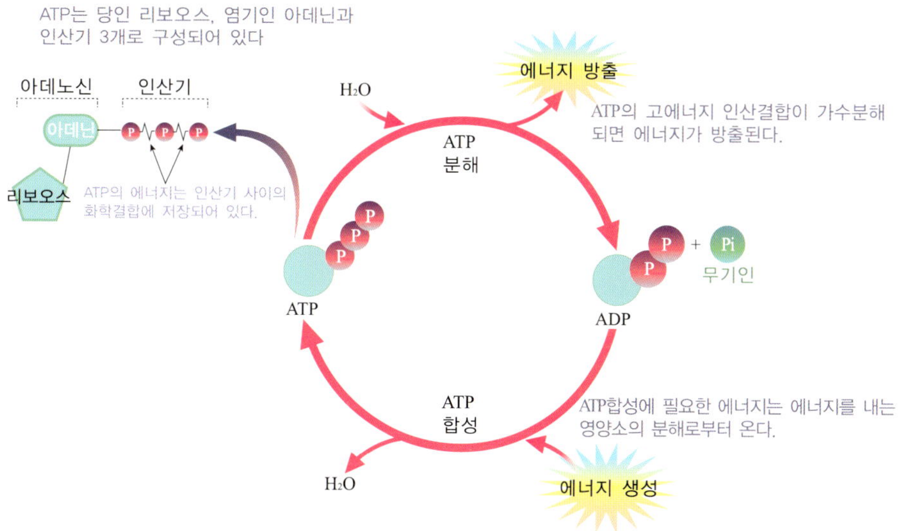

그림 2-14 ATP에 의한 에너지 전달

7 당신생(gluconeogenesis)

생체에 저장된 당질은 제한되어 있다. 따라서 기아상태나 당질이 거의 없는 식사를 하면 정상적인 혈당을 유지할 수 없다. 한편, 혈당은 뇌나 다른 여러 조직에 필수적이다. 따라서 생체는 간 글리코겐 외에 아미노산이나 글리세롤(glycerol), 피루브산, 젖산 등으로부터 포도당을 생성하고 있다.

글루코오스-알라닌 회로(glucose-alanine cycle)를 통해서도 알라닌(alanine)은 간에서 포도당으로 전환되며 이와 같이 당 이외의 것으로부터 포도당을 생성하는 것을 당신생이라고 한다. 당을 음식물에서 끊임없이 보급하는 것은 불가능하기 때문에 당신생은 중요하다.

8 과당과 갈락토오스 대사

과당은 간에서 포도당으로 전환되지만 포도당과는 달리 세포 내로 이동할 때에 인슐린이 필요 없으므로 당뇨병 환자에게 적합한 단당류이지만, 결국 간에서 포도당으로 전환되므로 혈당을 높일 수 있다. 과당은 중간단계인 디하이드록시아세톤인산(dehydroxy acetone phosphate)형태로 되어 아세틸 CoA의 합성이 증가됨으로써 지방산 합성의 증가로 혈중 지질의 농도를 높이게 된다. 또한, 갈락토오스도 간에서 포도당-1-인산으로 전환되어 포도당의 대사 경로를 밟거나 글리코겐으로 합성된다.

9 당질과 지방의 대사 관계

소화 흡수에 의해 혈액 중에 들어온 포도당은 간 글리코겐이나 근육 글리코겐으로 생성되는데 글리코겐의 저장량에는 한도가 있기 때문에 남은 포도당은 신속하게 간에서 지방으로 생성된다. 그래서 지단백질(lipoprotein)의 형태로 지방조직에 운반되며 체지방(중성지방)으로 저장된다. 저장 지방은 필요에 따라 분해하여 TCA 회로에 합류해서 에너지를 생산한다.

제4절 당질의 생리적 기능

(1) 에너지 급원

당질은 1g당 4kcal의 에너지를 공급하고, 평균 소화흡수율은 98%로서 거의 전부 이용되므로 단시간에 피로를 푸는 데 효과적이다. 남으면 글리코겐으로 변하여 간이나 근육에 저장되거나 체지방으로 저장된다. 또한 체내에서 지방의 완전 연소를 돕는다.

(2) 혈당 유지

혈당은 항상 0.1%를 유지(혈액 100mL당 포도당 70~110mg)하며 신장에서 포도당의 역치는 180mg%이고, 그 이상이 되면 당이 소변으로 배설된다.

(3) 단백질 절약작용

인체의 생리적 기능 수행 시에 우선적으로 에너지가 필요한데 당질의 부족 시에는 체구성과 보수에 쓰여야 할 단백질이 에너지원으로 쓰이게 된다. 당질을 섭취함으로써 단백질은 그 주된 기능을 하게 되므로 당질은 단백질 절약작용을 한다고 볼 수 있다. 이러한 예는 체중을 감소시키기 위해 단식을 하거나 기아상태에 있을 때 나타난다.

(4) 케토시스 방지

지질이 산화되려면 적당량의 당질 섭취가 필요하다. 당질 섭취를 제한하고 단백질과 지질만으로 구성된 식사를 할 경우에 케토시스(ketosis, 케톤혈증) 증상이 나타난다. 케토시스 증상이란 지방산의 불완전 산화로 생성되는 중간물질인 케톤체가 혈액에 축적되어 나타나는 증상을 말한다. 기아나 당뇨병 및 저당질 식이 등의 경우에 당질대사가 저해되어 나타나며, 증상으로는 아세톤 냄새나 식욕 저하 등이 나타나고 체내가 산성으로 되어 치명적인 영향을 줄 수도 있다. 따라서 하루에 당질을 100g 정도는 섭취해야 한다.

(5) 식이섬유소

체내에서 소화되지 않고 대변으로 배설되므로 영양소로서의 가치는 없으나 건강과 관련된 많은 기능으로 인해 최근에는 영양소로 중요한 위치를 차지하고 있다.

(6) 감미료의 기능

맥아당, 포도당, 과당, 전화당은 단맛이 있어서 감미료로 쓰여 식욕을 증진시킨다.

제5절 당질과 관련된 영양문제

(1) 당뇨병

당뇨병은 포도당 대사에 영향을 주는 호르몬인 인슐린의 작용부족으로 포도당이 글리코겐으로 되지 못하여 혈당이 상승함으로써 당이 소변으로 배설되는 증상이다. 포도당으로부터 에너지를 얻지 못하므로 체내지방과 단백질을 연소하여 에너지를 만들어서 사용하게 됨으로써 당질대사 이외에 단백질, 지방, 무기질의 대사장애도 나타난다.

당뇨병에 대한 식사요법의 기준으로 쓰이는 혈당지수(glycemic index)는, 흰빵이나 포도당의 형태로 당질을 섭취했을 때 혈액에 나타나는 총 포도당량의 기준을 100으로 하여, 특정 식품을 섭취했을 때 혈액에 나오는 포도당의 양으로 정한다.

혈당 지수는 식이섬유소 함량, 소화 흡수 속도, 총 지방 함유량 등의 영향을 받는다. 즉, 가용성 섬유소를 함유한 오트밀 등의 식품은 소화가 느리게 되므로 섭취 시에 혈당이 천천히 상승하지만, 감자 등은 소화가 잘 되어 혈당이 빨리 상승한다.

그러므로 당뇨병 환자는 혈당지수가 낮은 식품을 섭취하여야 한다. 그래야 혈당조절이 잘 되고 비만이나 관상동맥 심장병 등의 치료와 예방에도 도움이 된다.

많은 양의 당질을 섭취하면 인슐린 분비를 촉진시키므로 당질이 적은 소량의 식사를 자주 해야 하며 단백질 식이를 권장하는데, 이는 아미노산이 해당과정 또는 TCA cycle을 통하여 혈당으로 전환되기 때문이다.

증상으로는 소변으로 당이 과다하게 배출되고, 피로 · 갈증 · 심한 공복감을 느끼면서 체중이 감소한다.

합병증으로는 동맥경화증, 고혈압, 다발성 신경염, 백내장 등을 일으키기 쉬우며 또한 비만과도 깊은 관계가 있다고 알려져 있다.

표 2-3 각종 식품의 혈당지수

식품의 종류	혈당지수	식품의 종류	혈당지수
쌀(백미)	70~90	과일(수박)	70
쌀(현미)	50~60	바나나	53
빵(흰 식빵)	70	파인애플	52
(프랑스 빵)	95	사과	36
(보리, 귀리빵)	65	오렌지	43
(전곡류 빵)	30~45	배	28
감자	80~100	아이스크림	64
콘 플레이크	84	우유	27
잡곡 플레이크	66	저지방 요구르트	33
		두류(콩)	18

(높은 식품군 : 70 이상 중간식품군 : 59~69 낮은 식품군 : 55 이하)

(2) 유당 불내증

유당분해효소(lactase)의 결핍이나 작용부족으로 일어나는 우유불내증(lactose intolerance)이 있는데 이는 우유를 마시면 우유 속의 유당이 소화되지 못하고 장내에서 발효되어 설사나 복부 통증을 유발한다. 우유에 유당분해효소를 첨가하거나 우유를 발효시킨 발효유 또는 요구르트 등을 먹는 것이 좋다.

(3) 갈락토세미아

간에서 갈락토오스를 포도당으로 전환시키는 효소(galactase)가 합성되지 못하여 갈락토오스가 체내에 축적되는 현상을 갈락토세미아(galactosemia)라고 한다. 이는 유전성 질환이며 신생아의 경우에는 사망하며 생존자는 간조직이 손상되거나 정신적 발달이 늦어져서 지진아가 된다. 치료로는 조기발견과 더불어 유당을 함유하지 않은 식사요법이 중요하다.

제6절 당질의 급원식품과 섭취실태

우리나라에서 당질의 영양섭취기준은 만성질환 예방과 지질 및 단백질의 섭취량과 연계하여 에너지 적정비율을 설정하였는데, 1세 이후 전 연령층에 대해 설정하였고 충분섭취량은 영아기와 임신 및 수유기에 대하여 설정하였다. 2010년도 1차 개정된 영양섭취기준에서는 성인연령을 20세에서 19세로 조정하였고 2015년도 2차 개정에서는 당질의 적정비율을 하향 조정하여 1~2세에 55~65%, 3~18세와 19세 이상에서 55~65%로 권장하고, 1세 이전의 영아인 0~5개월에서는 60g/일, 6~11개월에서는 90g/일의 평균필요량을 설정하였다.

표 2-4 각종 식품의 당질 함유량 (g/100g)

식 품 명	함유량(g)	식 품 명	함유량(g)
설 탕	99.5	견과류	75~88
꿀	80~83	귤	11
시 럽	75~55	포 도	14
쌀(백미)	78	배	10
보 리	68~77	사 과	13
밀가루	69~79	바나나	23
옥수수	74~78	당근, 양파, 토마토	7~5
빵 류	52~58	상추, 양배추, 시금치	4~3
초콜릿	59	단호박	13.3
비스킷	70	아이스크림	23
고구마	28~45	우유(전지유)	5.5
감 자	17	우유(탈지유)	6
토 란	12	인 유(人乳)	7

식이섬유의 영양섭취기준으로는 1세 이상 모든 연령층에 충분섭취량을 설정하여서 1,000kcal당 12g으로 하였다. 1~2세 유아는 하루에 10g, 3~5세의 유아는 하루 15g, 성인남자는 25g, 성인여자는 20g을 설정하였고, 임신 수유부는 추가 에너지 필요량에 따라 5g씩 추가하였다.

당질의 주급원은 식물성 식품이다. 설탕이나 꿀은 당질의 함량이 가장 높고 곡류나 감자류에도 상당량 들어 있다. 과일에 있는 당질은 주로 포도당과 과당으로 비교적 함량이 높은 편이며, 채소류는 종류에 따라 함량이 다르고 수분과 섬유소도 다량 들어 있다.

우리나라 당질 섭취량은 1969년 1인 1일 평균 559g이었으나 지속적으로 감소되는 추세였다.

1998년 섭취량이 약간 높아지기는 했으나 2005년에는 다시 306.5g으로 감소추세로 돌아섰다. 이 중 75.8%는 곡류에서, 나머지는 과실류 · 채소류 · 당류의 형태로 섭취하였다.

당질의 급원으로 단당류나 이당류 중에 설탕은 가능한 한 피하고 다당류의 섭취를 권장한다. 이는 설탕류가 다른 영양소는 전혀 없이 열량만 내므로 충치 발생률이 높고 성인병을 유발시킬 수 있기 때문이다.

그 반면에 전분의 섭취는 섬유소의 섭취와 아울러 부식을 함께 먹게 되므로 영양의 균형을 이룰 수 있는 이점이 있다.

그러나 당질의 과잉섭취는 다른 영양소의 부족을 초래한다. 필요한 단백질이 부족하면 단백질 결핍증을 일으키게 된다. 당질대사 과정에서는 비타민 B 복합체가 필요하며 당질섭취 증가에 따라 비타민 B 복합체가 부족할 때 영양장애가 일어난다. 또한, 비만증도 생긴다.

반대로 섭취가 부족하면 당질의 기능에서 설명한 바와 같이 지방의 불완전 산화로 인해서 케톤증(ketosis)을 일으킨다.

표 2-5 한국인 영양섭취기준(Dietary Reference Intakes for Koreans ; KDRIs) – 에너지 적정비율

영양소		1~2세	3~18세	19세 이상	비 고
탄수화물		55~65%	55~65%	55~65%	
단백질		7~20%	7~20%	7~20%	
지질	총 지방	20~35%	15~35%	15~30%	
	n-6계 지방산	4~8%	4~8%	4~8%	
	n-3계 지방산	1% 내외	1% 내외	1% 내외	
	포화지방산[1)]	–	–	4.5~7%	
	트랜스지방산[1)]	–	–	1% 미만	
	콜레스테롤[1)]	–	–	300g/일 미만	목표섭취량

[1)] 1~2세, 3~18세 섭취기준을 설정할 과학적 근거가 부족함.
한국영양학회, 한국인영양섭취기준, 2020.

Chapter 3

지 질

제1절 지질의 화학

1 정의와 분류

지질이란 지방산 에스테르 및 에스테르의 구성 성분(지방산, 알코올, 스테로이드) 등의 천연 화합물의 총칭으로 물과 염류 용액에는 녹지 않고 유기용매에 녹으며 생체에 이용되는 물질을 말한다.

지질을 구성성분에 따라 분류하면 다음과 같다.

① **단순지질** : 지방산과 알코올의 에스테르를 말한다(중성지방, 왁스).

② **복합지질** : 지방산과 알코올 이외에 다른 성분이 결합된 것을 말한다(인지질, 당지질 등).

③ **유도지질** : 단순지질이나 복합지질이 가수분해되어 생성된 것을 말한다(지방산, 스테롤 등).

2 중성지방 (triglyceride)

식품과 인체 내에는 지방산이 유리 상태로 되어 있는 것은 거의 없고 대부분 3개의 지방산과 1개의 글리세롤이 결합된 중성지방(triglyceride)으로 되어 있다. 중성지방은 글리세롤의 수소기(−H)과 지방산의 수산기(−OH)가 결합하여 물(H_2O)이 발생되면서 탈수 · 축합에 의하여 형성된다.

중성지방은 결합하고 있는 지방산의 조성에 의해 그 물리적 성질이 좌우된다. 그 때문에 유지(油脂)는 상온에서 액체나 고체 상태가 되는데, oil(油)은 상온에서 액체 상태를 말하며, fat(脂)은 상온에서 고체 상태를 말한다.

글리세롤(glycerol)에 1개와 2개 및 3개의 지방산이 결합한 것을 각각 모노글리세리드와 디글리세리드 및 트리글리세리드라고 한다.

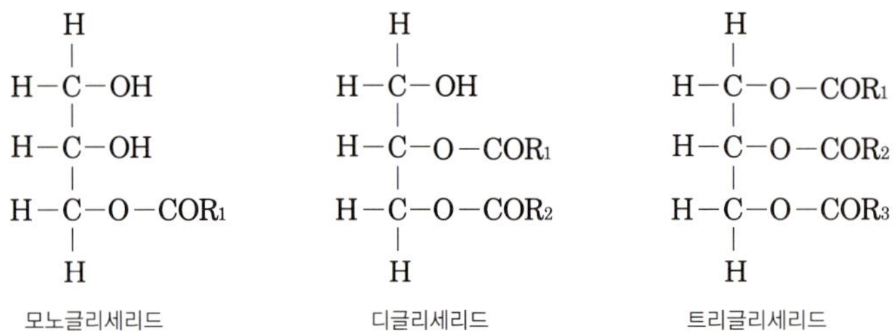

그림 3-1 중성지방의 구조

3 지방산 (fatty acid)

(1) 이중결합의 수

1) 포화지방산

지방산은 인체와 식품 속에 모두 존재하는 지질의 구성 성분인데 구조적으로는 탄소와 탄소가 연결된 측면에 수소가 연결되어 있다. 지방산분자의 α 말단에는 카르복실기(−COOH)가 있고 오메가(ω) 말단에는 메틸기(− CH_3)가 있다.

모든 탄소와 탄소 결합이 단일결합이면서 수소로 연결되어 있는 것이 포화지방산(saturated fatty acid)이다. 그림 3-2와 같이 포화지방산은 곧은 모양을 가지고 탄소가 수소 원자에 둘러싸여 있어서 지방산이 구부러지지 못하므로 상온에서 고체를 유지한다.

쇠기름 · 돼지기름과 같은 동물성 기름과 코코넛유 · 마가린에 많이 함유되어 있다.
일반적으로 천연유지 및 대사에 관여하는 지질을 구성하는 주된 지방산 중 포화지방산에는 팔미트산[palmitic acid (16:0)]과 스테아르산[stearic acid (18:0)]이 있다.

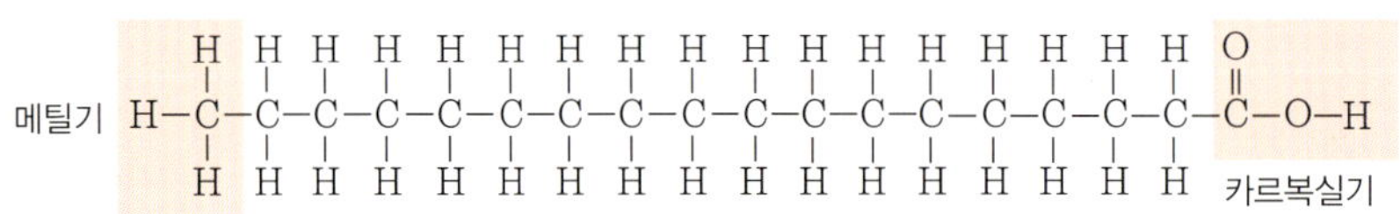

그림 3-2 포화지방산의 구조(스테아르산)

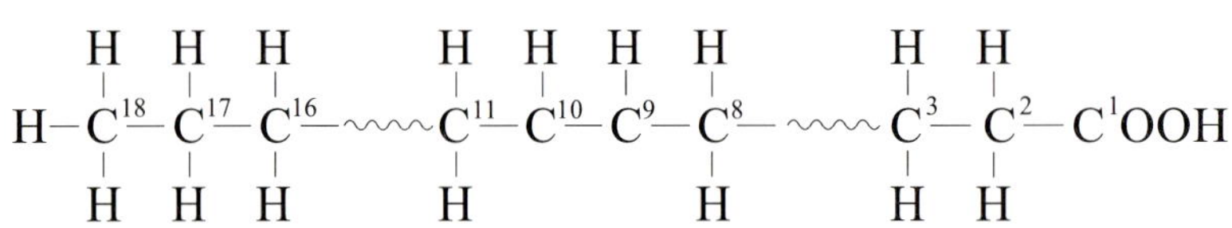

그림 3-3 불포화지방산의 구조 (예: 올레산)

표 3-1 포화지방산

명 칭	C수	분 자 식	융융점(℃)	많이 함유된 식품
acetic acid	2	CH_3COOH	–	식 초
butyric acid	4	$CH_3(CH_2)_2COOH$	−8	버터, 우유
caproic acid	6	$CH_3(CH_2)_4COOH$	−1.5	버터, 야자기름
caprylic acid	8	$CH_3(CH_2)_6COOH$	16	버터, 야자기름
capric acid	10	$CH_3(CH_2)_8COOH$	31	우유, 야자기름
lauric acid	12	$CH_3(CH_2)_{10}COOH$	43	팜유, 야자기름
myristic acid	14	$CH_3(CH_2)_{12}COOH$	54	팜유, 야자기름, 동식물성유
palmitic acid	16	$CH_3(CH_2)_{14}COOH$	63	일반 동식물 유지(특히 팜유)
stearic acid	18	$CH_3(CH_2)_{16}COOH$	70	일반 동식물 유지(특히 쇠기름)
arachidic acid	20	$CH_3(CH_2)_{18}COOH$	75	땅콩기름, 채종기름, 동식물유지
behenic acid	22	$CH_3(CH_2)_{20}COOH$	80	땅콩기름
lignoceric acid	24	$CH_3(CH_2)_{22}COOH$	84	땅콩기름
cerotic acid	26	$CH_3(CH_2)_{24}COOH$	88	밀 랍
montanic acid	28	$CH_3(CH_2)_{26}COOH$	91	몬탄납, 밀랍
melissic acid	30	$CH_3(CH_2)_{28}COOH$	94	밀 랍

2) 불포화지방산

탄소사슬로부터 수소가 떨어져서 수소이온이 적기 때문에 구부러지고, 탄소와 탄소 사이에 단일결합 대신으로 이중결합을 가진 지방산을 '불포화(unsaturated)지방산' 이라고 하며, 상온에서 액체를 형성한다. 하나의 이중결합을 가진 지방산을 단일 불포화(monounsaturated)지방산이라고 하는데, 특히 올리브유와 채종유 등은 단일 불포화지방산을 많이 함유하고 있다. 2개 이상의 이중결합을 가진 지방산을 '다가 불포화(polyunsaturated)지방산' 이라고 한다. 대두유, 옥수수유, 해바라기유 등에 많이 함유되어 있다.

(2) 이중결합의 구조

1) 시스 지방산

자연에 존재하는 대부분의 지방산은 이중결합의 수소원자들이 같은 쪽에 배열되어 있으며 시스(*cis-*) 이중결합을 하는 시스 지방산이다.

2) 트랜스 지방산

수소원자가 지방산 탄소골격에 반대방향으로 적어도 한 개 이상의 트랜스(*trans-*) 이중결합을 가지고 있는 지방산을 말한다. 트랜스 이중결합은 구부러지는 성질이 적으므로 상온에서 고체형태를 가진다.

불포화지방산은 탄소와 탄소의 이중결합이 시스 또는 트랜스 형태인지에 따라 구분될 수 있다. 시스 결합은 구부러지지만, 트랜스 결합은 구부러지지 않는다

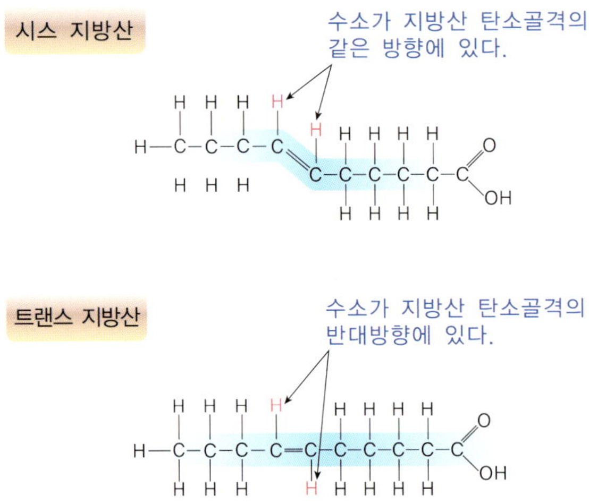

그림 3-4 시스 지방산과 트랜스 지방산

(3) 필수지방산

불포화지방산 중 동물체 내에서는 합성되지 않아 반드시 식품으로 섭취해야 하는 지방산을 필수지방산이라고 한다. 종류로는 리놀레산(linoleic acid), 리놀렌산(linolenic acid), 아라키돈산(arachidonic acid)의 다가불포화지방산(PUFA)이 있다.

표 3-2 필수지방산의 구조 및 기능

지 방 산	구 조	기 능	급 원
리놀레산	C_{18}(2개의 이중결합)	항 피부병 인자, 성장 인자	채소, 종실류
리놀렌산	C_{18}(3개의 이중결합)	성장 인자	콩기름
아라키돈산	C_{20}(4개의 이중결합)	항 피부병 인자	동물의 지방

리놀레산은 주로 식물성 기름에 함유되어 있는데 옥수수기름 · 콩기름 등은 50% 이상을 함유하며, 모유를 섭취하는 어린이는 쉽게 필수지방산을 충족시킬 수 있는데, 모유에는 리놀레산이 전체 열량의 6~9%를 함유하기 때문이다.

리놀레산은 피리독신(pyridoxine)의 촉매작용으로 아라키돈산으로 전환되기 때문에 가장 중요한 필수지방산으로 여겨진다.

필수지방산을 섭취하면 혈중 콜레스테롤 농도를 저하시키며 생체 내에서 혈소판 응집억제, 혈압조절, 위액 분비억제 및 생리활성 물질의 전구체인 프로스타글란딘(prostaglandin)을 생합성하게 한다.

필수지방산의 결핍은 성장장애와 습진성 피부염 외에 생식기능 장애, 탈색소, 지방간 등을 초래한다.

필수지방산의 대사속도는 불필수지방산에 비해 서서히 진행되는데, 동물이 필수지방산을 아껴 체내에 더 오랫동안 보유하려는 생체 현상 때문으로 보인다. 인간이 하루에 필요로 하는 리놀레산의 양은 총 칼로리의 1~2%로서 지방량으로는 2~4g 정도이다.

(4) 에이코사노이드의 전구체

탄소수가 20개인 불포화지방산들이 산화되어 생긴 생리활성 물질들을 말하며 세포막의 인지질에 있는 필수지방산으로 합성된다. 프로스타글란딘(prostaglandin, PG), 프로스타사이클린(prostacyclin), 트롬복산(thromboxane, TXA), 루코트리엔(leukotrienes, LT)이 있으며 이들을 총칭하여 에이코사노이드(eicosanoids)라고 한다.

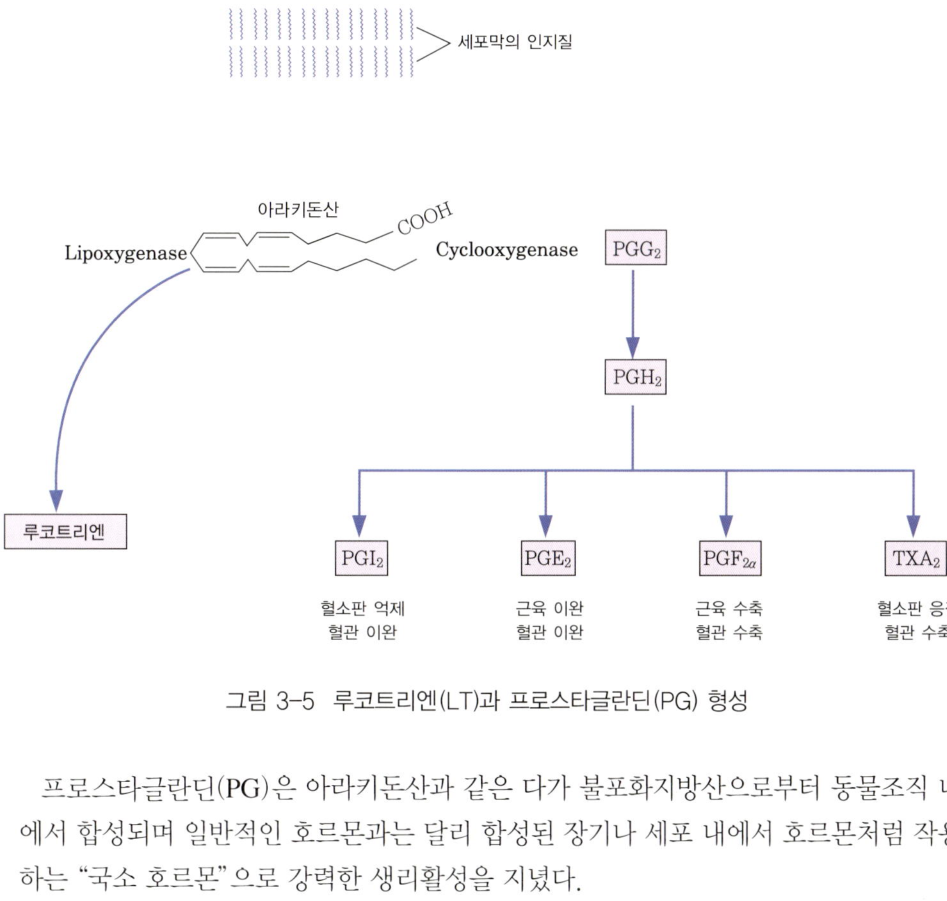

그림 3-5 루코트리엔(LT)과 프로스타글란딘(PG) 형성

프로스타글란딘(PG)은 아라키돈산과 같은 다가 불포화지방산으로부터 동물조직 내에서 합성되며 일반적인 호르몬과는 달리 합성된 장기나 세포 내에서 호르몬처럼 작용하는 "국소 호르몬"으로 강력한 생리활성을 지녔다.

트롬복산(TXA)은 혈소판의 응집과 혈전 형성을 촉진시키며 혈관을 수축시키는 작용이 있고, 프로스타사이클린(PGI_2)은 혈관벽 내피세포에서 합성되며 혈소판의 응집 억제와 혈관을 이완시켜 트롬복산과는 길항작용을 한다.

그 밖에 루코트리엔(LT)은 백혈구 · 혈소판 · 대식세포에서 합성되며 염증과 알레르기 반응에 관여하고 기관지 근육을 수축시키는 능력이 매우 강하다.

(5) ω-3계와 ω-6계 지방산

지방산은 탄소의 길이와 포화도뿐만 아니라 이중결합의 위치에 따라 성질이 달라진다. 맨끝의 메틸기($-CH_3$)에서 3번째 탄소에 이중결합이 처음 시작되는 ω-3계 지방산과 6번째 탄소에 이중결합이 처음 시작되는 ω-6계 지방산이 있다.

ω-3계 지방산인 도코사헥사엔산(docosahexaenoic acid, DHA)과 에이코사펜타에노산(eicosapentaenoic acid, EPA)은 필수지방산으로부터 합성된다. 특히 DHA는 뇌의 구성성분으로 뇌의 발달에 중요한 역할을 한다.

EPA는 혈소판 응집억제작용과 혈청 콜레스테롤 감소작용이 있어서 혈중 LDL 콜레스테롤 함량을 감소시키고 HDL 콜레스테롤 함량을 증가시켜 동맥경화를 예방하는 역할을 한다.

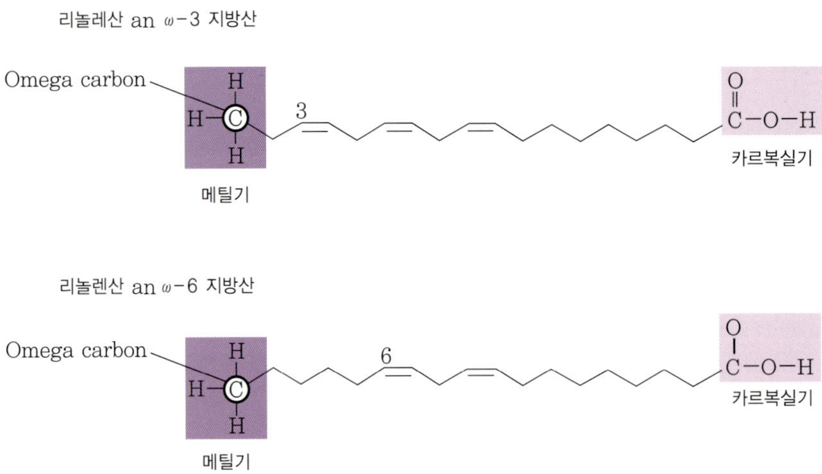

그림 3-6 ω-3 와 ω-6 지방산의 비교

북극에 사는 에스키모인은 등푸른 생선류를 많이 섭취하여 지방이 많이 축적되어 있지만 혈전증이 적다는 보고가 있다. 등푸른 생선은 ω-3계 지방산이 풍부하여 적혈구 세포의 점착성을 감소시키고 유연성을 향상시키는 프로스타글란딘의 생산을 촉진시켜 주기 때문에 에스키모인들이 대체로 건강한 것이다. 바람직한 ω-6 : ω-3 비에 대한 권장량은 모유의 조성을 근거로 4 : 1에서 10 : 1 범위이다.

4 인지질 (phospholipid)

식이에 함유되어 있는 총 지방의 5%는 인지질과 스테롤로 이루어져 있다.

그림 3-7에서 보는 바와 같이 인지질은 글리세롤에 2개의 지방산이 결합하고 남은 하나에 인산이 결합한 것으로 극성과 비극성 부분을 모두 포함하며, 세포의 주요 구성성분으로 동물의 심장 · 뇌 · 간 · 콩팥에 많이 들어 있고 식품에서는 난황과 콩 속에 많다.

중요한 인지질의 종류에는 레시틴(lecithin), 세팔린(cephalin), 스핑고미엘린(sphingomyelin) 등이 있다.

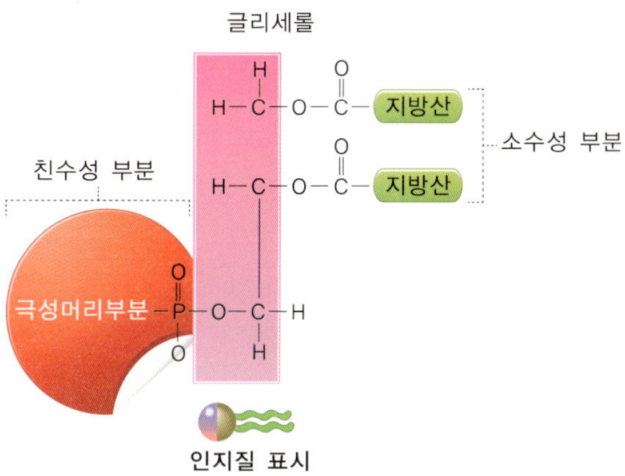

그림 3-7 인지질의 구조

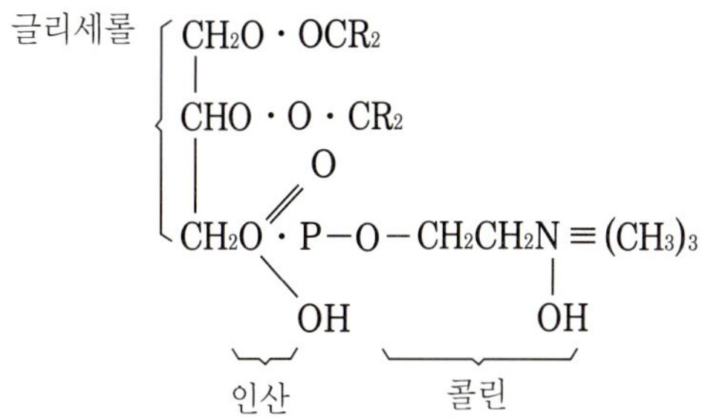

그림 3-8 레시틴의 구조

레시틴은 분자 내에 콜린(choline)을 함유하고 있고 친수성이 강하며 물에 분산되어 교질을 잘 형성하므로 제과 및 기타 식품가공에서 천연유화제로 많이 쓰이고 있다. 세팔린은 뇌세포와 간 부신에서 많이 발견되며 레시틴과 비슷하나 콜린 대신에 에탄올아민(ethanolamine)이 결합된 것이다.

5 스테롤(sterols)

스테롤류는 스테로이드(steroid)계를 보유하는 중성지방이지만 인지질과는 전혀 다른 구조의 화합물로서 세포성분을 구성하거나 유리된 상태로 체액 중에 존재한다. 대표적인 것으로 콜레스테롤과 에르고스테롤(ergosterol)이 있다.

(1) 콜레스테롤(cholesterol)

콜레스테롤은 동물조직 중에 많이 함유되어 있으며 체내의 각 조직, 특히 뇌와 신경 등의 막 구성성분으로 담즙산 · 부신피질 호르몬 · 성 호르몬 · 비타민 D_3 등의 합성 재료이다.

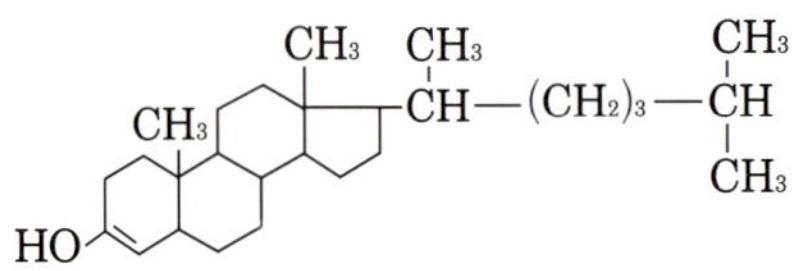

그림 3-9 콜레스테롤의 구조

콜레스테롤은 연령증가에 따라 점차 많아지며 과잉섭취로 체내에 축적되면 신진대사가 방해되고 세포의 활력은 약화되어 노쇠를 촉진시키며 혈관에 축적되면 동맥 혈관 내벽에 침착되어 동맥경화증을 일으킨다.

섭취하는 콜레스테롤도 혈청 콜레스테롤 농도에 영향을 미치지만 오히려 체내에서 합성된 콜레스테롤의 영향이 훨씬 더 크다. 일반적으로 정상적인 경우에는 콜레스테롤의 섭취량에 따라 생체 내에서 그 생합성을 조절하고 있다.

인체는 하루에 약 1.0~1.5g 정도의 콜레스테롤을 스스로 합성하고 혈액 중에 약 150~200mg% 정도 함유하고 있다. 간은 50%를 합성하고 장은 15%를 합성하며 그 밖의 여러 조직에서 합성이 이루어진다. 탄소 2개 단위의 acetyl-CoA는 메발론산(mevalonic acid)을 거쳐 스쿠알렌을 만들고 최종적으로 탄소 27개의 콜레스테롤을 합성한다. 달걀, 육류, 오징어, 새우 등은 콜레스테롤 함량이 높은 식품이다.

제2절 지질의 소화와 흡수

1 지질의 소화

(1) 중성지방 소화

매일의 식사에서 섭취되는 지질은 주로 중성지방으로 되어 있고 물에 불용성이므로 소화효소의 작용을 위해서는 먼저 유화되어야 한다. 담즙산이 지방의 유화제 역할을 하여 지방을 유화시키고 지방의 표면적을 증가시켜 소화 효소와의 작용을 쉽게 해 준다.

입에서는 저작작용만 하고 효소는 분비하지 못한다. 위에서는 짧은 지방산과 중간사슬 지방산을 소화시키는 위의 리파아제(gastric lipase)가 분비되어 유화된 지방의 일부분을 소화한다. 따라서 위에서의 지질 소화는 유아기에 많이 일어나며 우유나 버터 등의 지방에만 적합하다.

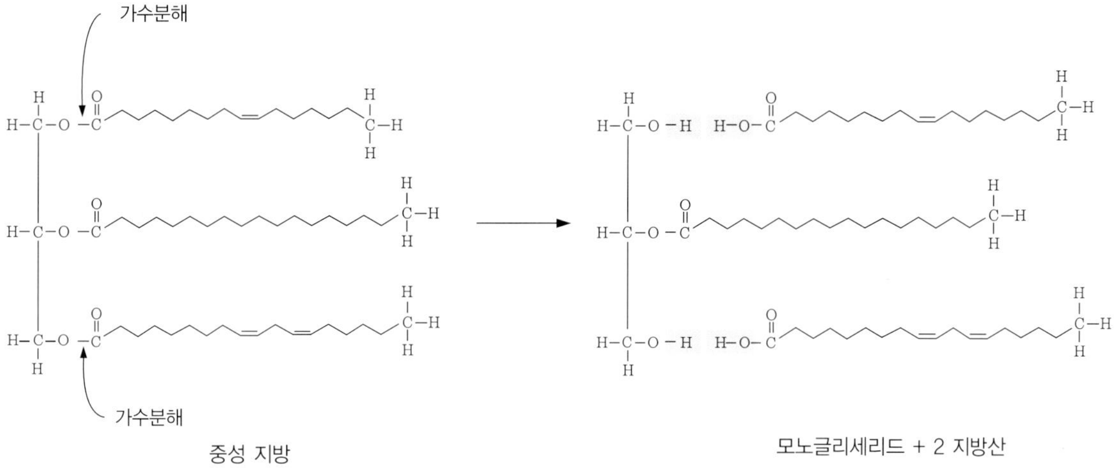

그림 3-10 중성지방의 소화

1) 담즙에 의한 지질의 유화 - 미셀 형성

지방은 위를 지나 십이지장에 들어와서부터 본격적인 소화가 일어난다. 십이지장의 점막에서 분비되는 콜레시스토키닌(cholecystokinin, CCK)은 담즙 분비를 자극하여 지방을 유화시킨다. 담즙은 담즙산과 유리 콜레스테롤 및 인지질의 복합체로 만들어진 후 담낭에 저장되는 물질이다. 담즙은 양성물질로 소수성 부분은 지방덩어리와 결합하고 친수성 부분은 물과 결합하여 작용한다.

이때 큰 지방덩어리를 작은 덩어리로 부수는 과정을 유화라고 하며 떨어져 나온 작은 지방덩어리를 미셀(micelle)이라고 한다. 이런 과정을 통하여 지방의 표면적을 넓혀서 소화효소와 결합을 잘 할 수 있게 한다(그림 3-11 지질의 유화과정).

2) 췌장 지방분해 효소에 의한 소화

췌장 리파아제(steapsin)의 작용을 받아서 지방, 즉 트리글리세리드를 완전히 분해시키지는 못하고 약 20% 정도는 글리세롤과 3개의 지방산으로 완전히 분해되나 지방의 약 80%는 모노글리세리드(monoglyceride)와 2개의 지방산 혹은 디글리세리드(diglyceride)와 1개의 지방산이 된다.

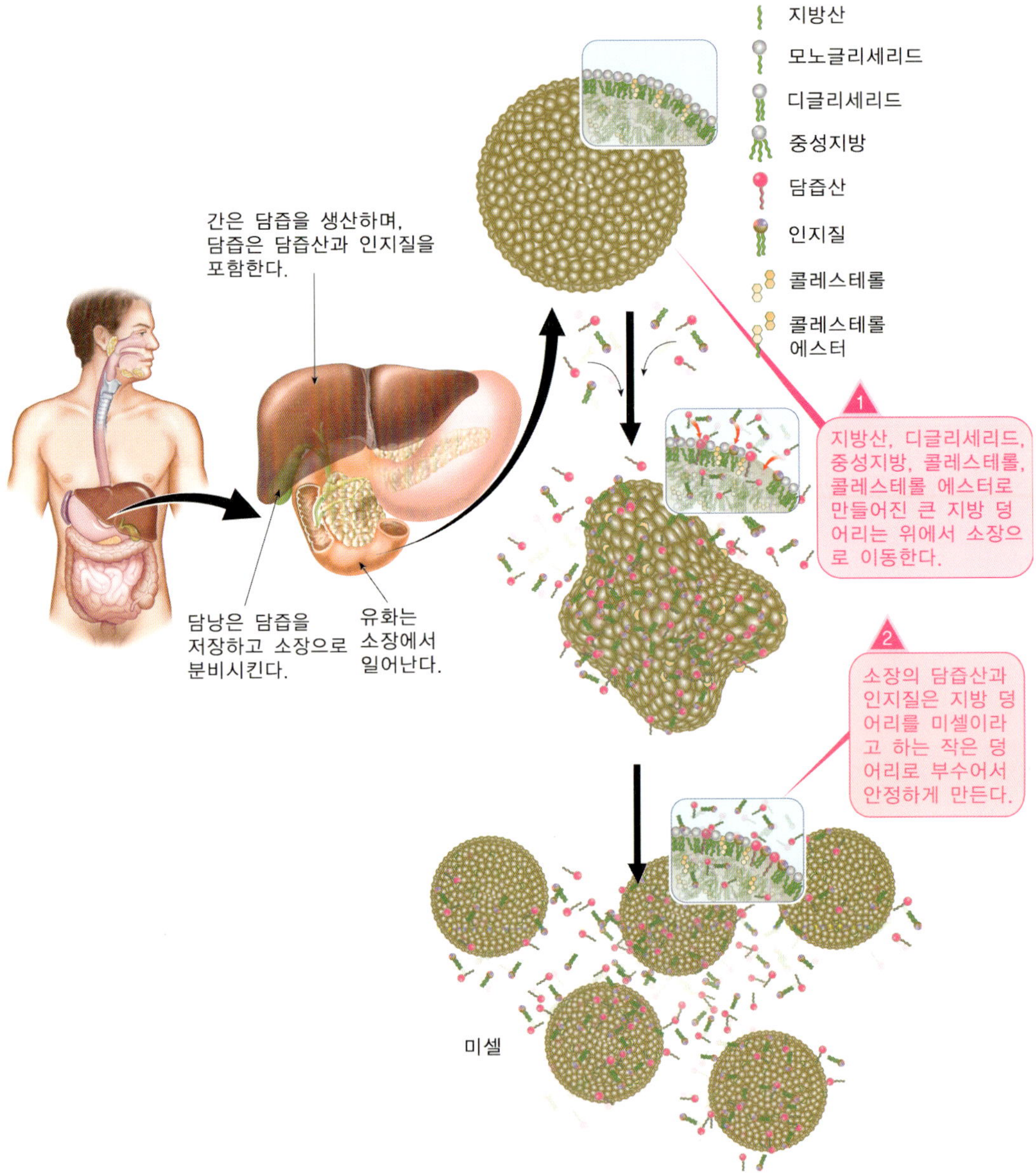

그림 3-11 지질의 유화과정

(2) 인지질 및 콜레스테롤의 소화

인지질, 콜레스테롤, 콜레스테롤에스터도 담즙에 의해 유화된다. 인지질은 췌장에서 분비하는 포스포리파아제 A_2에 의해 소화되고 유리 콜레스테롤은 소화과정 없이 흡수되나, 콜레스테롤에스터는 콜레스테롤에스터 가수분해 효소에 의해 콜레스테롤과 지방산으로 분해된다.

2 지질의 흡수

섭취하는 지질의 대부분인 장쇄 지방산(탄소수 : 14~18개)과, 모노글리세리드, 콜레스테롤은 담즙산과 결합하여 미셀을 만들어 융모의 안쪽으로 흡수된다. 그 후 소장 점막세포 내에서 다시 중성지질로 재합성된다. 중성지질은 콜레스테롤 · 인지질 · 단백질과 결합하여 지단백질(chylomicron)로 되어 림프관과 흉관을 거쳐 정맥으로 운반된다.

그러나 글리세롤 및 저급 지방산(단쇄 및 중쇄)은 모세혈관에 흡수되어 문맥에서 간장으로 운반된다. 담즙산염은 흡수되지 않고 장관 내에 남아서 다시 미셀 형성에 도움을 준다.

콜레스테롤도 담즙산과 미셀을 만들어 융모에 흡수된 후 킬로미크론이 되어 임파관에서 흉관을 거쳐 혈액으로 들어간다. 단쇄 · 중쇄지방산 또는 글리세린(glycerin)의 흡수는 확산에 의한 것이며 모노글리세리드나 장쇄지방산의 흡수는 능동 수송으로 흡수된다고 알려져 있다.

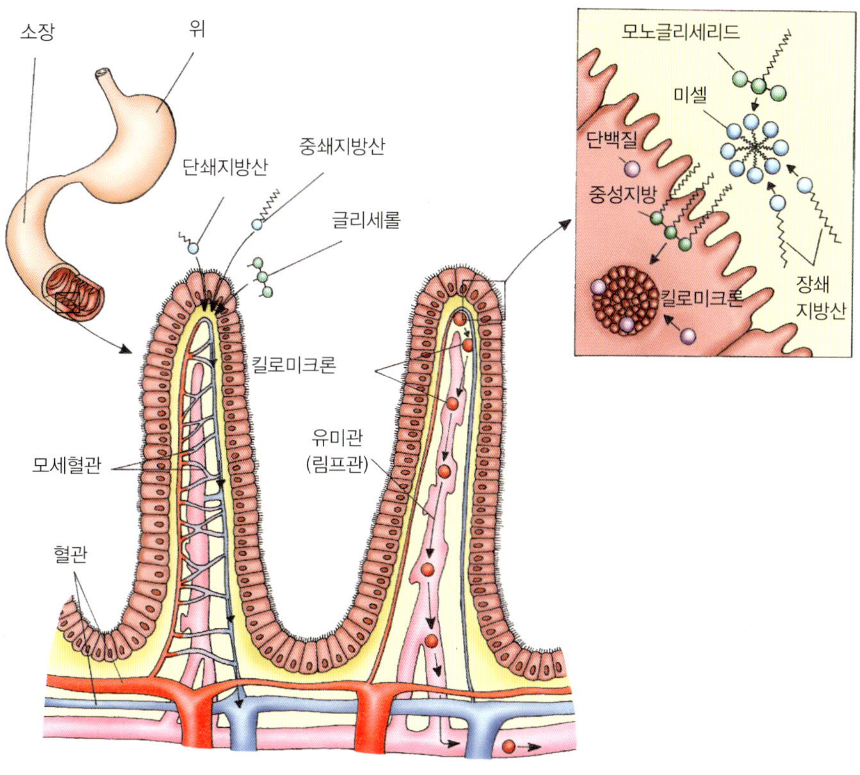

그림 3-12 지질의 흡수

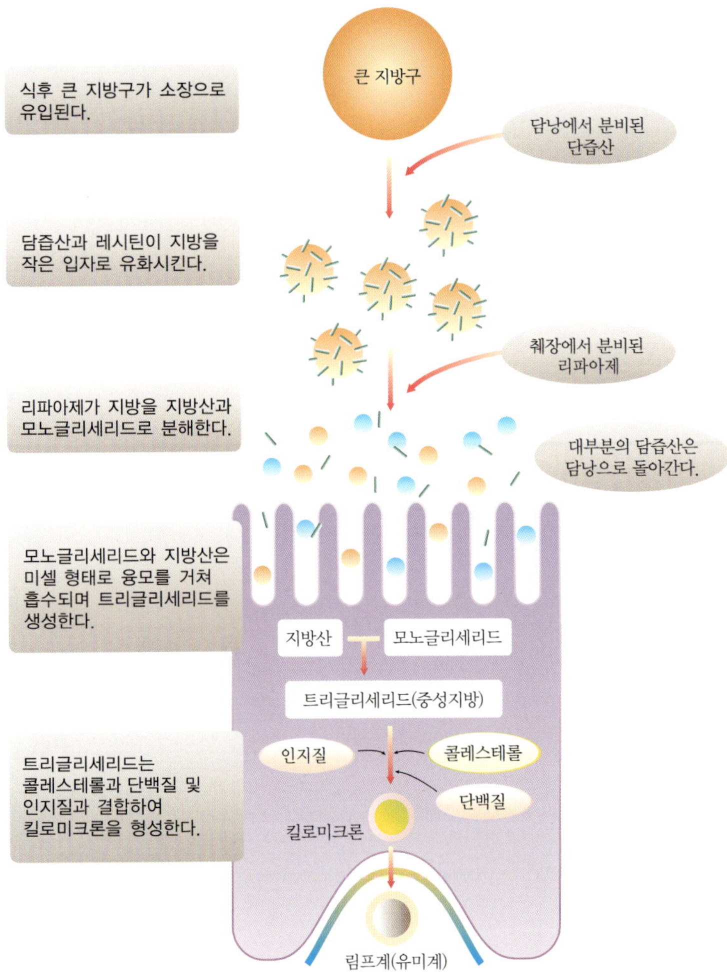

그림 3-13 지질의 소화 흡수 과정

3 지질의 운반

(1) 지단백질의 종류와 기능

지질 섭취 후 1~2시간이 경과되면 체내에서 모든 혈액지질(콜레스테롤, 인지질, 중성지방)은 특정 단백질과 결합하는데 이를 지단백질(lipoprotein)이라고 한다. 이들은 대체로 혈청에서 용해되지 않는 지질을 용해시키며 혈청 내외로 수송된다.

지단백질은 간에서 흡수되는데 현재 4가지 종류가 알려져 있다. 즉, 킬로미크론, VLDL, LDL, HDL이다.

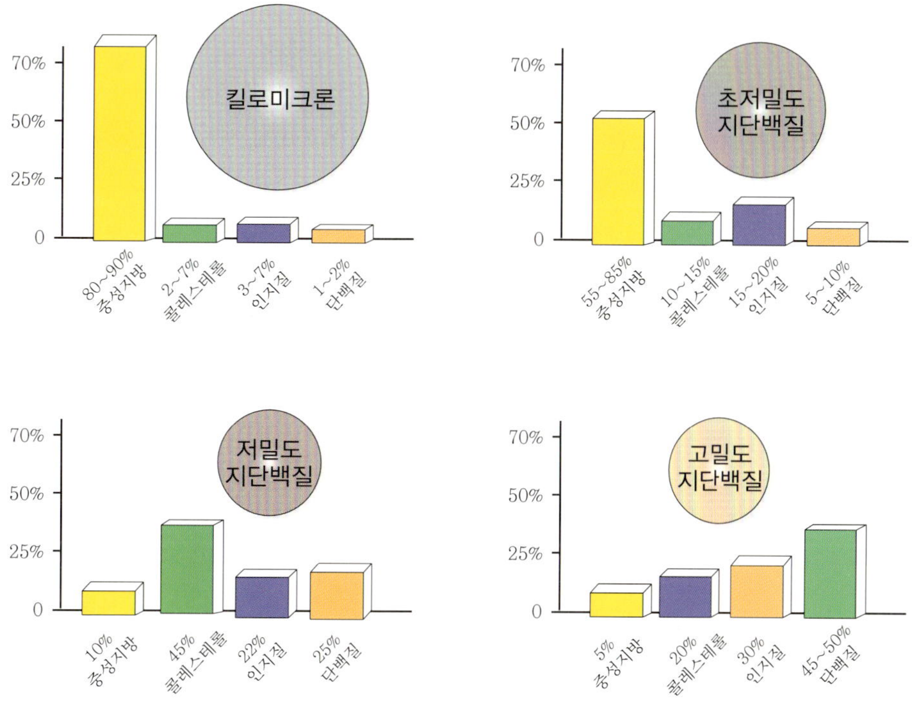

그림 3-14 지단백질의 크기, 구성 성분 및 조성

1) 킬로미크론(chylomicron)

지방 흡수 직후 소장 점막 내 상피세포에서 흡수되어 림프관을 통해 혈액으로 들어가며 주로 외인성(식이성) 중성지방을 운반한다. 식사 후 지단백질 리파아제에 의해 혈액 내 킬로미크론이 제거되는데 지방섭취 후 혈액이 뿌옇게 보이는 것은 킬로미크론 때문이다.

2) 초저밀도 지단백질(VLDL, very low density lipoprotein)

주로 간에서 합성된 콜레스테롤과 중성지방(내인성지방)을 말초조직으로 운반한다. 지방과 근육조직 등 말초조직에서 중성지방이 지단백질 리파아제에 의해 가수분해되어 결국 혈액에 중성지방이 적고 콜레스테롤이 많은 중간형 IDL을 거쳐 LDL로 전환된다.

3) 저밀도 지단백질(LDL, low density lipoprotein)

주로 콜레스테롤을 간에서 다른 말초조직으로 운반한다. 근육이나 동맥벽 등 말초조직의 세포막 표면에 있는 LDL 수용체와 결합하여 세포 내로 들어가 죽상동맥경화증을 일으키므로 나쁜 콜레스테롤이라고 하며, 심혈관계 질환의 중요한 원인이 된다.

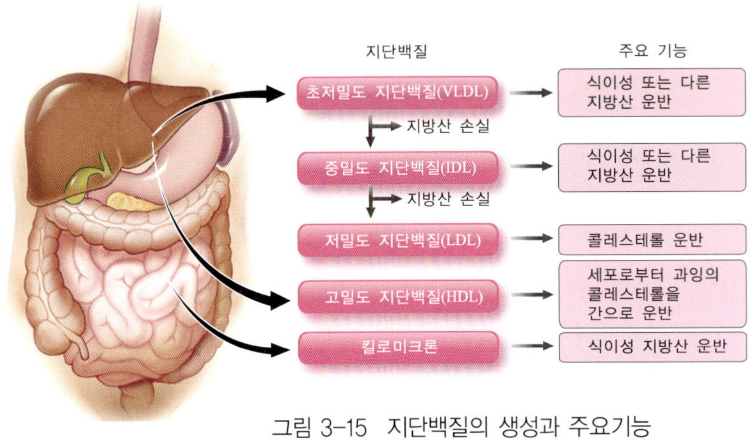

그림 3-15 지단백질의 생성과 주요기능

4) 고밀도 지단백질(HDL, high density lipoprotein)

간과 소장벽에서 합성되며 LDL과 반대로 혈관이나 말초조직에 침착된 콜레스테롤을 간으로 운반하여 대사시키므로 심혈관계질환을 감소시키는 좋은 콜레스테롤로, 항동맥경화성 인자라고도 한다.

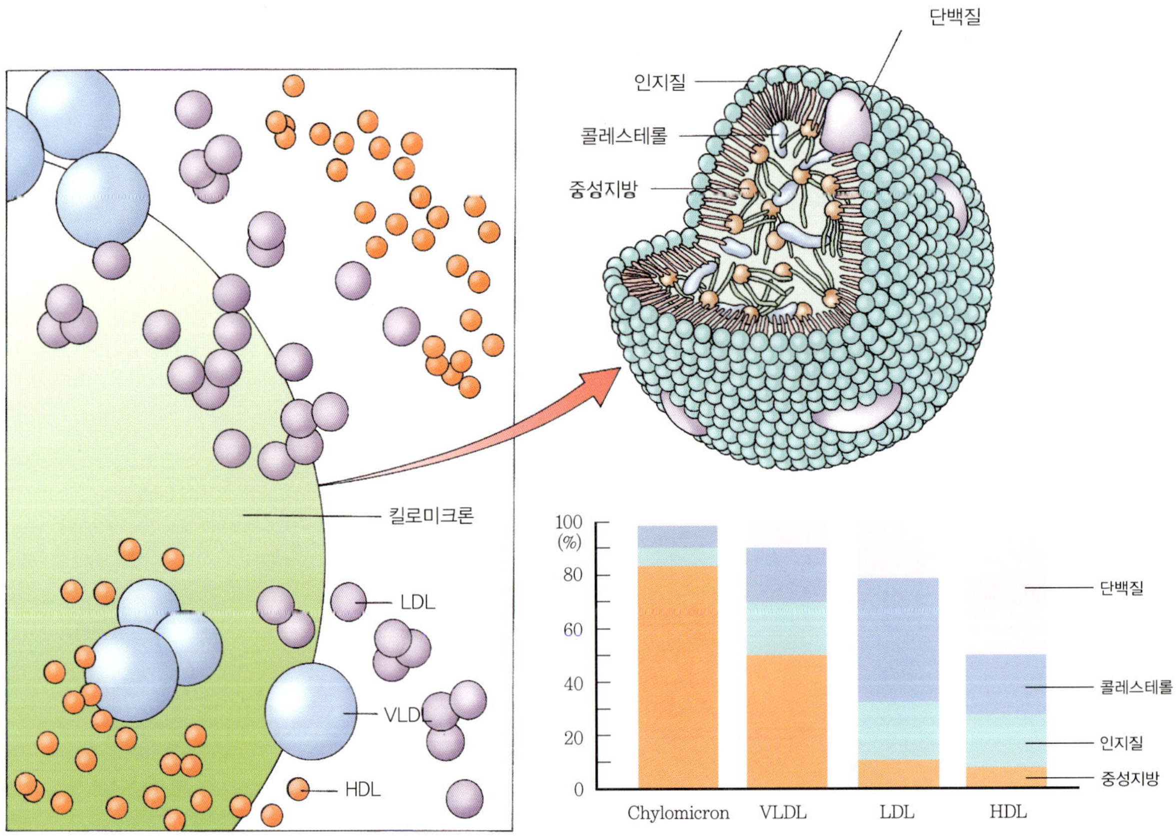

그림 3-16 지단백질의 크기와 구성 성분

제3절 지질의 대사

1 소화 · 흡수 후의 작용

소화 · 흡수된 지질은 장 점막 내에서 트리글리세리드로 재합성되는데 이것은 물에 용해되지 않으므로 약간의 단백질과 결합해서 지단백질(lipoprotein)이 되어 운반된다. 이 지단백질을 킬로미크론이라고 부르는데 여기에는 흡수된 콜레스테롤 및 인지질 등도 포함되어 있다.

이들 물질은 림프관에서 흉관을 거쳐 혈액순환에 합류한다. 지질이 많은 음식물을 섭취하면 식후 1~3시간에 혈액 중의 킬로미크론이 급증한다.

2 간으로의 이동과 대사

간은 생체 내의 지질대사에 중심적 역할을 하는데 혈액 중에 유리지방산을 방출하며 또한 포도당과 아미노산으로부터 지방산을 생성한다. 이 지방산은 간에서 지방으로 합성하고 여기에 인지질 · 콜레스테롤 · 단백질을 첨가하여 지단백질을 만들고 혈액을 통하여 각 조직으로 운반된다.

지방산의 일부분은 간에서 에너지로 산화 · 분해되고 일부는 케톤체를 생성한다. 또한 콜레스테롤이나 인지질 등을 생성하고 지방의 소화 흡수에 필요한 담즙산염을 콜레스테롤로부터 만든다.

3 중성지방 분해

체지방은 주로 피하, 복강, 근육, 간조직 등의 지방조직에 저장되어 있다. 지방조직 중의 중성지방은 글리세롤과 지방산으로 가수분해되어 이용된다.

글리세롤은 글리세롤인산(glycerolphosphate)을 거쳐 피부르산으로 전환되어 TCA 회로를 통해 대사되거나 포도당으로 전환된다. 중성지방 중 에너지가 많은 부분은 지방산 부분이다. 유리된 지방산은 혈액 중에 방출되어 간장, 심장, 신장, 근육, 폐 등에 들어가서 에너지를 생산한다(그림 3-17 참조).

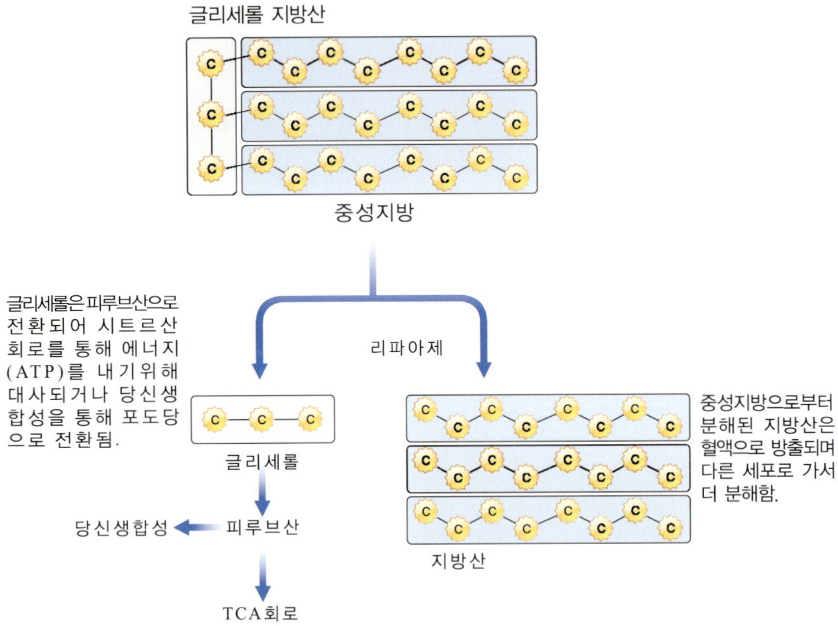

그림 3-17 중성지방 분해

4 지방산의 β-산화

지방산의 산화과정 중 가장 유력한 설은 누프(Knoop)의 β - 산화설(β-oxidation theory)로서 자연계에 존재하는 지방산은 대부분 탄소 수가 짝수라는 것이다.

첫 단계는 세포 내로 들어온 지방산은 세포질에 있는데 지방산이 산화되기 위해 미토콘드리아로 이동해야 하므로 CoA로 활성화된 후 지방산의 탄소 수에 관계없이 분자 중의 카르복실기 말단의 β 위치의 탄소 원자에서 탄소가 2개씩 산화되어서 최종적으로 아세틸 CoA로까지 분해되는 것으로, 이 과정을 β - 산화라고 한다.

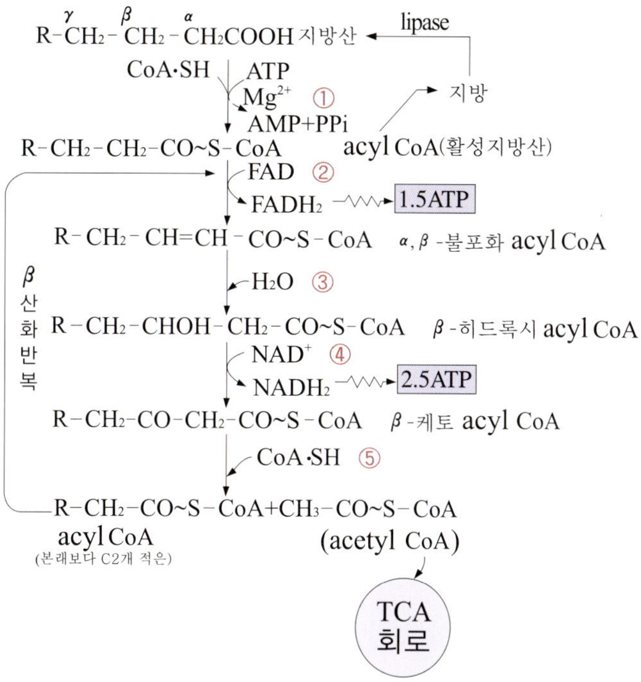

반응에 작용하는 효소 : ① 티오키나아제, ② 아실-CoA 탈수소효소, ③ 에노일-CoA 히드라제
④ β-히드록실 탈수소효소, ⑤ 티올라아제

그림 3-18 지방산의 β-산화

5 지방산 분해를 통한 에너지 생성량

지방산의 분해에서 생성된 아세틸 CoA가 TCA회로에 들어가서 산화하는 과정 중에 환원형의 보조효소인 $NADH_2$가 다량으로 생성된다. 이들의 산화는 전자전달계에서 $NADH_2$는 2.5분자의 ATP를, $FADH_2$는 1.5분자의 ATP를 생성한다.

스테아르산은 8번의 β - 산화과정을 거쳐 탄소 수가 2개인 아세틸 CoA를 9개 생성하며 이들이 아세틸 CoA회로를 거치면서 많은 양의 ATP를 생성한다.

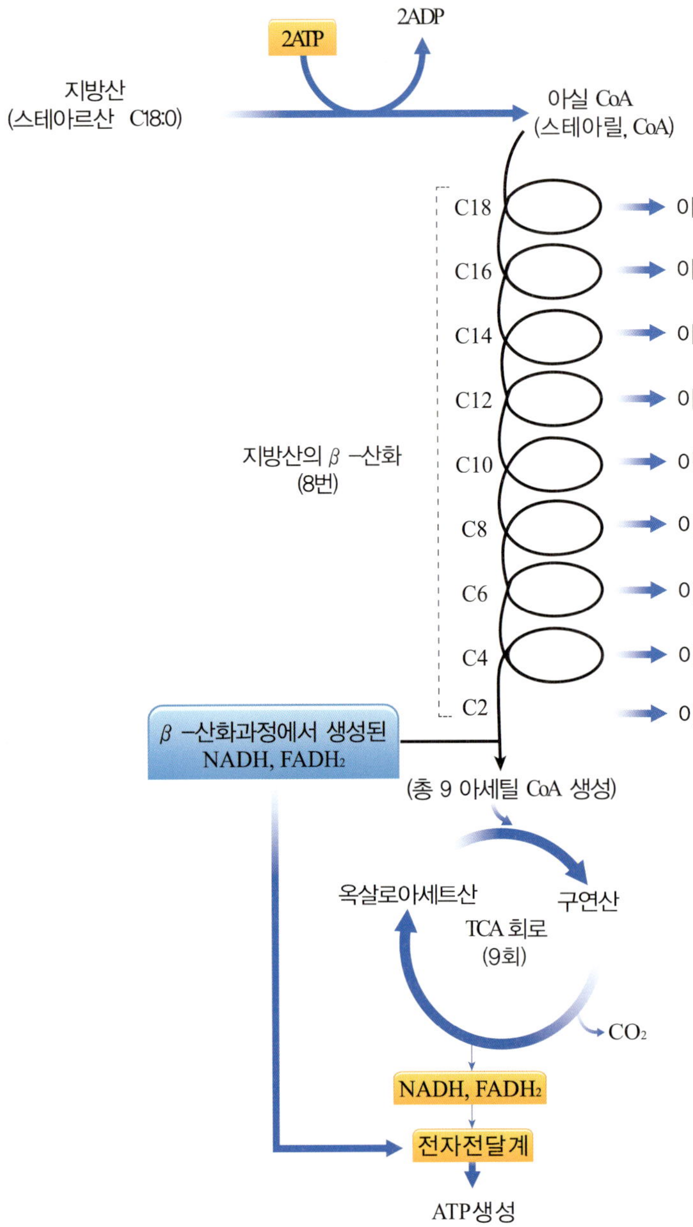

그림 3-19 스테아르산의 β-산화와 에너지 생성

6 케톤체 대사

케톤체는 지방산의 불완전 산화로 생성되는 물질이다. 기아나 당뇨병일 때, 저당질 식이 등의 경우에서 당질대사가 저해되어 옥살로아세트산의 생성량이 부족하거나 저장지방이 산화될 때는 아세틸 CoA가 TCA 회로에 들어가지 못한다.

TCA에 들어가지 못한 아세틸 CoA 2분자가 축합하여 케톤체를 생성한다. 생성된 케톤체는 에너지원으로 되기도 하지만 합성속도가 증가되어 정상 대사 능력 범위를 벗어나면 혈액의 pH는 산성으로 되고 케톤체의 양이 증가하며 소변으로 배설되는 케톤증(ketosis)이 된다.

고지질 식사와 저당질 식사를 하면 증상이 더 심해지며 케톤체 중의 하나인 아세톤은 폐를 통해 방출되므로 이 증상이 있는 사람의 입에서는 곰팡이 썩는 냄새와 같은 특이한 냄새가 나기도 한다.

7 콜레스테롤의 대사

콜레스테롤은 비교적 쉽게 장관에서 흡수되어 킬로미크론 형태로 림프관을 거쳐 혈액으로 들어간다. 하루에 섭취되는 콜레스테롤 양은 약 0.5 g 정도이며 소장에서 흡수되는 것은 10~15% 정도이고 나머지는 분변으로 배설된다. 음식으로부터 흡수된 콜레스테롤의 양에 따라 간에서 콜레스테롤 합성이 결정된다.

콜레스테롤은 모든 장기의 세포막 성분을 이루며 성호르몬 등의 스테로이드 호르몬, 담즙산의 합성에 사용되며 일부는 비타민 D_3로 변해서 사용되고 나머지는 배설되기 위해 HDL을 통해 다시 간으로 들어간다.

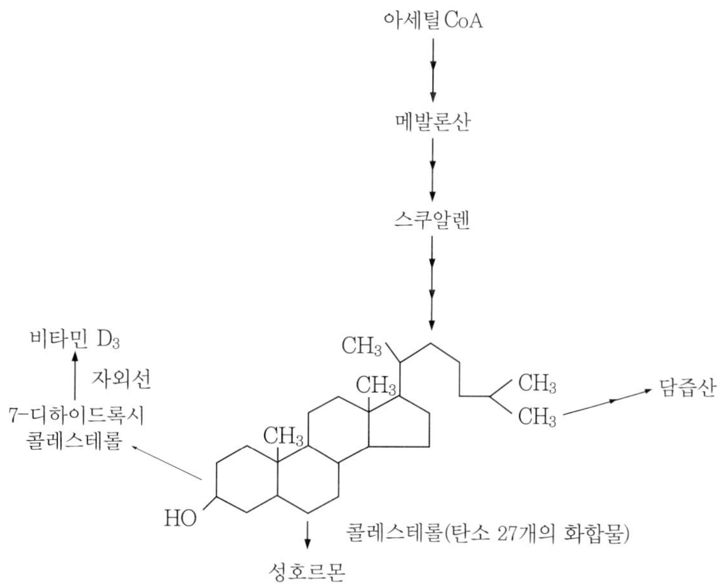

그림 3-20 콜레스테롤 대사

제4절 지질의 기능

(1) 효과적인 에너지원

지질은 1g이 9kcal의 열을 발생하여 4kcal를 발생하는 당질과 단백질에 비하여 효과적이다. 지질은 당질과 단백질에 비하여 탄소 및 수소의 함유 비율이 높고 산소의 함량이 낮아 더 많은 산화과정을 거쳐 에너지를 더 많이 생성하기 때문이다. 또한, 지방세포는 약 80%가 지질이고 물의 비율이 적어 다른 영양소에 비해 효율적으로 저장할 수 있다. 평균적으로 남자는 체중의 15%를 차지하고 여자는 25% 정도를 차지한다.

(2) 체내 활성물질 형성

지질은 필수지방산, 담즙산, 스테로이드 호르몬(프로게스테론, 안드로겐, 에스트로겐), 신경보호막, 비타민 D, 프로스타글란딘, 류코트리엔 등의 구성성분이다. 콜레스테롤은 세포의 구성성분으로 뇌 · 신경계통 · 간장 등에 많이 있으며 대부분 에스테르형으로 존재한다.

(3) 지용성 비타민 흡수 촉진

지용성 비타민 A, D, E, K 등은 지질에 녹은 상태로 소화 흡수된다. 따라서 지질 흡수가 지용성 비타민 흡수에 필수적이다. 그러므로 당근 및 고추 등에 함유되어 있는 카로틴(carotene)은 생식에 비해 기름과 함께 조리하면 흡수율이 현저히 높아진다.

(4) 체온조절 및 장기보호 기능

체내에는 체중의 10~20% 이상의 지방이 각 조직에 중성지방의 형태로 분포하고 있다. 이들 지방은 효율이 높은 에너지 저장체이며 체지방조직의 구성성분이다. 지방은 물에 비하여 열전도율이 낮은 부도체로서 열의 방출을 막는 작용을 하여 체온을 유지한다. 또한, 심장 · 신장 · 유방 · 자궁 등의 주요기관을 둘러싸서 외부의 충격으로부터 내장기관을 보호한다.

(5) 향미성분의 공급

유지는 감칠맛을 돋우므로 음식물에 특유의 맛을 내게 하는 효과가 있다. 식품에 풍부하게 함유되어 있는 향미 성분은 대부분 지용성이므로 조리 시 유지를 사용하면 음식의 맛이 향상된다.

제5절 지질의 급원식품과 섭취현황

지질의 영양섭취기준은, 에너지적정비율을 설정하였을 때 영유아의 경우 25g/일, 3~18세는 15~30%, 19세 이상에서는 15~30%이고 임신 수유부는 설정하지 않았다. 영아의 경우는 모유 섭취량, 모유 내의 영양소 함량, 이유보충식 섭취량에 근거하여 지질과 필수 지방산에 대한 충분섭취량을 정하였다. 또한 최근 생리기능의 중요성으로 인하여 많이 보고되고 있는 ω-6 : ω-3 지방산의 섭취비율은 4~10 : 1이 적정하나 가공식품 등의 증가로 ω-6 지방산이 ω-3계 지방산보다 증가 추세에 있다.

ω-3계 지방산 섭취량을 늘리기 위해서는 등푸른 생선을 주 2회 정도 섭취하고 조리시에 들깨나 들기름을 많이 이용해야 한다.

2020년 한국인 영양섭취기준에서는 ω-6계 불포화지방산과 ω-3계 불포화지방산의 섭취기준이 전 연령대에 일정하게 4~10%와 1.0% 내외로 설정되어 있다.

국민영양조사 결과에 의하면 한국인의 지질 섭취량은 매년 증가추세에 있다.

한국인의 지질 섭취량은 1975년에 총 섭취 열량에서 지질이 차지하는 비율이 약 8.5%였던 것이 1995년대에 약 19%, 2005년도 20.3%, 2008년에는 18.4%의 섭취율을 보였다. 2008~2012년 국민건강영양조사(질병관리본부, 2008~2012)에 의하면 19~29세 남녀에서 총지방에너지섭취비율이 25%를 초과하는 인구비율이 각각 38.3%, 35.9%였고, 평균섭취량도 23%였다.

이것은 선진국(미국 : 34%, 일본 : 25%)에 비하여 낮은 수치이나 식생활의 변화로 지질의 섭취는 계속 증가하여 지방 과다섭취로 인한 각종 성인병이 증가하고 있으므로 지질 과잉섭취에 대한 효과적인 연구가 주목된다. 또한 다가 불포화지방산 : 단일 불포화지방산 : 포화지방산의 바람직한 비율이 1 : 1 : 1로 되어 있으므로 우리 몸에 다소 부족한 다가 불포화지방산이 많이 함유된 식물성 지방을 포화지방산이 많이 함유된 동물성 지방보다 더 많은 비율로 섭취할 것을 권장한다.

다가 불포화지방산은 콩기름 · 면실유 · 옥수수기름에 많고, 단일 불포화지방산은 올리브유와 채종유에 많다. 코코넛유와 팜유는 식물성 지방이지만 포화지방산 함량이 많다.

가능한 한, 콜레스테롤은 적게(〈 300mg/일) 섭취하도록 권장한다. 콜레스테롤은 동물성 식품에만 함유되어 있으며 달걀노른자에 다량 함유되어 있다.

또한, 트랜스지방산은 체내에서 포화지방산과 같은 작용을 하므로 혈중 콜레스테롤의 농도를 높인다. 그러므로 트랜스지방산이 많은 마가린이나 쇼트닝 등의 섭취는 심혈관계 질환 발생의 원인이 된다. 따라서 섭취량을 줄이도록 해야 한다.

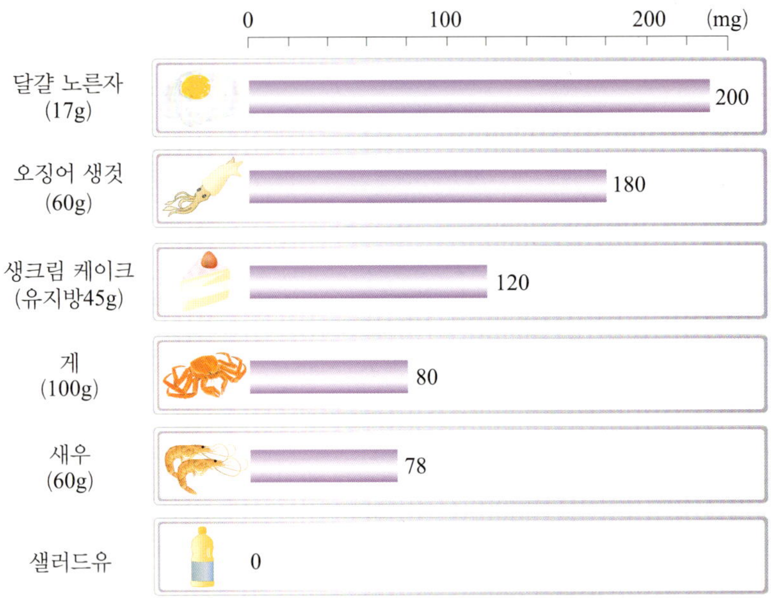

그림 3-21 식품 중의 콜레스테롤 함량

식품 중에는 지방만으로 구성된 것은 거의 없고 보통 지방은 다른 영양소인 단백질, 지용성 비타민, 당질 등과 함께 결합되어 있다. 지방을 공급하는 식품은 동물성 지방 식품과 식물성 지방 식품의 두 그룹으로 나눈다.

동물성 지방은 육류 · 어류 · 조류 · 우유 · 유제품 · 달걀에 함유되어 있다. 그리고 식물성 지방은 마가린 · 종자지방 · 식물성 기름(예 : 옥수수기름) · 채소 · 과일(avocado, olive 등)에 함유되어 있다.

이들 식품의 지방함량은 매우 다양하여 땅콩은 약 50%의 지방을 함유하며, 치즈류에는 대개 30~35%의 지방이 함유되어 있다.

최근에는 지질 섭취가 부족한 경우보다 과잉섭취가 더 많은 문제점을 가져온다.

부족한 경우는 당질이나 단백질이 지질 대신 연소하므로 체중의 감소 혹은 총 열량의 부족이나 저열량을 일으키기도 하고, 또 필수 지방산의 부족으로 신체에 발육중지 및 피부의 장애 등이 나타난다.

한편 지질 섭취가 과잉일 때는 지질의 연소에 필요한 당질이 상대적으로 부족한 상태를 일으키므로 지질의 중간 대사물질인 케톤체(ketone body)가 혈액 중에 많아지는 케톤혈증이 나타나고, 지질을 많이 섭취하면 총 열량도 증가하여 여분의 지방을 체내에 축적하게 되므로 비만 · 지방간 · 동맥경화증 등을 일으킬 수 있다.

비만은 심혈관계 질환, 당뇨병, 유방암 및 대장암의 발생 위험을 증가시킨다.

동맥경화증은 동맥 벽에 지방, 주로 콜레스테롤(cholesterol, CE)이 축적되어 발생하는 것으로 심혈관계의 위험도를 높인다.

동맥경화증의 대표적인 증상은 혈액 중에 지단백, 그 중에서도 LDL의 농도가 정상보다 현저히 높은 경우이다. 이 LDL의 증가는 콜레스테롤의 증가를 의미한다. 그러므로 중년기 이후 계속적인 스트레스와 흡연, 비만, 고혈압의 증상이 있으면 체중조절에 주의하고 또한 하루에 한 개 이상의 달걀의 섭취는 제한하는 것이 좋다.

표 3-3 각종 식품에 함유된 지방과 포화 · 불포화지방산량

식품 1Cup에 함유된 중량 (g)		Fat (g)	Saturated (total ; g)	Oleic (g)	Linoleic (g)
버 터	227	184	102	60	6
마가린	200	200	50	101	44
옥수수기름	218	218	22	61	116
면실유	218	218	55	46	109
라 드	205	205	78	94	20
마요네즈	220	176	33	38	89
피넛유	216	216	39	102	63
올리브유	216	216	24	164	15
참기름	218	218	31	83	92
콩기름	218	218	32	93	76

Chapter 4

단백질

제1절 단백질과 아미노산

단백질(protein)의 어원은 희랍어의 "proteios(으뜸가는 것 - to take the first place)"이다.

단백질은 생체 내에서 일어나는 여러 가지 대사 반응을 촉매하는 효소를 비롯하여 호르몬(hormone), 근육의 미오신(myosin), 항체, 세포 원형질 등의 주성분이 되는 동시에 피부 · 모발 · 손톱 등 모든 생체기능에 관여하여 생화학적 및 영양학적으로 중요한 의미를 가지고 있다.

천연의 단백질은 탄소(53%), 수소(7%), 산소(23%), 질소(16%) 및 유황(1%), 그 밖에 소량의 인(P), 철(Fe) 등으로 이루어져 있다. 이 중에서 질소는 반드시 식품으로 섭취하여야 한다.

단백질을 분해할 때 생기는 질소량에 6.25(100/16)의 질소계수를 곱하여 단백질의 량(조단백질, crude protein이라 함)을 산정한다.

이들 원소가 각각 여러 종류의 아미노산을 구성하고 있으며 단백질은 아미노산이 결합된 분자량이 큰 물질이다. 일상식품에서는 20여 종의 아미노산이 작은 것은 수십 개가 결합되어 단백질을 이루고, 큰 것에서는 수천 개 내지 수만 개가 결합되어 단백질을 이룬다. 이때 아미노산의 결합은 펩티드 결합(peptide bond)에 의하며 단백질의 종류는 이들 구성 아미노산의 종류와 결합상태에 따라 달라진다.

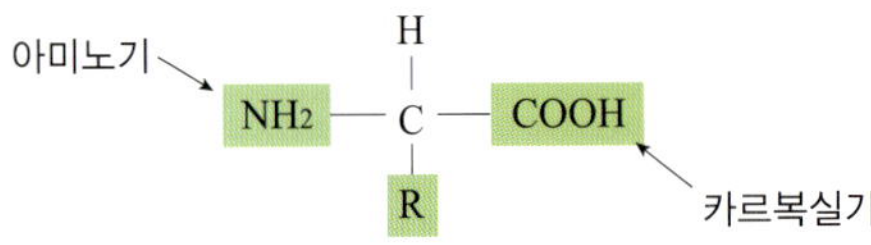

그림 4-1 아미노산의 기본 구조

(1) 아미노산의 분류

아미노산은 동일분자 내에 염기성인 아미노기($-NH_2$)와 산성인 카르복실기($-COOH$)를 가지고 있기 때문에 수용액 중에서는 전기적으로 해리하여 각각 양과 음으로 하전하여 이온(ion)을 이루는데 이와 같은 화합물을 양성 전해질이라고 한다.

아미노산은 알킬기(R기)의 구조에 차이가 있어 $-NH_2$기와 $-COOH$기가 1개씩 있으면 중성, $-NH_2$기가 하나 더 붙으면 염기성, $-COOH$기가 더 붙으면 산성 아미노산으로 분류된다.

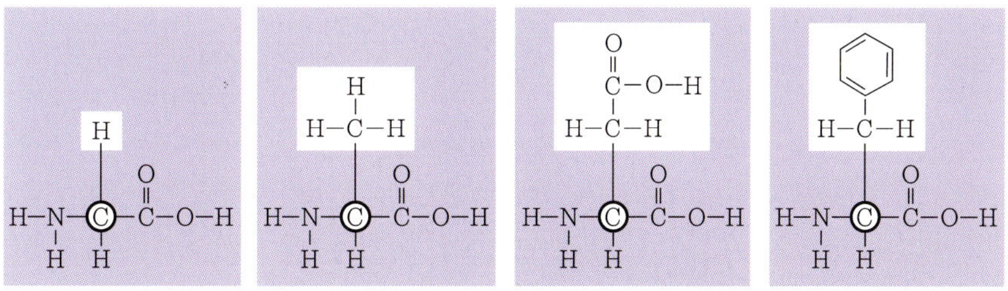

Glycine　　Alanine　　Aspartic acid　　Phenylalanine

그림 4-2 아미노산의 알킬기(R기)의 예

표 4-1 아미노산의 분류

(a) 중성 아미노산 (monoamino · monocarboxylic acid)

종류	구조식	비고
1. glycine [Gly.]	NH_2 H−C−COOH H	지방족 아미노산 가장 간단한 아미노산으로 부제탄소원자를 갖지 않는다.
2. alanine [Ala.]	NH_2 H_3C−C−COOH H	지방족 아미노산
3. serine [Ser.]	NH_2 HOH_2C−C−COOH H	OH기를 함유하는 아미노산 견사단백질에서 분리
4. threonine [Thr.]	NH_2 H_3C-CHOH−C−COOH H	OH기를 함유하는 지방족 아미노산 (필수)
5. valine [Val.]	H_3C 　 NH_2 CH−C−COOH H_3C 　 H	지방족 아미노산(필수) 곁가지 아미노산

(계속)

종류	구조식	비고
6. leucine [Leu.]	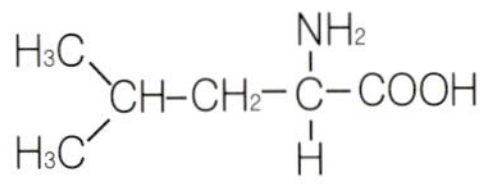	지방족 아미노산(필수) 물에 난용성 곁가지 아미노산
7.isoleucine [Ileu.]	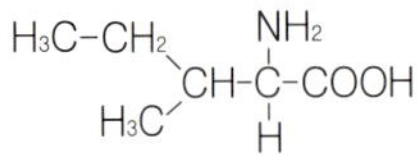	지방족 아미노산(필수) 곁가지 아미노산
8.methionine [Met.]	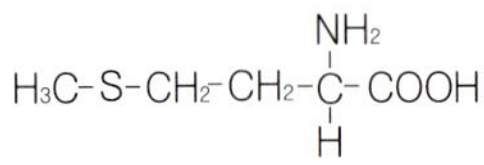	함유황 지방족 아미노산(필수)
9. cysteine [Cys.H]	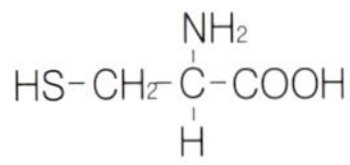	지방족 아미노산 SH기(함유황)을 가진다.
10. cystine [Cys.]	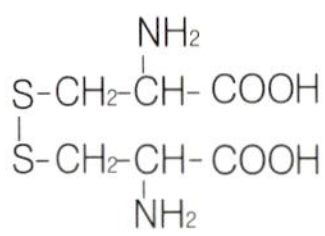	함유황 지방족 아미노산 물에 난용성, cysteine과 cystine은 산화 · 환원으로 상호 이행한다. $2RSH \underset{+2H}{\overset{-2H}{\longrightarrow}} R\text{-}S\text{-}S\text{-}R$
11. phenyl-alanine [Phe.]	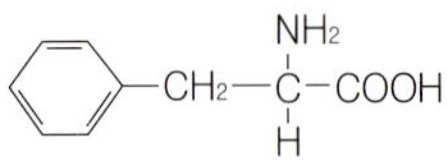	benzene핵을 가진다. 방향족 아미노산(필수)
12. tyrosine [Tyr.]	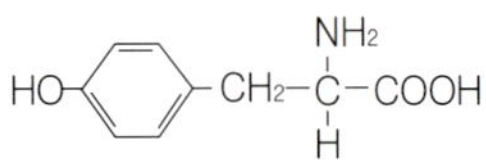	물에 난용성 방향족 아미노산
13. trypto-phan [Trp.]	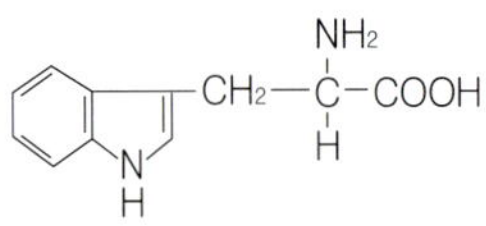	indole핵을 가진다. 복소환식 아미노산(필수)

(b) 산성 아미노산 (monoamino · dicarboxylic acid)

종류	구조식	비고
14. aspartic acid [Asp.]	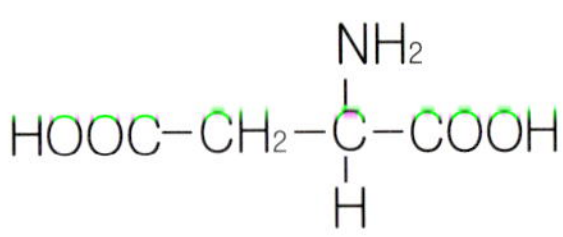	산 amide는 asparagine(Asn. 혹은 Asp.(NH₂))이라 부른다. Asparagas 등의 식물에 다량 함유되어 있다.
15. glutamic acid [Glu.]	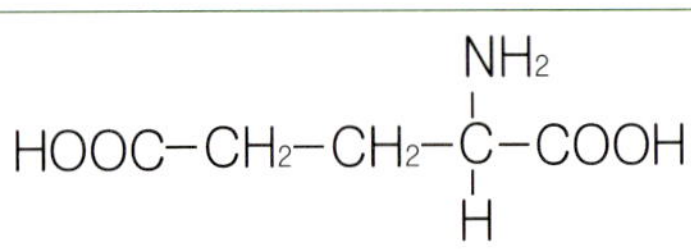	맛을 내는 것은 그것의 Na염이다. 산 amide는 glutamine(Gln. 혹은 Glu.(NH₂))이라고 부른다.

(C) 염기성 아미노산 (diamino · monocarboxylic acid)

종류	구조식	비고
16. lysine [Lys.]	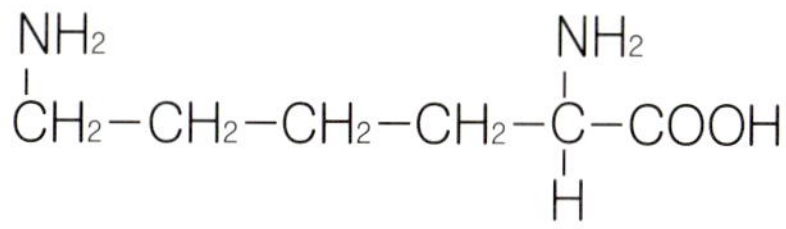	지방족 아미노산(필수) ε 위치의 C에 제2의 NH_2기가 있다.
17. arginine [Arg.]	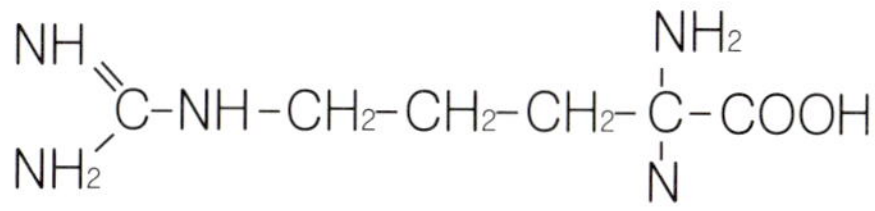	지방족 아미노산 arginase에 의해 요소와 arginine으로 분해된다.
18. histidine [His.]	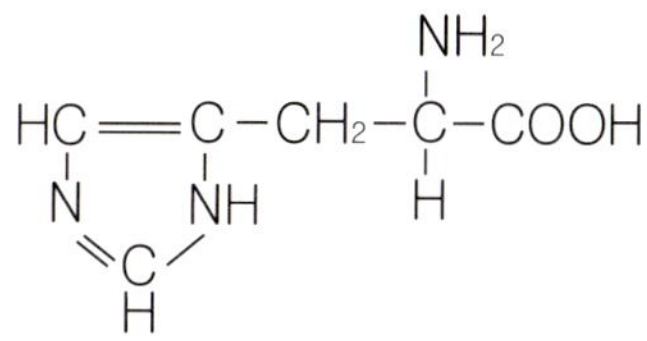	imidazol핵을 갖는 복소환식 아미노산. 특히 헤모글로빈이 많다.

(d) 환상 아미노산

종류	구조식	비고
19. proline [Pro.]	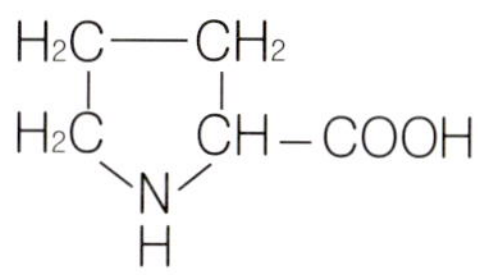	glycinine(소맥), gelatin에 많다. imino(NH)기를 갖고 있다. 알코올에 잘 녹는다.
20. hydroxy proline [Hyp.]	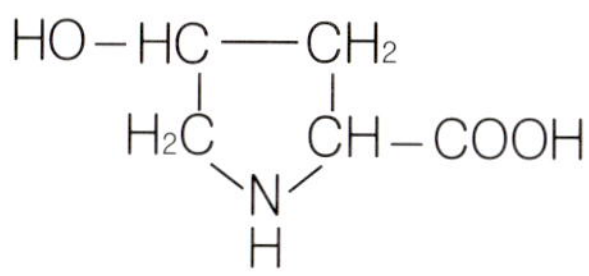	collagen, gelatin에서 얻는다.

(2) 단백질의 구조

어떤 아미노산의 α-COOH기와 다른 아미노산의 α-NH_2기가 탈수 · 축합하게 되면 −CO−NH−결합으로 2분자의 아미노산이 연결되며, 이 결합을 펩티드(peptide) 결합이라 한다. 이 펩티드 사슬은 구성 아미노산의 수에 따라 디펩티드(dipeptide), 트리펩티드(tripeptide), 테트라펩티드(tetrapeptide),……, 폴리펩티드(polypeptide)라고 부른다.

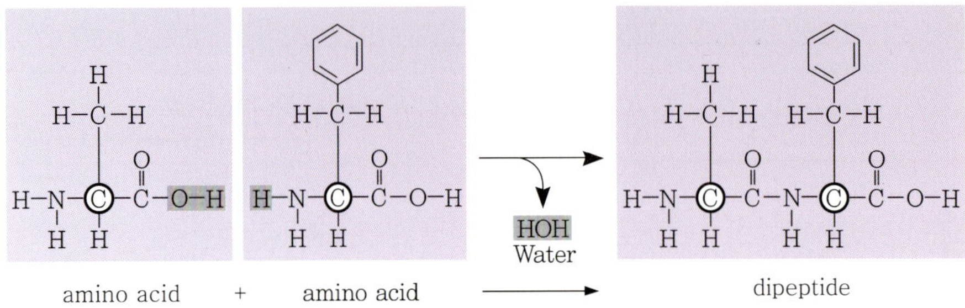

그림 4-3 펩티드(peptide) 결합

펩티드를 구성하는 아미노산의 종류와 결합 순서가 완전히 판명된 단백질은 그리 많지 않다.

단백질의 기본구조를 알려면 그 속에 어떤 아미노산이 얼마만큼 들어 있는가를 측정해야 한다. 우선 단백질을 산 혹은 알칼리로 가수분해한 후 아미노산 자동분석기를 이용하여 단백질 한 분자당 함유된 아미노산을 구한다. 아미노산은 일정한 배열 순서로 결합하여 폴리펩티드 사슬을 형성하고 있다.

단백질은 전체가 섬유상을 이루고 있는 섬유상 단백질(fibrous protein)과 구상(球狀)을 이루고 있는 구상 단백질(globular protein)로 나눌 수 있는데 젤라틴(gelatin) · 미오신(myosin) · 콜라겐(collagen)은 섬유상 단백질이고 항원이나 효소를 이루는 단백질은 구상 단백질이다.

단백질의 1차 구조(primary structure)는 펩티드 결합으로 사슬을 이루는 순서가 서로 다른 아미노산의 결합을 말하는 것이고 2차 구조(secondary structure)는 1차 구조에 $-S-S-$ 결합이나 수소결합과 같은 2차적인 결합에 의해 펩티드 사슬이 오른쪽으로 돌게 되는 α-helix 등의 나선구조나 병풍구조를 말하는 것이다. 이러한 결합은 폴리펩티드 사슬 내에서 또는 폴리펩티드 사슬 간의 수소결합에 의해서 안정화된다.

3차 구조(tertiary structure)는 2차 구조로 이루어진 나선형 사슬이 다시 구부러지고 압축되어 구상 등의 복잡한 구조를 이루는 것이다.

3차 구조로 이루어진 구상단백질의 소단위(subunit)가 다시 입체적으로 배열되는 것을 4차 구조(quarternary structure)라고 한다. 헤모글로빈(hemoglobin)은 두 쌍의 소단위로 구성되고 4개의 폴리펩티드로 이루어졌다.

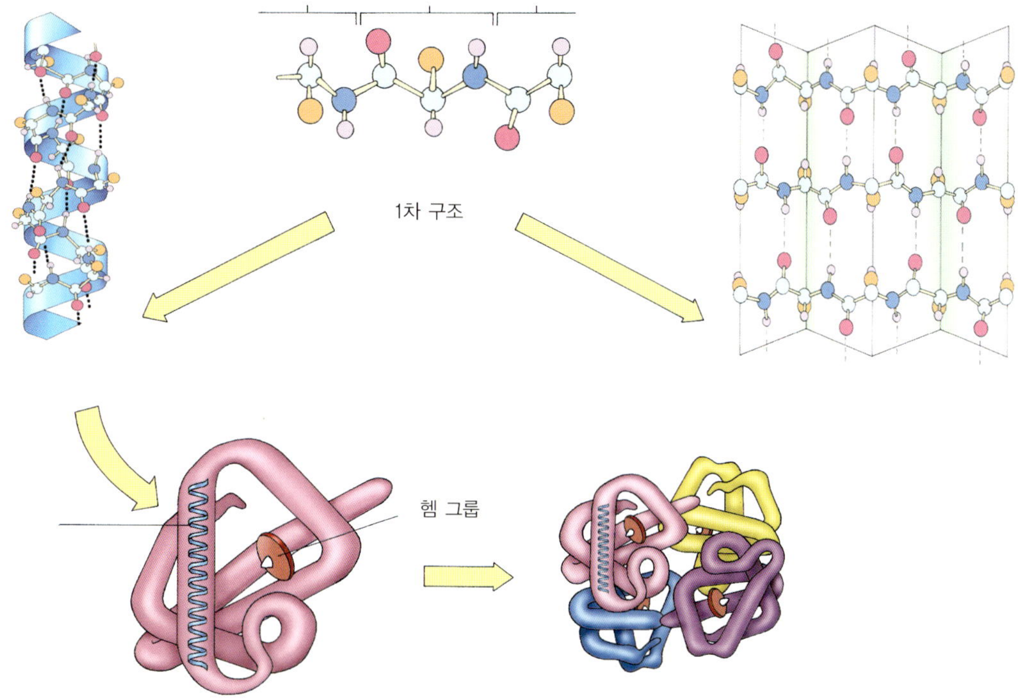

(3) 단백질의 분류

단백질의 분류에는 일반적으로 화학적 분류와 영양적 분류가 있는데, 그 중 화학적 분류는 용해도와 물리적 특성에 의해 분류된다.

1) 화학적 분류

- 단순단백질

가수분해하면 단순히 아미노산과 그 유도체를 생성시키며, 알부민, 글로불린, 프롤라민, 글루테린, 프로타민, 히스톤, 경단백질 등으로 분류된다.

- 복합단백질

단순단백질에 비단백물질인 지질, 핵산, 당, 인산, 색소, 금속 등이 결합된 것이다.

① 지단백질(lipoprotein) : 지질과 단백질이 결합한 것으로 혈청 중에 있는 킬로미크론(chylomicron), LDL, VLDL, HDL이 대표적이다.

② 핵단백질(nucleoprotein) : 유전인자인 DNA와 결합하거나 단백질 합성에 관여하는 RNA와 결합한 리보솜 등이 있다.

③ 당단백질(glycoprotein) : 당질 또는 그 유도체와 단백질이 결합한 것으로 점성단백질(mucoprotein)이라 하고 점액인 뮤신(mucin)과 난백인 오보뮤코이드(ovomucoid)에 함유되어 있다.

④ 인단백질 (phosphoprotein) : 우유의 카세인(casein)이나 난황의 비텔린(vitellin) 등에 함유되어 발육기에 인산을 공급한다.

⑤ 색소단백질(chromoprotein) : 헤모글로빈(hemoglobin), 미오글로빈(myoglobin), 시토크롬 B(cytochrome B) 등에 함유되어 있다.

⑥ 엽록소단백질 (chlorophyllin) : Mg을 함유한 포르피린, 즉 엽록소 클로로필(chlorophyll)을 함유하며 광합성에 관여한다.

⑦ 금속단백질 (metalloprotein) : 철(Fe)의 저장에 페리틴(ferritin), 철을 운반하는 트랜스페린(transferrin), 구리(Cu)를 운반하는 세룰로플라스민(ceruloplasmin)이 있다.

• 유도단백질

① 제 1 유도단백질(변성 단백질이라 함)

단백질이 열이나 자외선 등의 물리적 작용이나 묽은 산, 묽은 알칼리, 알코올 등의 화학적 작용 또는 효소의 작용으로 인해 약간 변화된 단백질이다.

응고단백질인 파라카세인(paracasein), 젤라틴(gelatin) 등이 있다. 또한, 응고단백질은 조리과정을 거친 단백질로서 달걀을 삶으면 흰자와 노른자가 응고된 것을 쉽게 볼 수 있다. 그 밖에 응고된 혈액에 피브린(fibrin) 등이 있다.

② 제 2 유도단백질(분해 단백질이라고 함)

단백질이 가수분해되어 제1유도단백질이 되고 이것이 다시 분해되어서 아미노산이 되기까지의 중간산물들이다.

제1유도단백질 → proteose → peptone → peptide → 아미노산

2) 영양적 분류

식품에 함유된 아미노산의 종류와 양에 따라 결정되며 단백질의 질을 알 수 있다.

① 완전단백질(complete protein)

완전단백질은 필수아미노산이 필요한 비율로 함유되어 있어서 동물의 정상적인 성장과 체중증가 및 생리적 기능을 돕는 단백질이다. 생물가가 높은 양질의 것으로 동물성 식품이 이에 속하며, 우유의 카세인과 락트알부민(lactalbumin) · 달걀의 알부민 · 대두의 글리시닌(glycinin) 등이다. 다만, 젤라틴은 동물성이면서도 필수아미노산 중 트립토판과 리신(lysin) 함량이 낮아 완전단백질에서 제외된다.

② 부분적으로 불완전한 단백질(patial incomplete protein)

동물의 성장을 돕지 못하지만 체중이나 생명을 유지시키는 단백질로 몇 종류의 필수아미노산이 부족하므로 아미노산의 보강이 필요하다. 밀의 글리아딘(gliadin)과 보리의 호르데인(hordein)이 여기에 속한다.

③ 불완전한 단백질(incomplete protein)

이 단백질을 계속 섭취했을 때 동물의 성장이 지연되고 체중이 감소하며 생명에 지장을 줄 수 있다. 생물가가 낮은 식물성 식품이 이에 속하는데 젤라틴과 옥수수의 제인(zein) 등이다. 예외적으로 두류와 견과류는 식물성 식품이면서 불완전단백질에서 제외된다.

제2절 단백질의 소화와 흡수

1 소화

단백질이 소화된다는 것은 아미노산이 되는 것이다. 단백질에 열을 가하거나 물을 넣고 조리할 때 변성이 일어나는데 변성된 단백질은 위로 넘어가서 위의 염산의 작용으로 더욱 변성된다. 일반적으로 변성된 단백질은 소화 효소에 의해 작용을 잘 받을 수 있게 되며 소화 효소에 의하여 펩타이드 결합을 분해시킨다. 단백질 소화의 개요는 그림 4-5와 같다.

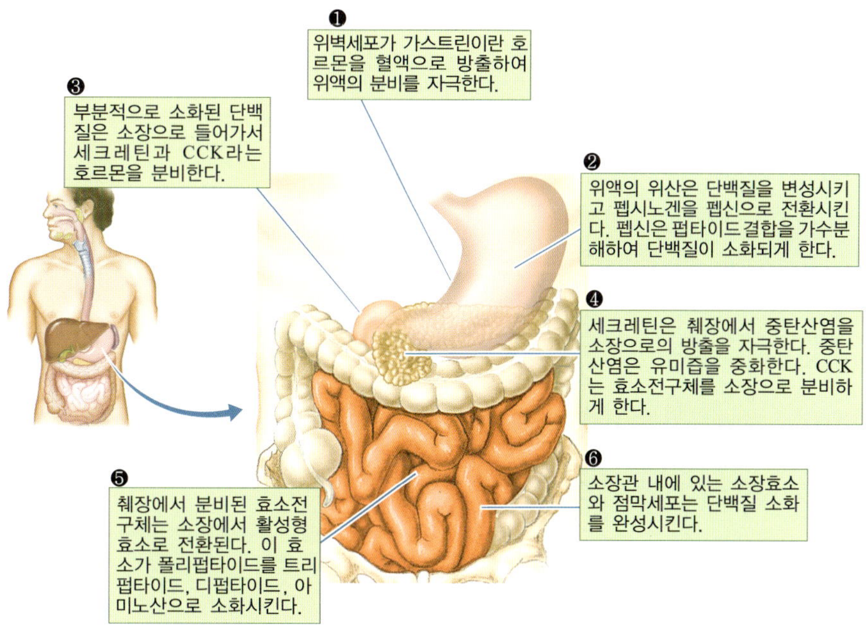

그림 4-5 단백질 소화의 개요

(1) 입과 위에서의 소화

단백질은 입에서는 분해되지 않으나 침과 혼합하여 씹힘으로써 위에서 소화가 더 잘 되도록 한다. 위 속의 펩신은 유문점막에서 불활성 전구체의 형태인 펩시노겐으로 분비되어 위액의 염산의 작용에 의하여 활성화된 것이다.

위에서는 가스트린이라는 호르몬이 분비되어 위산 및 펩신의 분비가 촉진된다.

어린아이의 위액에는 레닌이 분비되어 유즙의 카세인을 파라카세인으로 약하게 응고시킨다. 단백질은 위 내에서 일부분만이 소화되고 십이지장으로 들어가면 알칼리성인 췌액과 담즙이 분비되어 펩신의 작용이 억제된다.

표 4-2 소화기관에 따른 단백질의 소화효소

소화기관	효소			기질과 분해물	최적 pH
	불활성 형태	활성물질	활성효소		
위	펩시노겐	위산	펩신	단백질 → 큰 폴리펩타이드	1.5–2.0
	–	–	레닌	우유의 카제인 → 우유 단백질 응고	4.0
췌장	트립시노겐	엔테로키나아제	트립신	단백질 → 작은 폴리펩타이드 큰 폴리펩타이드 → 디펩타이드	7.9
	키모트립시노겐, 프로카르복시펩타이다아제	활성트립신	키모트립신	단백질 → 작은 폴리펩타이드 큰 폴리펩타이드 → 디펩타이드	8.0
		활성트립신	카르복시펩티다아제	작은 폴리펩타이드 → 디펩타이드 아미노산	
소장	–	–	아미노펩타이다아제	폴리펩타이드 → 아미노산 디펩타이드	
	–	–	디펩타이다아제	디펩타이드 → 아미노산	

(2) 소장에서의 소화

단백질의 분해물이 십이지장으로 이동되면 세크레틴(secretin)이라는 호르몬이 분비되며 췌장에서는 불활성의 트립시노겐(trypsinogen)이 엔테로키나아제(enterokinase)에 의해 트립신(trypsin)으로 활성화되고 또한 키모트립시노겐(chymotrypsinogen)도 트립신에 의해 키모트립신(chymotrypsin)으로 활성화된다. 이 트립신에 의해 단백질이 폴리펩티드가 되고 키모트립신에 의해 폴리펩타이드가 디펩타이드(dipeptide)로 분해된다.

소장에서는 아미노펩타이다아제(aminopeptidase)에 의해 폴리펩타이드가 아미노산이 되고 디펩디다아제에 의해 디펩타이드가 아미노산으로 된다. 이러한 과정을 거치는 단백질의 소화율은 약 92% 정도로 나타나고 있다.

2 흡수

소화에 의해 생성된 아미노산은 소장의 점막세포에 있는 융모벽을 통과하여 모세혈관을 통해 단순 확산이나 Na^+-K^+pump와 같은 능동적 수송에 의하여 흡수되며 그 일부는 림프관에 들어간 후 흉관을 지나 문맥계로 들어간다.

흡수된 아미노산은 문맥을 거쳐 간장으로 가고 다른 조직으로 운반될 때까지 아미노산 풀 (amino acid pool)을 이룬다.

제3절 단백질의 대사

1 아미노산 풀(amino acid pool)

세포 내 아미노산 풀을 형성하는 급원은 섭취한 단백질로써 소화 · 흡수되어 들어온 단백질과 체단백질이 분해되어 풀을 형성한다.

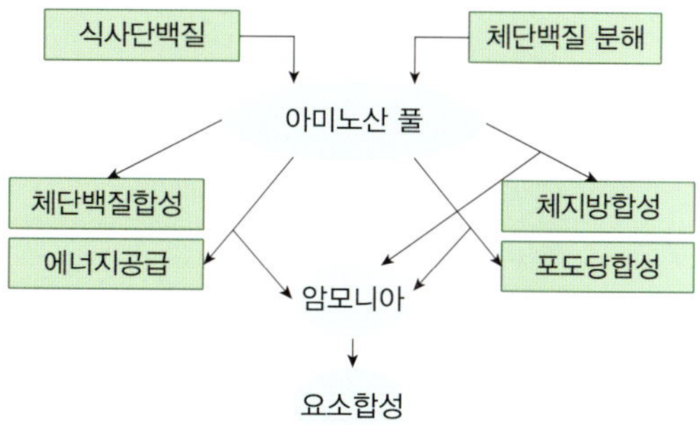

그림 4-6 아미노산의 대사

2 아미노산의 분해

아미노산은 아미노기 전이반응이나 탈 아미노 반응에 의해 아미노기를 떼어내고 나머지 탄소골격부분은 당질이나 지질대사 경로에 합류해서 TCA 회로로 들어가 산화되어 에너지를 생성한다.

단백질은 질소화합물이기 때문에 당질이나 지질과는 달리 최종대사 산물은 요소를 비롯한 여러 가지 질소화합물(요소, 요산, 크레아티닌 등)로 되어서 소변으로 배설된다.

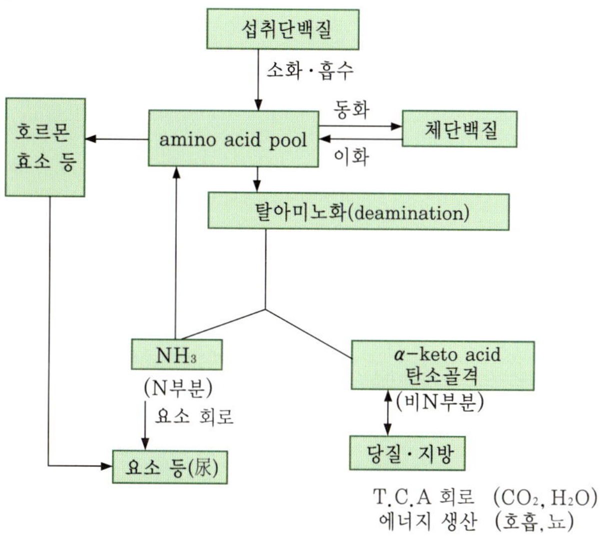

그림 4-7 아미노산의 분해

1) 탈아미노 반응

아미노산의 분해과정에서 가장 먼저 이루어지는 반응으로서 아미노기가 떨어져 나가 α-케토산(α-keto acid)과 암모니아(NH_3)를 생성하는 산화적 반응이다. 이때 생긴 α-케토산은 TCA 회로에 들어가서 에너지를 생산하거나 아니면 당질이나 지질을 생성한다. 경로에는 피루브산(pyruvic acid)을 생성하는 것, TCA 회로 중의 물질을 생성하는 것, 아세틸 CoA를 생성하는 것 등이 있다.

아미노산 가운데 피루브산이나 TCA 회로에 들어가서 포도당이나 글리코겐을 생산할 수 있는 것을 당생성 아미노산(glycogenic amino acid)이라고 한다. 사람이 오랫동안 굶거나 당뇨병으로 인해 체내 당질공급이 부족하게 되면 이 경로를 사용하여 에너지를 공급받게 된다. 한편, 아세틸 CoA로 들어가는 것은 지방산이나 콜레스테롤 생성이 가능한데 이를 케톤생성 아미노산(ketogenic amino acid)이라고 한다. 여기에는 류신(leucine), 이소류신(isoleucine), 티로신, 페닐알라닌(phenylalanine) 등이 있다.

2) 요소의 생성

아미노산에서 이탈한 아미노기는 암모니아(NH_3)를 생성하는데, 이는 유독하므로 빨리 밖으로 배설하거나 무해한 물질로 바꾸어야 한다. 즉 암모니아는 간장에서 요소 회로(urea cycle)에 의해 무해한 수용성의 요소(urea)로 만들어져서 신장을 통해 체외로 배설된다.

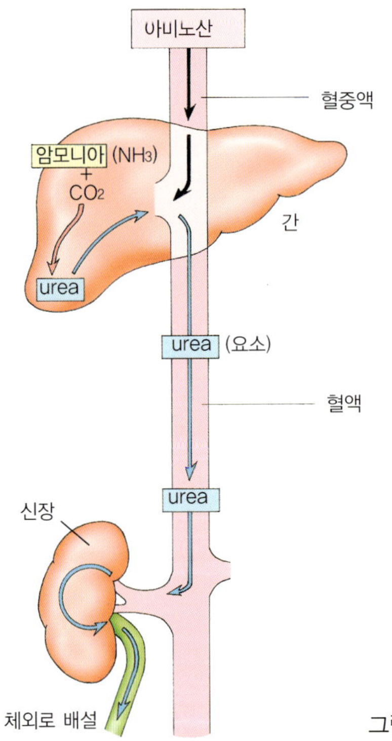

그림 4-8 요소의 배설

3) 아미노기 전이반응

동물체 내에서 비필수 아미노산이 대사되는 것이며 α-아미노산의 아미노기를 다른 α-케토산에 주어서 새로운 아미노산과 케토산이 생성되는 반응을 말한다. 예를 들어 아스파르트산(aspartic acid)은 α-케토글루타르산에게 아미노기를 넘겨주고 자신은 옥살로아세트산이 되어 글루탐산을 생성한다.

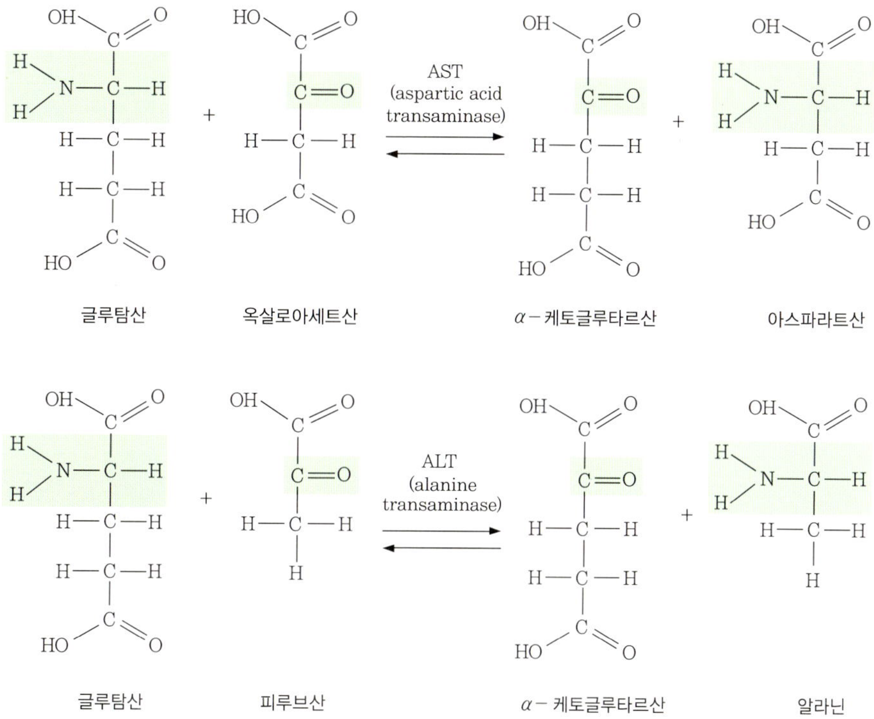

그림 4-9 아미노기 전이반응

제4절 단백질의 기능

단백질을 섭취하면 체내에서 아미노산으로 분해되어 흡수되고 혈액에 의해 각 조직에 운반되어서 체내의 구성 성분으로서의 작용과 체액의 조절소로서의 작용 및 에너지원의 역할을 한다. 구체적인 기능은 다음과 같다.

(1) 체성분 유지와 성장

단백질은 모든 세포조직의 성분이고 그의 양은 체고형분의 약 56%를 차지한다. 체내의 여러 장기나 근육을 비롯하여 피부와 머리카락도 수분 외에는 대부분 단백질이다.

뼈 성분의 약 14%가 '콜라겐(collagen)'이라는 단백질에 의해 이루어져 있다.

이들 단백질은 끊임없이 조금씩 소모되고 있다. 예를 들어서 적혈구의 수명은 약 120일이고 장관의 점막세포는 약 7일이다. 또 발육기나 임신기에는 성장을 위해, 수유기에는 유즙 생성을 위해, 수술이나 출혈 시에는 상실된 세포의 회복을 위해 더 많은 단백질이 필요하다.

또한, 단백질은 체내에서 각각의 중요한 기능을 하고 있다.

예를 들면 적혈구 중의 헤모글로빈(hemoglobin)은 폐에서 산소와 결합하여 각 조직에 산소를 운반하고 있다. 지질은 물에 녹지 않기 때문에 단백질과 결합해서 지단백질로 되어서 혈액 속을 이동한다.

근육의 구성 단백질인 미오신과 액틴(actin)은 근육의 수축을 한다. 그리고 세포의 원형질도 주성분은 단백질이다.

(2) 효소, 호르몬, 면역체 성분

단백질은 여러 효소, 호르몬, 면역체의 주요 성분이다. 효소는 세포 내에서 생성되어 여러 가지 화학 반응을 촉매하는 중요한 물질이다.

하나의 세포 내에는 약 1,000여 종의 효소가 있어서 각각 특정한 물질에 특이적으로 작용한다. 호르몬은 내분비기관 또는 특수한 세포에 의해 생성되는 특수한 물질로서 혈관 내에 직접 들어가서 다른 조직이나 장기에 이르러 그의 기능을 자극하거나 억제해서 조절하는 물질이다.

갑상선 호르몬인 티록신(thyroxine)이 불필수 아미노산인 티로신(tyrosine)에서 생성되듯이 아미노산에서 모양을 바꾼 호르몬과 인슐린처럼 단백질 형태의 호르몬이 있다.

면역체는 체내에 침입하는 다른 종류의 단백질에 대응하여 생성되는 단백질이다. 면역체의 기본인 항체는 γ-글로블린 이라고 한다. 면역체는 외부에서 침입한 단백질을 불활성화해서 생체를 방어하는 기능이 있다.

(3) 체액의 조절

1) 삼투압의 조절

단백질의 극성기는 물 분자를 끌어당겨 콜로이드(colloid) 상태를 형성해서 체액의 삼투압 유지에 이바지하고 있다. 체액이 항상 일정하게 유지되어 정상적으로 작용을 하는 것은 이 때문이다.

또 단백질은 체액의 이동에 있어서도 중요한 역할을 하는데, 능동수송에 관여하여 전해질의 조절을 한다. 세포외액은 Na 농도가 높고 세포내액은 K 농도가 높다. 그런데 이 세포막 내외의 체액의 분포는 전해질에 의한 삼투압과 용해된 단백질의 압력에 의해 조절된다. 만약 전해질 대사의 이상이나 단백질 결핍으로 인해 혈장단백질인 알부민 농도가 감소하게 되면 혈액의 교질 삼투압이 저하하여 조직의 물이 혈관 내로 이동하기 어려워져서 물이 조직 내에 축적되어 부종(edema)이 생긴다(그림 4-10).

이와 같이 알부민은 혈액 내에 존제하면서 혈관내액과 세포간질 간의 체액평형을 조절하는 단백질이다.

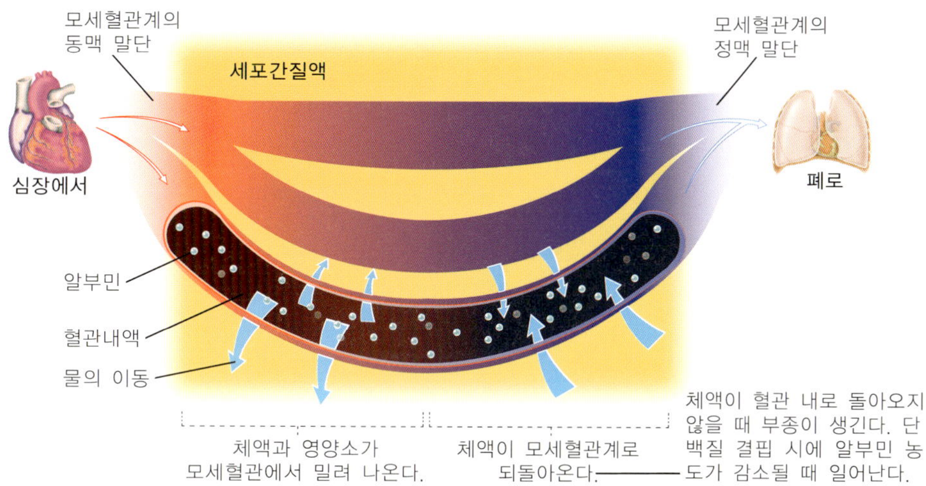

그림 4-10 알부민에 의한 체액평형 조절

2) 산, 염기의 조절

체내에서 물질의 변화는 체액의 일정한 pH에서만 진행된다. 체액 중에는 끊임없이 대사산물이 생겨 pH를 변동시키려고 한다.

하지만 단백질은 양성 반응기를 갖고 있으므로 완충제의 하나로 작용하여 pH를 조절한다. 혈액의 pH는 7.35~7.45로 조절되며 이 범위를 넘으면 생명이 위험할 수 있다.

(4) 에너지원

단백질은 당질이나 지질과 마찬가지로 C, H, O 부분은 에너지원으로써 이용되며, 1g이 4kcal를 낸다. 따라서 당질이나 지질의 섭취량이 부족하면 체단백질이 분해되어 에너지 공급을 한다.

제5절 단백질의 영양

1 질소평형 (Nitrogen equilibrium)

단백질에 함유되는 원소 가운데 탄소 · 수소 · 산소는 CO_2와 H_2O로 되고, 질소는 단백질 1g에 대해 16% 정도 함유되어 있으며 주로 소변 속의 요소와 요산으로 배설된다.

탄산가스나 물은 다른 영양소로부터도 생성되므로 단백질의 대사를 알기 위해서는 질소의 양을 측정해야 한다. 질소균형(nitrogen balance)이란 섭취된 질소량과 배설된 질소량의 차이를 말한다.

조직 단백질을 구성하고 있는 체액의 아미노산과 그 조직 단백질의 아미노산 사이에는 교환이 계속되지만 체중의 변화가 없는 정상인에게는 섭취량과 배설량이 같아지는데, 이런 상태를 질소평형(nitrogen equilibrium)이라고 한다. 하지만 단백질의 섭취량을 줄이면 질소의 배설량이 섭취량보다 많게 된다.

소변의 85%는 요소질소이며 그 밖에 크레아티닌(creatinine)과 요산이 있다.

질소균형이 음의 평형(negative nitrogen balance)으로 되는 경우는 저단백질 식사(필수아미노산 결핍) 이외에도 기아 · 발열 · 외상 · 수술 후의 상태일 때나 단백질을 분해해서 당신생을 행하는 경우로써 단백뇨로 말미암아 질소가 상실되는 신증(nephrosis) 등의 신장질환이 발생할 수 있다.

질소균형이 양의 평형(positive nitrogen balance)인 경우는 성장기, 질환에서의 회복기, 임신기 등이다.

표 4-3 질소평형의 의의

	측 정	의 의
질소균형	N섭취=N배설	조직의 유지와 보수 (성인)
음의 질소평형	N섭취<N배설	신체의 소모, 체중 감소, 질환
양의 질소평형	N섭취>N배설	성장, 임신

2 필수아미노산과 비필수아미노산

단백질에 함유되어 있는 아미노산은 20종류(표 4-4 참조)이다. 이 가운데 인체에서 합성될 수 없어서 반드시 식품으로 공급되어야 하는 아미노산을 필수아미노산(essential amino acid)이라고 하며 체내에서 합성되는 아미노산으로 필수아미노산 이외의 것을 비필수아미노산(nonessential amino acid)이라고 한다.

아미노산의 탄소 골격은 아미노산과 지방 및 당질에서 생성되며 아미노 그룹이 다른 아미노산에서 전이되어 합성된다.

성인에게 필요한 필수아미노산은 9가지이며 일반적으로 필수아미노산은 복잡한 구조를 가지며 식물과 미생물에서 만들어진다.

표 4-4 단백질에 함유되어 있는 필수아미노산과 비필수아미노산

필수아미노산	비필수아미노산	조건적 필수아미노산**
히스티딘(His)* 이소류신(Ile) 류신(Leu) 리신(Lys) 메티오닌(Met) 페닐알라닌(Phe) 트레오닌(Thr) 트립토판(Trp) 발린(Val)	알라닌(Ala) 아스파라긴(Asn) 아스파르트산(Asp) 글루탐산(Glu)** 세린(Ser)**	아르기닌(Arg) 시스테인(Cys) 티로신(Tyr) 글루타민(Gln) 글리신(Gly) 프롤린(Pro)

* 성장기 인체에는 필수임

** 조건부 필수아미노산은 정상상태에서는 체내합성으로 충족되지만 특정 체내상태에서는 합성이 제한되는 아미노산

3 제한아미노산(limiting amino acid)

일반적으로 동물성 단백질이 식물성 단백질에 비해 영양가가 높다는 것은 필수아미노산이 필요한 비율로 고루 함유되어 있기 때문이다.

필수아미노산의 대부분이 필요량을 충족시켰다고 하더라도 어느 하나가 필요량 이하로 되면 그 부족된 아미노산에 의해 영양가가 제한된다.

이런 아미노산을 제한아미노산이라고 하며, 가장 부족한 아미노산을 제1제한아미노산이라고 한다.

식물성 단백질의 대부분이 제한아미노산을 갖고 있으며 아미노산가가 100에 달하지 않은 것에 비하여 동물성 단백질은 거의 제한아미노산이 없다. 곡류와 두류 등의 제한아미노산은 주로 리신과 함황아미노산인데 이들 아미노산은 동물성 단백질에 많이 함유되어 있다.

4 단백질의 영양가 평가

단백질의 영양가는 그것을 구성하고 있는 아미노산의 종류와 양에 따라 결정된다. 식품 중의 단백질을 평가하는 방법은 다음과 같다.

(1) 생물학적 평가방법

생물학적 평가방법은 동물이나 인체에 대한 실험을 근거로 한 단백질 평가방법으로 가장 많이 쓰이는 것은 단백질 효율(PER)을 비롯하여 생물가(BV)와 진정 단백질 이용률(NPU)이다.

① 단백질 효율(protein efficiency ratio : PER)

단백질 효율은 체중의 증가에 대한 섭취 단백질의 비율로 나타낸다.

이 방법은 가장 간단하며 동물에 대한 단백질의 성장효과를 측정하는 방법이다. 단백질 이외에는 완전한 기본사료를 사용하면서 여기에 여러 비율로 단백질을 가하여 동물(어린 흰쥐)을 사육하는 것이다. 실험기간은 대개 4주이다.

$$\text{PER} = \frac{\text{체중증가량(g)}}{\text{섭취단백질량(g)}}$$

② 생물가(biological value : BV)

생물가는 흡수된 질소량과 체내에서 실제로 이용된 질소량의 비율을 백분율로 나타낸 것인데 질소 출납(N-balance)에서 구하는 방법이다.

체내에 보유된 질소량이 높을수록 단백질의 영양가가 높음을 의미한다. 생물가가 가장 높은 것은 달걀이고 일반적으로 생물가가 70 이상인 단백질은 질이 좋다고 본다.

우유 · 고기 · 생선류 등의 동물성 식품과 쌀이나 대두 등이 양질의 단백질에 해당되며 그 외에 식물성 식품의 생물가는 낮다.

$$\text{BV} = \frac{\text{보유된 N량}}{\text{흡수된 N량}} \times 100$$

표 4-5 각종 식품의 생물가

식품명	생물가	식품명	생물가
달걀	94	밀	67
난황	96	쌀	75
난백	83	콩	75
우유	90	땅콩	56
치즈	73	감자	67
소고기	76	고구마	72
연어	72		

③ 진정 단백질 이용률(net protein utilization : NPU)

생체의 요구에 맞는 아미노산 조성 단백질이라도 완전히 소화 · 흡수되지 않는 한 100% 이용된다고 볼 수는 없다.

진정 단백질 이용률은 섭취한 단백질이 몸 안에서 이용된 비율을 나타낸 것이며, 질소출납 혹은 체성분의 변화에서 구하는 방법이다.

$$\text{NPU} = \frac{\text{보유된 N량}}{\text{섭취된 N량}} \times 100 = \text{생물가} \times \text{소화율}$$

생물가(BV)는 흡수한 단백질이 몸 안에서 이용된 것을 나타내나 소화율을 고려하지 않는 데 비하여 NPU는 소화율을 고려한 값이다.

(2) 화학적 평가방법

화학적 평가는 화학분석에 의하여 아미노산의 조성을 파악하여 그 수치를 단백질 영양평가 기준과 비교 계산하여 구하는 방법이다. 즉, 식품단백질의 필수아미노산 조성을 평가기준인 필수아미노산의 표준구성(reference amino acid pattern)과 비교하여 식품의 제1제한아미노산의 비율을 산출하는 방법으로써 평가기준에 무엇을 이용하는가에 따라 제한아미노산이나 수치가 다소 달라진다.

FAO(1957년) 패턴을 써서 산출한 값을 단백가(protein score)라고 한다.

그러나 FAO 패턴은 트립토판(tryptophan)과 함황아미노산 및 리신의 수치가 지나치게 높으므로 FAO/WHO 합동위원회(1965년)는 달걀 및 아미노산 패턴(또는 모유)으로 산출한 값을 난가(egg score, 혹은 인유가)라고 하였다.

1985년에 FAO/WHO/UNC는 다시 새로운 아미노산 패턴을 제창했는데, 이 화학가를 아미노산가(amino acid score)라고 부른다. 화학적 평가법의 산출법으로서 아미노산가를 나타낸다.

$$\text{아미노산가} = \frac{\text{제1제한아미노산 함량(mg/Ng)}}{\text{표준구성 아미노산량(mg/Ng)}} \times 100$$

표 4-6 FAO의 표준구성 아미노산과 각 식품단백질의 화학가 (단위 : 단백질 질소 1g당 아미노산 mg)

식품 단백질 \ 화학가	이소류신	류신	리신	페닐알라닌	타이로신	함황 아미노산		트레오닌	트립토판	발린	단백가
						합계	메티오닌				
아미노산 표준구성	270	306	270	180	180	270	144	180	90	270	100
우유	407	630	496	311	323	211*	154	292	90	440	78
달걀	428	565	396	368	274	342	196	310	106	460	100
카세인	402	628	497	334	367	215*	190	272	85	448	80
쇠고기	332	515	540	256	212	237*	154	225	75	345	83
돼지고기	320	462	515	240	225	233*	156	252	80	302	86
콩가루	333	484	395	409	201	197*	86	247	86	328	73
밀가루	262	442	126	322	174	129	78	174	69	272	47
쌀	322	535	236	307	269	222	142	241	65*	27	42
옥수수가루	293	827	179	284	385	197	117	249	38*	327	42
감자	260	304	326	285	99*	159	87	237	72	339	59

*제1제한 아미노산

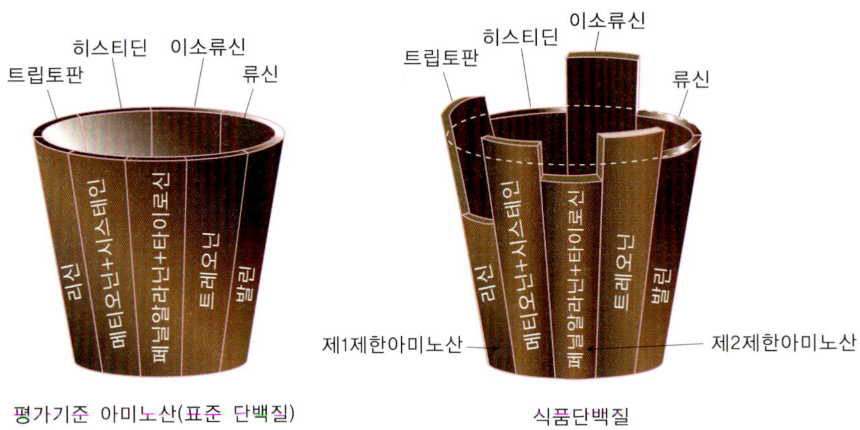

그림 4-11 단백질의 화학적 평가법

표 4-7 단백질의 영양가 평가법

A. 생물학적 평가방법(Biological evaluation)

(1) 체중증가량에서 구하는 방법

- Protein Effciency Ratio(단백질 효율) $= \dfrac{\text{체중증가량}}{\text{섭취단백질량}}$

- Net Protein Ratio(진정 단백질 효율) $\dfrac{\begin{pmatrix}\text{단백질 사료에}\\ \text{의한 체중증가량}\end{pmatrix} - \begin{pmatrix}\text{무단백질 사료에}\\ \text{의한 체중감소량}\end{pmatrix}}{\text{섭취한 단백질량}}$

(2) 질소출납(N-balance)에서 구하는 방법

- Biological Value(생물가) $= \dfrac{\text{보유된 N량}}{\text{흡수된 N량}} \times 100$

- Net Protein Utilization(진정 단백질 이용률) $=$ BV $\times$ 소화율

(3) 체성분의 변화에서 구하는 방법

- Net Protein Utilization(진정 단백질 이용률)

(4) 요 중 질소성분에서 구하는 방법

- Creatinine-total N ratio(Cr/N)비 $= \dfrac{\text{소변 중 creatinine량}}{\text{소변 중 모든 N량}}$ (높을수록 양질 단백질)

B. 화학적 평가방법(Chemical score)

(5) 아미노산 조성에서 구하는 방법

① Protein Score(단백가) FAO1957 : FAO(1957)의 비교단백질에 대하여 제1제한아미노산의 함량비(%)

② Chemical Score : 전단백질에 대하여 제1제한아미노산 함량비(%)

③ Egg Score(난가) FAO/WHO(1965) : 위와 같음(단 A/E비의 비교를 %로 표시)

④ Human Acid Score(아미노산가) FAO/WHO(1965) : 인유 단백질에 대하여 제1아미노산의 함량비(%) (단 A/E비의 비교를 %로 표시

⑤ Amino Acid Score(아미노산가) FAO/WHO/UNC(1985) : 표준구성 아미노산에 대하여 제1제한 아미노산의 함량비(%)

5 단백질의 보충효과

단백질의 영양가 평가에서와 같이 식물성 단백질은 동물성 단백질에 비해서 영양가가 낮지만 실제로 식생활에서는 한 가지 단백질만을 섭취하는 것이 아니므로 서로 섞어 먹으면 부족한 아미노산이 보충된다. 이런 현상을 아미노산의 보충효과(supplementary effect)라고 한다.

단백질의 영양가가 낮을 때 그 제한아미노산을 보충하거나 그 아미노산을 함유하는 단백질을 동시에 섭취함으로써 영양가를 높일 수 있다.

각각의 부족한 필수아미노산의 종류가 다를 때는 이러한 식품을 2가지 이상 섞으면 영양가가 크게 향상될 수 있다. 예를 들면 곡류 단백질에는 리신이 부족하고, 콩에는 메티오닌(methionine)은 적으나 리신은 많다. 그러므로 곡류나 콩류를 한 가지만 먹는 것보다 같이 섭취하면 영양가가 향상되고 또 여기에 트립토판이 많은 우유를 같이 섭취한다면 단백질의 영양가는 더욱 향상된다.

곡류와 우유, 달걀과 토스트, 밥과 생선 또는 밥과 고깃국 등의 배합이 단백질의 보충효과라고 할 수 있다.

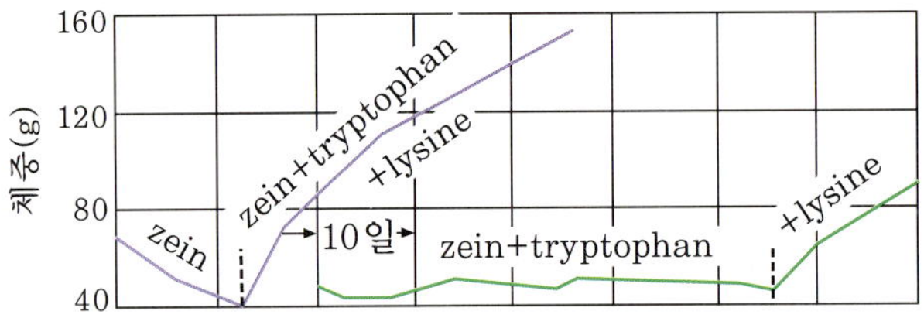

그림 4-12 Zein에 amino acid를 가했을 때의 성장곡선

오스본과 멘델(Osborne & Mendel)의 실험에서(그림 4-12) 보듯이 영양가가 낮은 옥수수 단백질인 제인(zein)만으로는 체중이 감소되었는데 여기에 트립토판을 보충해 주니 체중이 유지되었고 다시 리신을 보충해 주었더니 성장이 계속되는 것을 볼 수 있었다.

한편, 동물성 단백질이 질이 좋다고 해서 그것만 섭취하면 어떤 필수아미노산만 다량 섭취하게 되어 필수아미노산 간의 균형이 깨지게 되므로(amino acid inbalance) 오히려 영양가가 낮아지고 성장이 저하되며 간에 지방이 축적된다. 그러므로 식물성 단백질을 함께 섭취하면 아미노산 밸런스를 좋게 할 수 있다.

우리나라 사람들은 우유를 식후나 식사 사이에 마시는 습성이 있는데, 우유만 단독으로 마시는 것보다는 식사 시에 다른 음식과 같이 섭취하는 것을 권장한다. 이는 단백질과 보충식물을 동시에 섭취해야만 효과를 볼 수 있기 때문이다.

일반적으로 보충효과는 식물성 단백질의 상호간 또는 동물성 단백질의 상호간보다는 식물성 단백질과 동물성 단백질의 상호간에 더 현저하게 일어난다. 따라서 곡류를 주식으로 하는 우리나라 사람들은 동물성 단백질이나 콩을 섭취함으로써 보충효과를 얻을 수 있다.

6 단백질의 결핍증과 과잉증

단백질 결핍증은 섭취부족 또는 질의 저하와 흡수의 장애 및 단백질 소모의 증가 등으로 인해 발생한다. 성인에게는 단시간에 나타나지 않고 장기간의 결핍 시에 나타난다. 초기에는 체중감소와 피로 및 초조감 등이 나타나며 이외에도 부종 · 저혈압증 · 빈혈증 · 피부의 색소변화 · 유즙분비의 감소 · 병에 대한 저항력 약화 등의 현상이 나타난다. 성장기 아동들은 성장이 지연된다.

단백질 결핍증은 일차적인 식이섭취 부족으로도 생기지만 대부분은 에너지가 부족하고 동시에 여러 가지 영양소의 부족으로 나타나는 경우가 많다. 이와 같이 단백질과 열량이 모두 결핍된 것을 단백질-열량 불량(protein-calorie malnutrition, PCM)이라고 한다.

영유아의 경우에 단백질 결핍이 장기간 계속되면 콰시오커(kwashiorkor)라는 증세가 나타나고, 또 열량과 함께 단백질이 결핍되면 마라스무스(marasmus) 증세가 나타난다.

(1) 콰시오커(kwashiorkor)

이 증세는 아프리카 · 남아메리카 · 동양의 여러 지역 · 서인도제도 등에서 흔히 볼 수 있으며, 5세 이하 특히 이유기 또는 그 직후의 어린이에게서 가장 많이 볼 수 있다.

어머니로부터 떨어지면(이유 또는 단유) 음식을 통한 단백질의 공급도 전혀 없게 되어 단백질 결핍증이 심해지며 때로는 치명적이다.

[콰시오커의 몇 가지 증상]

① 심한 성장저지로 머리와 배만 크고 팔다리는 심하게 말라서 걷지도 못한다.
② 간에 이상이 생겨서 지방간이나 간세포의 사멸로 인하여 간의 기능이 퇴화된다(때로는 비대해진다).
③ 머리털의 변색, 즉 머리카락이 붉어지고 빠지기 쉽다.
④ 피부염이 생기며, 피부가 약해져 염증이 생기고 잘 아물지 않는다. 피부색도 퇴색한다.
⑤ 소화기계 장해로 소화흡수가 제대로 이루어지지 않는다. 식욕이 없고 때때로 설사도 하며 빈혈이 언제나 있다.
⑥ 신경계에 이상이 와서 신경질적이 되고 나중에는 무감각해진다.
⑦ 부종이 현저하다. 조직에 수분이 고여서 붓고 결국에는 사망하게 된다.

이 증세에 대한 치료는 탈지분유를 먹이는 것인데 2~3주 내에 거의 완전하게 건강상태로 회복되었다. 고단백질 식이 중에는 대두를 이용한 두유나 대두분을 먹이면 된다.

(2) 마라스무스 (marasmus)

아프리카 지역에서는 식량부족으로 인하여 이유기와 유아기에 잘 걸린다. 마라스무스는 희랍어로 '소모한다'라는 뜻이다. 마라스무스는 열량과 단백질을 포함한 음식물의 섭취부족, 즉 기아와 같은 영양불량이다.

증상은 콰시오커와 비슷하나 다른 점이 있다. 피부 · 모발 · 간기능 등은 비교적 정상이지만 심하게 마른다. 얼굴은 '애늙은이' 또는 원숭이와 같으며 주름이 잡히고 피골이 상접한 것이 특징이다. 콰시오커와는 달리 피하지방이 심하게 감소되는데 간비대나 지방간은 볼 수 없다.

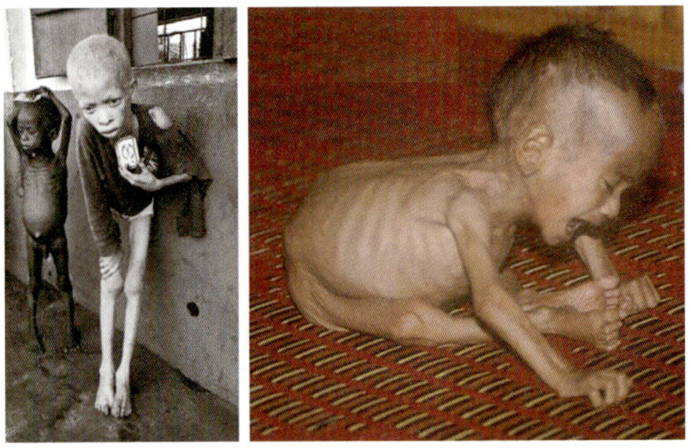

콰시오커와 마라스무스가 생긴 형제의 경우

왼쪽 : 콰시오커로 인한 모발퇴색, 습진, 둥근 얼굴, 근육약화 현상

오른쪽 : 마라스무스로 인한 근육약화, 극소체중현상

그림 4-13 마라스무스와 콰시오커 증상의 어린이

치료식으로는 고단백질식과 고열량식을 공급하고 감염병의 예방과 치료, 그리고 보건과 영양교육이 필요하다.

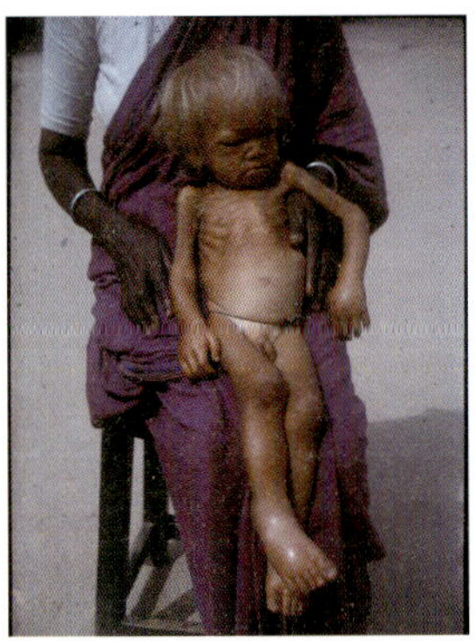

그림 4-14
콰시오커 증상 어린이의 퇴색된 모발

표 4-8 마라스무스와 콰시오커 증세의 차이

마라스무스	콰시오커
• 2세 이하에서 볼 수 있다. • 심한 근육의 소모, 피하지방이 거의 없고 피부가 쭈글쭈글 주름져 있다. • 부종은 없다. • 얼굴은 늙어 보이고 약해 보인다. • 성장 정지 : 나이에 해당하는 체중의 60% 이하 • 지방간이 없다. • 저체온 • 머리카락에는 별 변화가 없다.	• 1~3세 어린이에게서 볼 수 있다. • 마라스무스보다 덜 심하다. • 부종이 있다. • 성장 정지 : 나이에 해당하는 체중의 60~80% • 지방간이 있다. • 무관심, 욕심 많음, 신경과민, 웃지 않는 태도 • 머리카락의 질감 · 색 · 힘에 변화가 오고 머리카락이 쉽게 빠진다.

(3) 단백질 과잉증

일반적으로 질이 좋은 단백질을 많이 섭취하는 것이 좋지만 너무 많이 섭취하여도 몸에 해롭다. 여러 가지 실험에 의하면 흰쥐에게 30~40%의 단백질을 함유한 사료를 주면 물을 많이 요구하고 신장이 비대해진다. 이는 단백질 분해산물을 배설하기 위한 신장의 일이 너무 많기 때문이라고 생각된다.

일반적으로 단백질을 과잉섭취하면 여분의 단백질이 글리코겐이나 지방으로 되어 체내에 축적되므로 체중이 증가한다. 또 단백질은 식이성 발열효과(TEF; thermic effect of food)가 당질이나 지방에 비해 훨씬 강하다. 그러므로 대사항진, 체중증가, 혈압상승과 함께 피로도 쉽게 온다.

성장기에는 단백질을 많이 먹어도 처리하는 능력이 왕성하므로 큰 문제가 없으나 연령이 많으면 소화능력이 떨어져 있으므로 이것이 장내세균에 의한 부패작용으로 아민(amine) 등의 유독물질을 많이 만들게 되어 요독증을 일으키게 된다.

제6절 단백질의 급원식품과 섭취현황

단백질의 영양섭취기준은 6개월 이상 전 연령층에서는 평균필요량과 권장섭취량을 설정하였고 영아 전반기는 충분섭취량을 설정하였으나 상한섭취량을 설정하지 않았다. 섭취기준에 사용된 단백질의 필요량은 질소균형 연구를 기초로 하여 평균필요량을 0.66/kg/일로 정하였으며, 권장섭취량은 평균필요량에 개인차를 고려한 안전율 12.5%를 적용하여 하루에 체중 kg당 0.83g으로 설정하였다.

여기에 성인남녀의 표준체중(19~29세 성인 남자 65.8kg, 성인 여자 56.3kg)을 곱하여 성인의 1일 단백질 권장섭취량은 남자 55g, 여자 45g으로 정하였다.

임신부의 단백질 필요량은 2분기에 +12g, 3분기에 +25g이며, 수유부는 +20g/일로 설정하였다.

표 4-9 단백질 영양섭취기준

(g/일)

연령		남자		여자	
		평균필요량	권장섭취량	평균필요량	권장섭취량
영아	0~5개월	–	(10)*	–	(10)*
	6~11개월	12	15	10	15
유아	1~2세	15	20	12	15
	3~5세	20	25	15	20
	6~8세	30	35	30	35
	9~11세	40	50	40	45
	12~14세	50	60	45	55
	15~18세	55	65	45	55
	19~29세	50	65	45	55
	30~49세	50	60	40	50
	50~64세	50	60	40	50
	65~74세	50	60	40	50
	75세 이상	50	60	40	50
임신부	2분기			+12	+15
	3분기	–	–	+25	+30
수유부		–	–	+20	+25

( )* : 충분섭취량　　보건복지부, 2020개정 한국인의 영양권장량

단백질급원으로 동물성 단백질에는 필수아미노산이 풍부하고 질이 좋은 완전단백질이 들어 있다. 어류 · 난류 · 우유 및 유제품 등에 생물가가 높은 완전단백질이 많이 함유되어 있다. 식물 중에 대두는 질이 좋은 식물성 단백질을 함유하고 있으나 대부분의 식물성 단백질은 반완전 혹은 불완전 단백질이다.

몇 가지 식품의 100g당 단백질의 양과 열량 등을 보면 단백질 함량은 육·어류·두류 등이 약 20g 내외로 높은 편이고 밀가루 · 달걀 · 된장은 10g 내외, 쌀밥과 감자는 2g 정도로 낮은 편이다.

표 4-10 각종 식품의 단백질 함량 (식품 100g당)

	식품명	단백질 (g)	지질 (g)	당질 (g)	열량 (kcal)
육류	쇠고기	22.8	3.7	0	116
	돼지고기	20.7	4.6	0.2	135
	닭고기	20.7	4.8	–	126
어류	햄	19.0	8.2	4.1	166
	고등어	18.0	4.0	–	111
	꽁치	24.9	6.0	–	153
	멸치(말린 것)	67.8	7.2	–	336
	새우(잔새우, 생것)	12.9	0.8	0	66
난류	달걀	12.7	12.1	–	160
유제품	우유	3.0	3.2	5.5	63
	치즈	21.8	27.8	2.8	349
	아이스크림	4.0	6.2	23.6	163
두류	두부	4.7	2.7	2.3	52
	된장	12.0	4.1	10.7	138
	강낭콩	20.2	1.8	60.9	343
	대두(밤콩)	26.7	15.5	38.2	399

2007년 국민건강영양조사에서 우리나라 국민의 단백질 섭취량은 2001년도에 1인 1일당 71.6g이고 2005년에는 75.8g이었으나 2007년에는 65.4g으로 감소하였다. 이 중 30g을 동물성 식품에서 섭취하였으며, 그 비율은 45.8%였다.

권장량에 비해 단백질 섭취비율도 2007년도에 142.9%로 1986년 이후 계속 권장량 이상을 섭취하였고, 또한 동물성 단백질의 섭취가 증가하고 있다.

Chapter 5

에너지 대사

제1절 에너지란 무엇인가?

에너지와 영양 및 건강에 관한 분야는 최근 많은 관심을 받고 있다. 많은 사람들이 식량부족으로 충분한 에너지를 얻지 못하여 건강장애를 초래하며 또 많은 사람들은 에너지 과잉섭취로 여러 가지 영양문제를 일으키고 있기 때문이다.

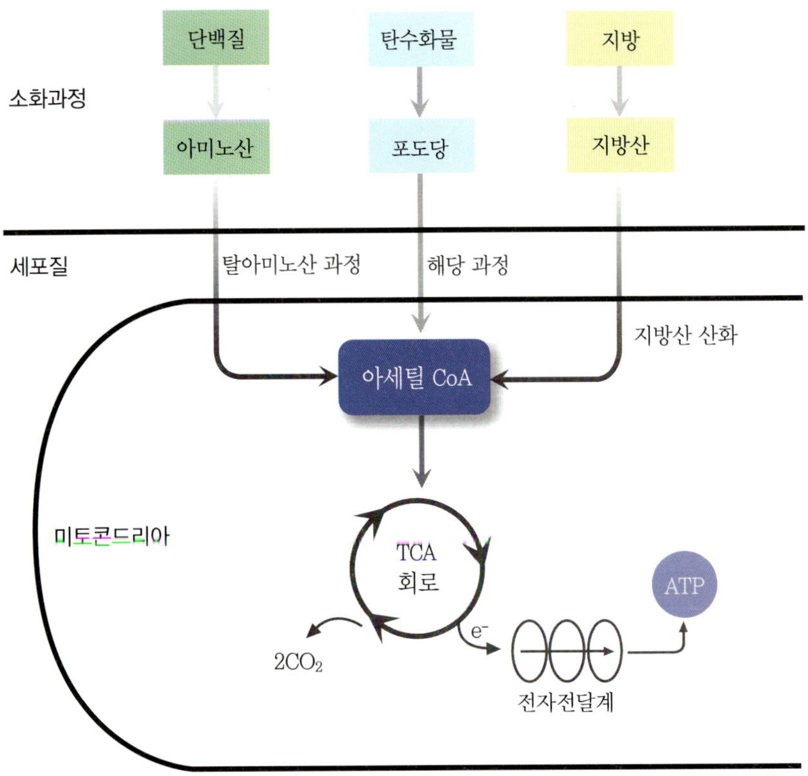

그림 5-1 에너지 대사

우리가 흔히 쓰는 에너지(energy)란 말은 그리스어의 en + ergon (in + work) 에서 유래되며 우리의 신체가 일을 할 수 있는 힘(force, power)을 말한다.

대사(metabolism)라는 말도 그리스어의 meta 와 ballein이 합쳐진 것으로 'meta' 는 beyond 라는 뜻이며 'ballein' 은 to throw 라는 뜻으로 이 두 말을 합한 'metabole' 은 '변화하다(change)' 라는 말로 되어 음식에 있는 물질들이 체내에 들어와 화학 변화를 일으켜서 다른 물질로 전환되는 것을 의미한다.

우리 인체가 사용하는 에너지의 근원은 태양으로부터 오며, 이를 직 · 간접적으로 사람과 동물이 이용하여 당질 · 단백질 · 지방의 화학 결합 에너지로 저장한다. 즉, 녹색 식물은 광합성 작용으로 물과 이산화탄소로부터 태양에너지를 저장할 수 있는 물질인 포도당을 합성하고 포도당이 기초가 되어 당질 · 단백질 · 지방 등의 화학에너지로 바꾸어 저장한다.

인체는 식품을 통해 이들 동물과 식물의 저장 에너지를 공급받으며 실제 인체가 사용하는 에너지의 형태는 ATP(adenosine triphosphate)이므로 식품에서 온 탄수화물 · 단백질 · 지방의 화학 결합 에너지를 ATP 형태로 바꾸는 과정이 필요하다. 이들 결합 에너지가 ATP로 전환되는 에너지 대사는 결국 식품이 전자 공여체로써 작용하여 식품의 전자를 산소에 전달하여 물과 이산화탄소를 만드는 과정이다.

전자전달반응은 여러 단계를 거쳐서 일어나고 그 중의 일부가 유용한 형태의 에너지인 ATP로 저장된다. 생성된 ATP는 근육의 수축이나 막의 이온 이동이나 단백질 · 지방 등 여러 고분자 합성 등에 이용되는데 체내에서는 상호교환이 가능하다.

일반적으로 식품 에너지의 ATP 형태로의 전환율은 약 25~40% 정도이며 나머지는 열로 발산되어 체온유지에 쓰인다.

에너지를 표시하는 단위로는 칼로리(calorie)와 줄(joule)이 있다.

1칼로리는 물 1mL를 14.5℃에서 15.5℃로 올리는 데 필요한 열량으로, 생체 내에서 일어나는 에너지는 칼로리로 표현하기에는 너무 크므로 단위는 킬로칼로리(kilo-calorie, kcal)를 사용한다.

줄(joule, J)은 미터법에 의한 열의 측정단위이다. 1줄은 1newton의 힘으로 1kg의 물체를 1m 옮기는 데 필요한 에너지로 1kcal = 4.184kJ로 환산할 수 있다.

제2절 식품의 함유 에너지

신체가 필요로 하는 적당한 에너지는 식품에 포함된 열량 영양소인 당질 · 지방 · 단백질을 섭취해서 이들 영양소가 소화 흡수되면 산화 · 분해되어 발생한다. 이 열량소가 완전히 연소하면 물질 중의 탄소는 이산화탄소로, 수소는 물로, 질소는 질소가스로, 황은 아황산가스 등의 산화물로 바뀌면서 동시에 열이 발생한다.

1 식품의 에너지 측정

(1) 식품의 열량가

식품의 함유 에너지는 봄열량계(bomb calorimeter)로 연소열을 측정해서 식품의 총열량(gross energy)가를 구한다.

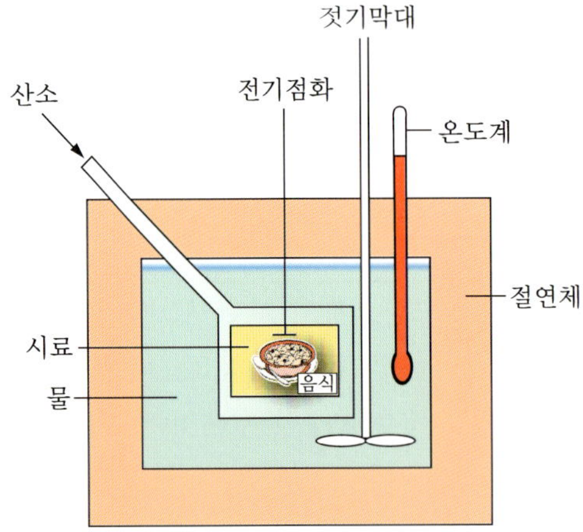

그림 5-2 봄열량계 단면도

이 열량계는 태우고자 하는 시료를 순간적으로 태우는 두꺼운 철제 관과 시료의 연소 때 발생하는 열을 흡수하는 물, 그리고 외부로의 열 발신을 막기 위한 외각 장치로 만들어져 있다. 식품을 태우면 주위의 물로 열이 이동되고 수온이 올라가는데 식품을 태우기 전후의 물 온도를 측정해 식품의 연소열을 계산한다.

봄열량계로부터 나오는 각 열량영양소의 연소열량은 일반적으로 탄수화물 1g당 4.10kcal, 지방은 9.45kcal, 단백질 5.65kcal, 알코올 7.1kcal 등이다. 이때 연소열량은 실제 인체에서 이용되는 에너지보다 높은데, 이는 인체의 에너지 효율이 열량계보다 떨어지기 때문이다.

(2) 생리적 열량가

신체는 생리적 과정으로 에너지 대사에 재조정이 필요하다. 섭취된 식품은 체내에서 완전히 소화되지 못하므로 체내에서 사용될 수 있는 에너지는 측정된 연소열량에 소화율을 곱해 주어야 한다. 또한, 단백질이 에너지원으로 이용될 때에는 질소가 소변을 통해 배설되기 위해 에너지가 손실되므로 단백질 1g당 1.25kcal를 감해 주어야 한다. 실제로 에너지를 방출하는 생리적 열량가(physiological value)를 식품의 에너지로 계산한다. 이 생리적 열량가를 애트워터 계수(Atwater factor) 또는 에너지 환산계수(energy conversion factor)라고 한다.

표 5-1 열량 영양소의 생리적 열량가 산출법

영양소	총 에너지 (kcal/g)	소화율 (%)	에너지 손실 (kcal/g)	생리적 열량가 (kcal/g)
당 질	4.10	98	0	4.0
지 방	9.45	95	0	9.0
단백질	5.65	92	1.25(소변)	4.0
알코올	7.1	100	0.1(호흡)	7.0

영양소의 소화흡수율은 식품의 종류에 따라 크게 영향을 받는데 특히 섬유소가 많은 경우에 낮아진다. 식품의 양이 같더라도 동물성 식품과 정제된 식물성 식품은 애트워터 계수로 환산한 열량가가 실제보다 낮고 푸른 채소나 식물성 식품은 실제보다 높게 나타난다.

이는 식품의 열량밀도(calorie density, 보통은 kcal/100g으로 표시, 100g 중의 열량)가 다르기 때문이다. 견과류 · 버터 · 마요네즈와 같이 지방이 많거나, 수분함량이 적은 과자류나 캔디류 등은 열량밀도가 높은 식품이며, 그 반면에 채소와 과일은 수분이나 식이 섬유질이 많아서 열량밀도가 낮은 식품이다. 육류나 생선 및 감자류와 곡류 등은 중간 상태라고 할 수 있다. 그러나 조리과정에서 지방을 많이 사용하면 음식의 열량밀도가 높아질 수 있다.

제3절 신체 에너지 대사량

사람이 하루에 에너지를 얼마나 소비하는지를 아는 것은 식품을 얼마나 섭취해야 하는가를 결정하는 데에 매우 중요하다. 식품에 함유된 에너지는 앞에서 말한 봄열량계로 측정할 수 있으나 인체의 에너지 대사량을 측정하는 방법에는 직접 열량측정법과 간접 열량측정법의 두 가지가 있다.

(1) 직접 열량측정법

직접 열량측정법(direct calorimeter)은 신체에서 발생하는 열량을 직접 측정하는 방법이며 오랜 시간에 걸쳐서 피험자가 안정할 때에 측정한다. 피험자가 밀폐된 공간에 편안히 앉을 수 있게 하여 항상 일정한 온도를 유지하며 그 주위를 벽으로 막고 바깥에는 코르크로 된 두꺼운 벽이 있어서 밖의 온도가 전도되는 것을 막는다. 피험자에게서 발생한 열이 주위의 코일을 통해 흐르는 물에 전도되어 올라간 물의 온도차를 측정해 실험이나 활동을 통해 발산되는 열량을 알 수 있다.

인체에서 사용된 에너지는 결국 열로 발산된다는 것을 이용한 방법으로, 이는 봄열량계로 식품의 열량을 측정하는 방법과 유사하다.

그러나 이 직접 열량측정법은 정확성은 높으나 설비 비용이 많이 들고 고도의 기술이 요구되며 실험대상자가 제한된 곳에 오래 있어야 하므로 인체의 에너지 대사량측정은 간접 열량측정법을 더 많이 이용한다.

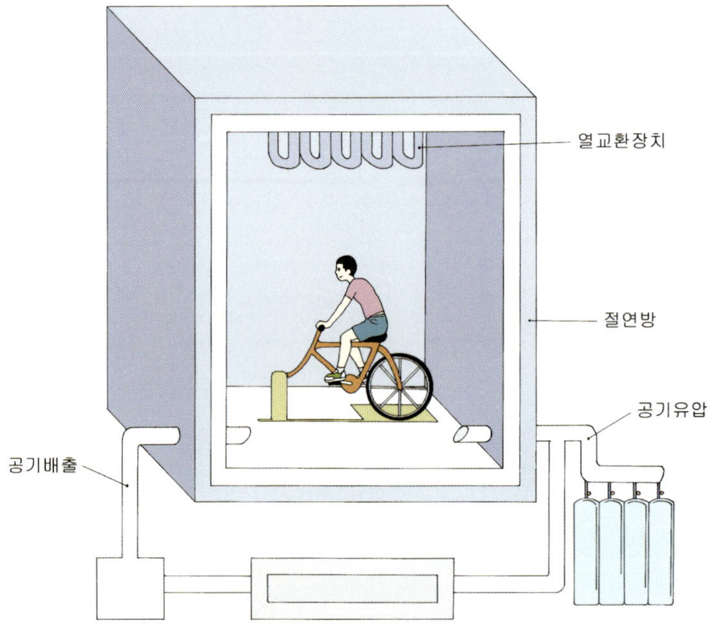

그림 5-3 직접 열량측정법

(2) 간접 열량측정법

간접 열량측정법(indirect calorimeter)은 에너지 소비 시에 발생하는 열량을 직접 측정하는 것이 아니라, 산소 소비량과 생성되는 이산화탄소 배출량을 측정하여 각 활동 시 에너지 소모량과의 상관관계를 나타내는 공식을 적용시켜 간접적으로 소모열량을 계산하는 방법으로 호흡교환법(respiratory exchange method)이라고도 한다.

간접 열량측정법에서는 호흡실 측정법과 마스크형 측정법이 있으며 각종 활동을 측정하는 데에는 휴대용 간접 열량계가 좋다.

호흡실에서의 측정법은 밀폐된 방에 실험대상자가 들어가서 통제된 신체활동을 할 때의 에너지 소모량을 측정하는 방법이다.

이는 인체가 음식물을 산화하여 에너지를 낼 때 일정량의 산소를 소모하고, 일정량의 이산화탄소를 배출한다는 사실에 기초를 두고 있다. 배출되는 이산화탄소량으로도 소비 에너지 측정이 가능하나 오차가 크기 때문에 주로 산소소모량을 측정한다.

그림 5-4와 같이 베네딕트(Benedict-Roth) 호흡장치(폐쇄형)를 이용하여 폐쇄회로 폐활량을 측정하고 소모되는 산소량을 측정하면 열량이 계산된다.

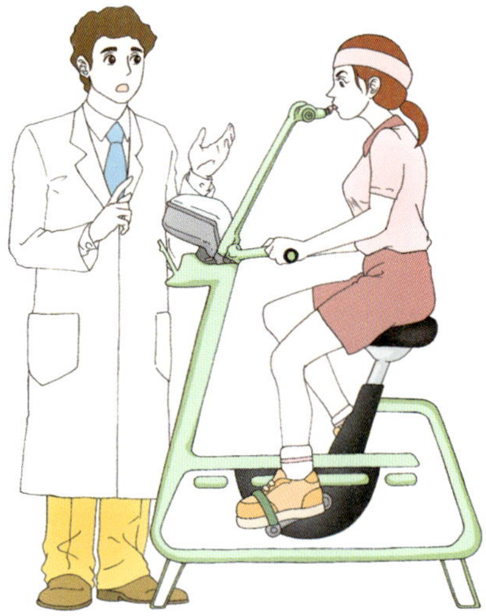

그림 5-4 간접 열량측정법

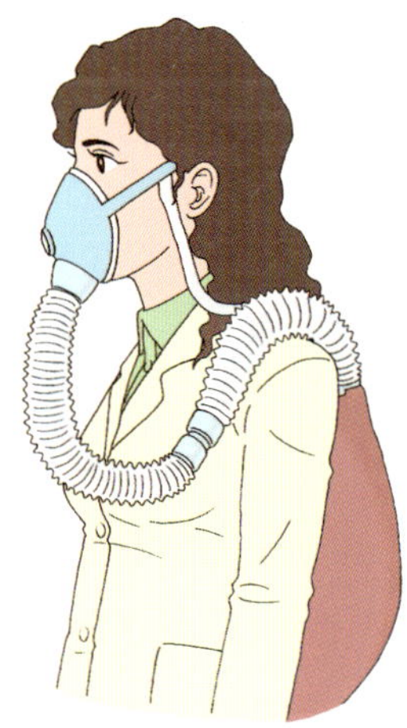

그림 5-5 Douglas-bag을 착용한 모습

그림 5-5는 휴대용 호흡기를 이용하는 더글라스 백(Douglas-bag) 방법으로 실험대상자가 마우스피스(mouthpiece)를 통해 신선한 공기를 흡입하는 방법으로서 코를 막고 배출한 공기를 전부 가방에 모으고, 이후에 실험실에서 산소량과 이산화탄소량을 분석할 수 있기 때문에 현장에서 활용하기에 좋은 방법이다.

1) 호흡계수

간접 열량측정법에서는 호흡계수(RQ ; respiratory quotient)를 측정하는데, 이를 통해 우리 몸에서 대사되는 열량 영양소의 조성비를 어느 정도 예측할 수 있다. 인체가 음식물을 산화하여 에너지를 낼 때에 일정량의 산소를 소모하고 또한 일정량의 이산화탄소를 생성한다는 사실에 근거를 두고 있으며 어떤 영양소가 산화되느냐에 따라 그 값이 달라진다.

호흡계수는 일정한 시간에 생성된 이산화탄소의 양을 그 기간 동안 소모된 산소량으로 나눈 값을 말한다.

$$RQ = \frac{\text{생성된 } CO_2}{\text{소모된 } O_2}$$

탄수화물이 산화될 때는 6분자의 산소가 소모되고 6분자의 이산화탄소가 생성되므로 호흡계수(RQ)가 1이다.

$$C_6H_{12}O_6 + 6O_2 \longrightarrow 6CO_2 + 6H_2O$$

지방의 RQ는 원료를 적게 연소시키므로 1.0보다 적다. 예를 들어 트리스테아린(tristearin)은 114mol의 이산화탄소를 생성하며 163mol의 산소가 소모된다.

$$2\,C_{57}H_{110}O_2 + 163\,O_2 \longrightarrow 114\,CO_2 + 110\,H_2O$$

$$RQ = \frac{114\,CO_2}{163\,O_2} = 0.7$$

단백질의 RQ를 구하는 것은 더욱 복잡하다. 단백질은 지방에 비해 평균 원소 조성이 정확하지 않다. 그리고 소변으로 배설되는 질소 화합물이 많으므로 정확하게 계산하기는 어렵지만 소변으로 배설되는 질소량을 제외하고 계산하면 약 0.8 정도가 된다.

$$C_{72}H_{112}N_2O_{22}S + 77\,O_2 \longrightarrow 63\,CO_2 + 38\,H_2O + SO_3 + 9\,\underset{\text{urea}}{CO(NHO)_2}$$

$$RQ = 0.818$$

이와 같이 탄수화물과 지방 및 단백질의 RQ는 각각 1.0, 0.7 그리고 0.8로 나타내며 1에 가까울수록 탄수화물 섭취가, 0.7에 가까울수록 지방 섭취가 많은 것이다.

임상적으로 보면 호흡계수가 0.8보다 적으면 에너지 섭취가 부족한 경우이며 0.7보다 적으면 굶은 상태이거나 저탄수화물 식사를 한 경우를 말하고 1 이상이면 체내에서 지방이 합성되고 있음을 뜻한다.

제4절 신체 에너지 필요량

사람이 살아가기 위해서는 에너지가 필요하다. 생명유지를 위한 내장기관들의 무의식적인 활동과 의식적인 근육활동 및 섭취한 음식물의 소화 · 흡수 · 대사 등 내부 작용을 위한 에너지가 필요하다.

개인의 에너지 요구량을 계산하기 위해서는 기초/휴식대사량(BMR /REE)과 활동대사량(TEE) 및 식이성 발열효과(TEF)를 모두 더하는 방법이 주로 사용된다.

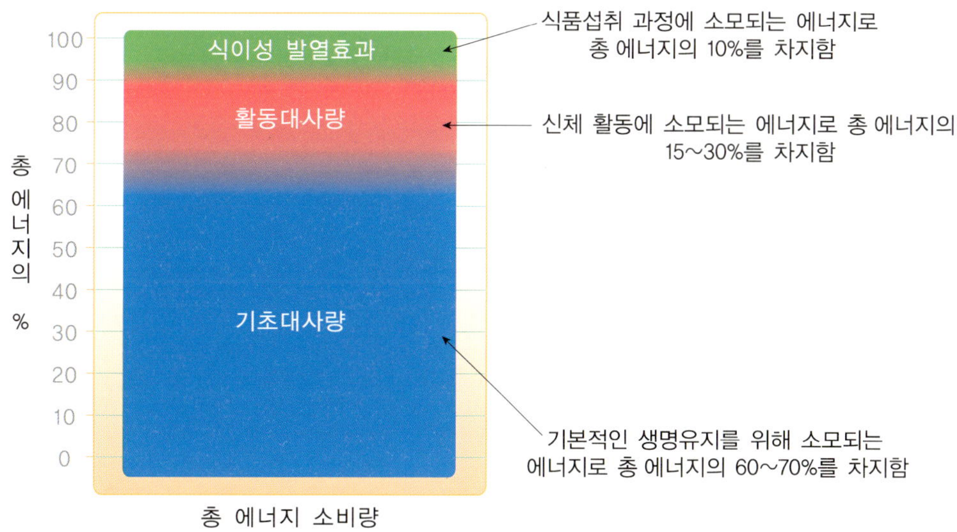

그림 5-6 총 에너지 소비량의 구성

1 기초/휴식대사량

사람이 살아가면서 움직이는 한 심장박동 · 호흡 · 순환 · 배설 · 체온유지 등의 여러 가지 기능은 계속적으로 행해져야 하며 이러한 삶의 모든 기본적인 생체기능을 유지하는 데 필요한 최소의 에너지를 기초대사량(BMR ; basal metabolic rate)이라고 한다. 기초대사량은 매일 1일 열량필요량의 60~70%가 소요되며 대략 시간당 체중 1kg에 대하여 1kcal가 쓰인다.

그 반면에 휴식대사량(REE; resting energy expenditure 또는 RMR; resting metabolic rate)은 식후 몇 시간이 지난 휴식상태에서의 에너지 사용량을 측정하므로 기초대사량보다 측정하기에 편리하고, 실제 기초대사량보다 에너지 소모량이 약간 크므로 기초대사량과 휴식대사량을 혼용하여 사용하기도 한다.

(1) 기초대사량의 측정

기초대사량은 직접 또는 간접 열량측정법에 의해 측정할 수 있으나 특수한 경우를 제외하고는 간접 열량측정법에 의한다.

간접 열량측정법은 호흡계수에 의하여 산출하거나, 기초대사율이 체표면적과 깊은 관계가 있음이 밝혀졌으므로 체표면적 · 신장 · 체중 · 연령 등을 이용한 계산에 의해 산출할 수 있다.

그러나 소비된 산소의 양과 배출된 이산화탄소의 양을 측정하기 위해서는 일정한 실험조건이 만족되어야 한다. 즉, 식사를 하고 12~14시간이 지난 후 잠에서 깬 직후(아침 공복 시)에 누워 있는 편안한 상태에서 체온이 정상일 때 측정해야 한다. 또한, 실내 온도도 적절해야 (18~20°C) 한다.

1) 간단히 구하는 방법

남자 : BMR＝1.0kcal/시간×체중(kg)×24시간
여자 : BMR＝0.9kcal/시간×체중(kg)×24시간

이 방법은 체중에 의해 기초대사량을 측정하는 방법이다. 체중이 중간 정도인 사람에게는 적합하지만 근육량이나 체지방량이 증가하면 실제보다 오차가 많이 나는데 체구성 성분의 차이는 체중만으로 알아낼 수가 없기 때문이다.

2) 체표면적 이용법

기초대사량은 체중보다는 체표면적에 비례한다는 사실을 기초로 하여 '뒤 부아(Du Bois)' 는 체중과 신장으로 체표면적을 구하는 공식을 만들어서 단위 시간당 체표면적 $1m^2$당 연령에 따른 에너지의 소모량에 의해 기초대사량을 구하였다.

$$SA = W^{0.425} \times H^{0.725} \times 71.84$$

SA : 체표면적(m^2), W : 체중(kg), H : 신장(㎝)

이 체표면적을 쉽게 이용할 수 있도록 한 것이 그림 5-7의 노모그램(nomogram)인데 체중과 신장을 이용하는 방법으로 체중과 신장을 연결하여 지나는 눈금을 읽어 체표면적을 알아낸다.

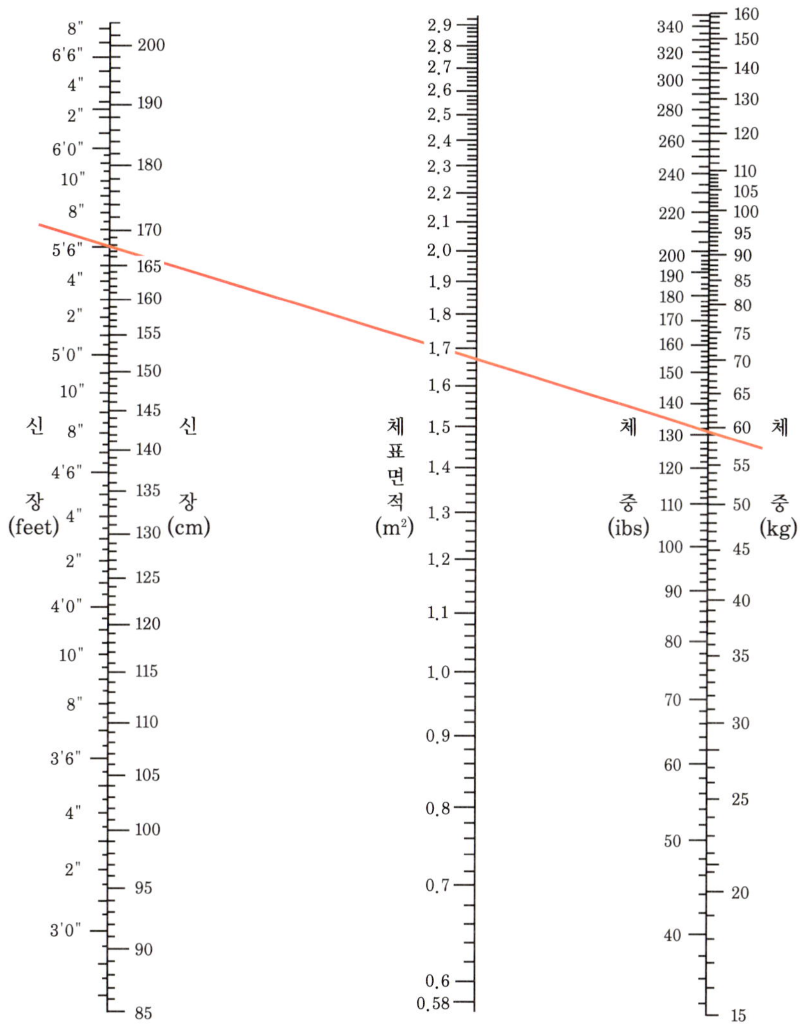

그림 5-7 체중과 신장에 해당되는 체표면적 계산

표 5-2는 각 연령과 성별에 따른 체표면적 1m²에서 발생되는 열량을 제시하여 기초대사량을 쉽게 구할 수 있도록 하였다.

예) 체중 50kg, 신장 165cm, 19세 여성의 1일 기초대사량을 구해 보면,

그림 5-7에 의한 체표면적은 1.54m²이고, 표 5-2에 의하면 시간당 체표면적 1m²에서 35.4kcal가 발생하므로 35.4×1.54×24=1,308.4kcal 가 산출된다.

표 5-2 연령과 성별에 따른 체표면적 1m²에 발생되는 열량 (단위 : kcal/m²/시간)

연 령	남자	여자	연 령	남자	여자
3	60.1	54.5	26	38.2	35.0
4	57.9	53.9	27	38.0	35.0
5	56.3	53.0	28	37.8	35.0
6	54.0	51.2	29	37.7	35.0
7	52.3	49.7	30	37.6	35.0
8	50.8	48.0	31	37.4	35.0
9	49.5	46.2	32	37.2	34.9
10	47.7	44.9	33	37.1	34.9
11	46.5	43.5	34	37.0	34.9
12	45.3	42.0	35	36.9	34.8
13	44.5	40.5	36	36.8	34.7
14	43.8	39.2	37	36.7	34.6
15	42.9	38.3	38	36.7	34.5
16	42.0	37.2	39	36.6	34.4
17	41.5	36.4	40~44	36.4	34.1
18	40.8	35.8	45~49	36.2	33.8
19	40.5	35.4	50~54	35.8	33.1
20	39.9	35.3	55~59	35.1	32.8
21	39.5	35.2	60~64	34.5	32.0
22	39.2	35.2	65~69	33.5	31.6
23	39.0	35.2	70~74	32.7	31.1
24	38.7	35.1	75+	31.8	
25	38.4	35.1			

(2) 기초대사량에 영향을 미치는 요인

사람의 기초대사량은 변동은 적으나 체표면적 · 연령 · 성별 · 호르몬 · 영양상태 · 기온 · 체온(발열) · 체 구성성분 · 수면 등에 의해 영향을 받는다.

① **체표면적 :** 체표면적이 넓을수록 피부를 통해 발산되는 열량이 커진다. 동일한 연령과 성별 및 체중일지라도 몸집의 크기에 따라 체표면적이 다르다. 마르고 키가 큰 사람은 뚱뚱하고 키가 작은 사람에 비하여 체표면적이 더 넓고 기초대사량도 높게 나타난다.

② **연령 :** 신생아는 기초대사가 매우 낮으나 점차 증가하여 2세경에 최고에 달하고 차차 줄어들어 20세 이후에는 일정하게 된다. 이는 출생 직후에는 세포의 활동이 적지만 2세 전후로 갑자기 증가하는 것으로 생각되며 나이가 많아지면서 어린 사람에 비하여 비활동적인 지방조직이 증가하고 활동량이 줄어든 것이 원인이다.

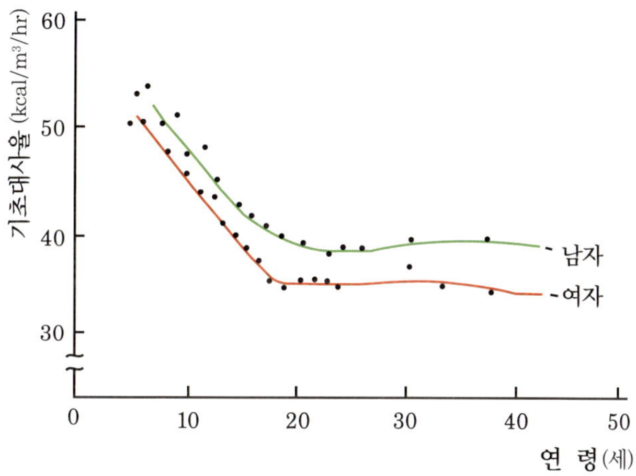

그림 5-8 각 연령에 따른 남녀의 기초대사율

③ **성별 :** 여자는 남자의 80~90%에 불과한데, 체격이 작고 비활동적인 지방조직이 훨씬 많기 때문으로 생각된다. 여성은 임신말기에 최고로 증가하여 평균 20~25% 증가를 나타낸다. 이는 태아, 태반, 어머니의 조직 등의 대사활동이 많아지기 때문이다.

④ **호르몬 :** 갑상선 · 부신 · 뇌하수체 및 생식선호르몬 등은 직간접적으로 기초대사를 증가시킨다고 알려졌다. 특히 갑상선호르몬은 기초대사를 80~100%나 상승시킬 수 있다고 한다. 또 갑상선기능 저하일 때는 10~30%까지 저하시킬 수 있다.

⑤ **정신 상태 :** 불안 · 공포 · 초조 등의 정신 상태는 기초대사를 증가시키고, 쾌감이나 안심은 기초대사를 감소시킨다.

⑥ **영양 상태** : 절식을 하여 체중이 12% 줄면 기초대사는 18% 줄게 된다. 이와 같이 영양상태가 저하되었을 때 일어나는 기초대사의 저하는 체세포의 활동을 감소시켜 에너지의 소비를 최소한으로 줄이려는 신체적 적응현상이라고 할 수 있다. 또 식사의 질도 영향을 주는데 단백질 섭취가 많은 사람은 그렇지 않은 사람에 비하여 기초대사가 높다.

⑦ **기온** : 기온이 낮으면 찬 자극이 체온을 높이기 위한 체내 산화작용을 항진시켜 열 생산을 높인다. 반대로 기온이 높으면 근육이 이완되고 대사기능이 저하되어 열 생산이 떨어진다. 그러나 기온의 상승과 함께 습도가 높으면 물리적인 조절이 따르지 못하여 체열이 축적되어 체온상승과 함께 대사가 항진된다고 한다. 계절적인 차이도 있어 봄과 여름에는 대사율이 낮고 가을과 겨울에는 높아서 평균 5% 이상의 차이가 있다고 한다.

⑧ **발열** : 열이 나서 체온이 높아지면 대사항진이 생긴다. 약 1℃ 증가에 12~13% 상승한다고 한다.

⑨ **체격과 운동** : 활동이 적은 사람보다 심한 근육운동을 하는 사람은 대체로 기초대사가 높다. 운동을 하는 사람이 안 하는 사람에 비해 5% 더 높다고 하는데 이는 운동이나 근육 활동 후에는 기초대사가 증가된 상태로 있으며 지속적인 근육활동이 체내의 분비조직과 활성조직을 발달시키고 대사를 높게 유지하기 때문이라고 생각된다.

⑩ **수면** : 수면 시에는 깨어 있을 때보다 기초대사량이 8~10% 정도 낮아진다.

2 활동대사량

활동대사량(TEE; thermic effect of exercise)은 1일 소비되는 총 열량 중 기초대사량 다음으로 많은 양이 소비되며, 근육활동에 필요한 에너지를 말한다. 근육을 많이 사용할수록 에너지가 많이 소모되고 활동시간이 길수록 더 많은 에너지가 요구되며 체중이 무거울수록 에너지소비량이 더욱 커진다.

활동대사량은 사람에 따라 많은 차이가 있으며 활동량이 적은 사람은 활동대사량이 기초대사량의 절반에도 미치지 못하는 반면에 활동량이 많은 일부 노동자 또는 운동선수의 경우는 기초대사량의 2배 이상이 활동대사량으로 요구된다. 표 5-3은 하루에 활동할 때의 각종 에너지 소모량이며, 표 5-4는 활동 종류에 따른 신체활동의 예이다.

표 5-3 1일 각종 에너지 대사량

활동의 강도	활동의 상태	활동계수 (×BMR)	에너지 소모량 (kcal/kg/day)
아주 가벼운 활동			
남자	앉거나 서 있는 활동, 그림 그리기, 운전, 실험실 연구, 타이핑, 요리, 카드놀이, 악기 다루기	1.3	31
여자		1.3	30
			(기초대사량의 20~24%)
가벼운 활동			
남자	평지에서 가볍게 걷기, 창고일, 전기, 전자, 식당영업, 집안청소, 아이 돌보기, 골프, 탁구	1.6	38
여자		1.5	35
			(기초대사량의 55~65%)
보통 활동			
남자	걷기, 잡초뽑기, 호미질, 짐 운반, 자전거 타기, 스키, 테니스, 춤추기	1.7	41
여자		1.8	37
			(기초대사량의 70~75%)
심한 활동			
남자	짐 들고 언덕 올라가기, 나무 자르기(벌목공), 중장비로 땅파기, 등산, 축구, 미식축구	2.1	50
여자		1.9	44
			(기초대사량의 80~100%)
격심한 활동			
남자	운동시합을 위한 강한 훈련 및 경기	2.4	58
여자		2.2	51
			(기초대사량의 80~100%)

표 5-4 활동 종류에 따른 신체활동의 예

신체활동수준	활동 종류
1.0	수면
1.1~1.9 (휴식, 여가 활동)	옆으로 눕기, 앉아서 책읽기, 서예, TV 시청, 대화, 요리, 식사, 세면, 배변, 바느질, 재봉일, 꽃꽂이, 다도, 카드놀이, 악기연주, 운전, 서류정리, 워드 작업, 사무용 기기 사용 등
2.0~2.9 (저강도 활동)	지하철/버스 서서 탑승, 쇼핑, 산책, 세탁(세탁기 사용), 청소(청소기 사용) 등
3.0~5.9 (중강도 활동)	정원 손질, 보통속도 걷기, 목욕, 자전거 타기, 아기 업고 보행, 게이트볼, 캐치볼, 골프, 가벼운 댄스, 하이킹(평지), 계단 오르기, 이불 널고 걷기, 체조 등
6.0이상 (고강도 활동)	근력 트레이닝, 에어로빅, 노 젓기, 조깅, 테니스, 배드민턴, 배구, 스키, 축구, 스케이트, 수영, 달리기 등

3 식이성 발열효과

식이성 발열효과(TEF; thermic effect of food)는 섭취식품에 따른 영양소의 소화와 흡수, 이동, 대사, 저장 및 이 과정에서의 자율신경계 활동 증진에 필요한 에너지이다.

식품섭취 후 나타나는 에너지 소비량 증가분(기초대사량 초과분)을 식품의 에너지 함량으로 나눈 것을 '식이성 발열효과'라고 하며, 이는 영양소별로 차이가 있다.

지방은 흡수 · 분해 · 저장 과정이 비교적 쉽게 이루어지기 때문에 에너지 영양소 가운데 가장 적은 3~4%에 불과하며, 탄수화물은 10~15% 정도이고 단백질은 식이성 발열효과가 가장 많아서 15~30% 정도인데 이는 단백질 소화분해산물인 아미노산의 흡수, 아미노산의 체단백 합성, 아민기의 요소 합성, 포도당 신생 합성 등과 같은 복잡한 대사과정 때문이다.

일상적으로 섭취하는 혼합식사의 식이성 발열효과는 기초대사량과 활동대사량을 더한 값의 10% 정도로 생각하면 된다.

4 적응대사량

적응대사량(AT; adaptive thermogenesis)은 사람이 변화하는 환경에 적응하기 위해서 요구하는 에너지를 말한다. 우리의 몸은 추위, 배고픔, 외상, 과잉섭취, 스트레스 등에 적응해야만 할 때에 자율신경의 활동이 증가하고 효소와 호르몬의 생산이 변화함에 따라 더 많은 에너지를 필요로 한다.

어떤 환경에서는 이 적응대사량이 총 에너지 소모량에 상당한 차이를 가져온다. 그러나 개인마다 특수성을 지니고 있으며 일정하지 않으므로 에너지 요구량을 계산하는 데는 포함하지 않는다.

5 1일 총 에너지 소비량 계산

1일 필요한 총 에너지 소비량은 다음과 같이 계산할 수 있다.

나이 : 22세	성별 : 여자	체중 : 50kg	수면시간 : 8시간	활동: 보통

(1) 기초대사량(A)을 계산한다.

0.9kcal × 50 × 24 = 1,080kcal

수면에 의한 공제(10%)

0.1 × 50 × 8 = 40kcal

1,080−40 = 1,040kcal

(2) 활동대사량(B)을 계산한다.

1,040 × 0.75 = 780kcal

수면시간 이외의 활동을 일일이 기록해서 계산할 수도 있다.

(3) 식품을 위한 에너지 소모량(식이성 발열효과) (C) A+B의 10%

(1,040 +780) × 0.1 = 182kcal

(4) 1일 총 에너지 소비량

A + B + C = 1,040 + 780 + 182 = 2,002kcal

표 5-5 에너지 영양섭취기준

(kcal/일)

연령	에너지 필요추정량	
영아		
0~5(개월) 6~11	500 600	
유아		
1~2(세) 3~5	900 1,400	
아동,청소년,성인, 노인	남자	여자
6~8(세) 9~11 12~14 15~18 19~29 30~49 50~64 65~74 75이상	1,700 2,000 2,500 2,700 2,600 2,500 2,200 2,000 1,900	1,500 1,800 2,000 2,000 2,000 1,900 1,700 1,600 1,500
임신부 1분기 2분기 3분기		+0 +340 +450
수유부		+340

한국영양학회, 한국인 영양섭취기준, 2020

제5절 에너지의 균형과 체중관리

1 에너지의 섭취부족

에너지의 섭취가 심하게 감소된 에너지 결핍(energy deficiency) 상태에서는 심신의 인내력 부족과 피로감으로 일의 능률이 떨어진다. 또 질병에 대한 저항력이 떨어져서 질병 후에도 회복이 어렵고 성장기 어린이는 성장이 지연된다.

특히 여성의 경우에 지나치게 마른 체형을 좋아하여 무리한 다이어트를 한 결과로 정상 체중의 10~15% 이상이 감소되면 생리주기가 변하여 월경불순이나 무월경 증상이 일어나기도 하므로 비만 합병증 못지않게 악영향을 미칠 수 있음을 알아야 한다.

기아(starvation)는 빈곤이나 전쟁으로 인해 장기간 음식물의 섭취가 중단된 상태를 말하며, 단식 또는 절식(fasting)은 종교 또는 질병치료를 위해 음식을 먹지 않거나 극도로 제한하는 것이며 기아와 다른 점은 자기의지로 결정한다는 것이다.

현재 우리나라와 선진국에서의 에너지 부족은 이상 식습관인 식사거부증(거식증), 폭식증, 마구먹기장애 등으로 인한 것이 많다. 이는 에너지 균형을 변화시키려는 의식적인 행동으로 문제의 원인을 찾는 데에 정신과 치료가 필요할 때도 있다.

(1) 거식증

거식증(anorexia nervosa)은 날씬한 몸매를 추구하는 정도가 아주 심하여 자신이 뚱뚱하다는 생각으로 극도로 수척해질 때까지 굶는 심리적 장애이며 사춘기 소녀들에게서 많다. 치료법은 식사량을 증가시켜 우선 기초대사량을 유지할 수 있는 체중을 회복한 후에 문제의 원인을 찾도록 하고 가족 모두가 치료에 참가하는 것이 중요하다.

(2) 폭식증

폭식증(bulimia nervosa)은 폭식과 고의로 장을 비우는 일을 교대로 반복하는 섭식장애로 자신의 행동에 문제가 있음을 인정하는 것이 거식증과 다르다. 치료는 영양과 심리 상담을 병행하여야 하고 항우울제가 같이 사용되기도 한다.

(3) 마구먹기장애

마구먹기장애(binge-eating disorder)는 여러 번 다이어트에 실패한 경험이 있는 비만인들에게서 자주 일어나며, 장기간 계속해서 먹는 형과 단시간에 폭식하는 형이 있다.

음식에 대한 통제는 욕구불만을 더 일으키므로 생리적으로 배고플 때만 먹도록 하는 치료가 중요하다.

그림 5-9 비만 상담

2 비 만

에너지의 과잉섭취로 인한 영양불량은 비만으로 나타난다. 에너지의 불균형으로 인해 남은 에너지는 지방으로 전환되어 지방조직에 저장되는데 지방축적이 표준체중보다 10~20% 많으면 체중과다(overweight)이고 20% 이상을 초과하면 비만(obesity)이라고 한다.

또한 체질량지수(BMI)가 25 이상이면 비만, 27 이상이면 당뇨 및 심혈관계질환 위험률 증가, 30 이상이면 고도비만이라고 한다.

(1) 비만의 원인

비만의 원인은 유전, 음식물의 과잉섭취, 내적 및 외적 환경, 질병, 운동부족 등이다.

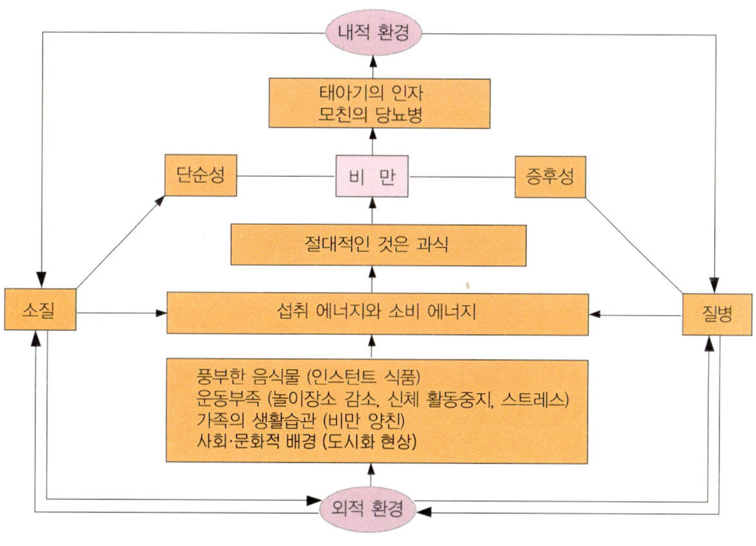

그림 5-10 비만의 원인

(2) 비만의 종류

비만은 원인에 따라서 단순성(본태성) 비만과 증후성 비만으로 분류하며 약 95%가 단순성 비만에 해당하고 과식과 운동부족이 원인이다.

증후성 비만은 유전이나 질환에 의한 것으로 내분비성 · 시상하부성(뇌하수체의 만복감 중추 장애), 대사성 등의 원인으로 인해 질환으로 발생한다.

또한 지방조직 형태에 따라 성인기에 많이 생기는 지방세포 비대형 비만(hypertrophic obesity)과 소아 비만 형태인 지방세포 증식형 비만(hyperplastic obesity)으로 분류한다. 그 밖에 체지방의 분포 형태도 건강의 위험 정도를 평가하는 데 중요하며 상체비만(복부 비만)은 남성형 또는 사과형 비만으로 불리고 하체비만은 여성형 또는 서양배형 비만으로 불린다.

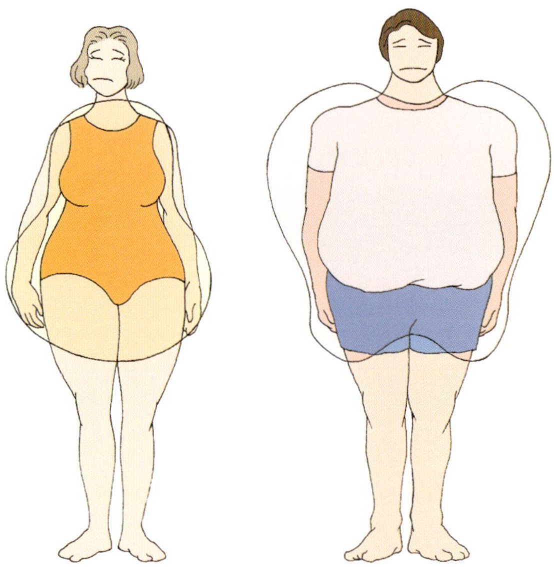

그림 5-11 체지방의 분포형태

복부비만은 고혈압 · 심장병 · 성인당뇨병 등에 걸릴 위험을 더 크게 한다. 허리둘레를 엉덩이 둘레로 나눈 값(W/ H), 즉 허리-엉덩이 둘레비(WHR; waist-hip ratio)가 여자의 경우는 0.85 이상, 남자의 경우 0.95 이상이면 복부비만이다.

(3) 비만의 판정

비만 판정에는 키와 체중을 이용한 신체지수(브로카지수, 체질량지수)를 이용하는 방법과 체지방 측정을 이용하는 방법이 있다.

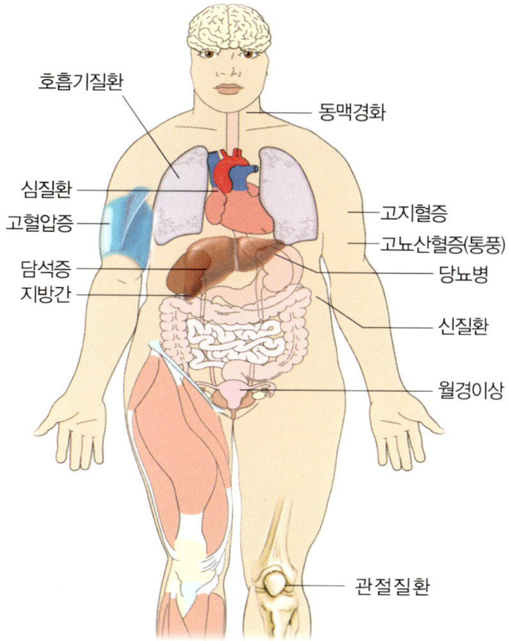

그림 5-12 비만으로 인한 합병증

1) 신체지수를 이용하는 방법

① 브로카(Broca)지수

흔히 사용하는 방법으로 가장 간단하나 과체중이 체지방과다를 의미하지 않으므로 주의해야 한다. 근육이 발달한 남자의 체중이 정상 체중의 20% 이상이라도 체지방이 25% 이하이면 비만이라고 할 수 없기 때문이다.

- 표준체중을 계산한다. ⇨ 표준체중 = [신장(cm)−100] × 0.9 (여성은 0.85)
- 비만도(%)를 구한다. ⇨ 비만도 = [(현재체중−표준체중)/표준체중] × 100
- 비만도에 따른 비만 정도를 평가한다.
  비만도 평가는 ⇨ ±10% : 정상체중, +11~19%: 체중과다, +20% 이상 : 비만

② 체질량지수

체질량지수(BMI; body mass index)는 체중(kg)을 신장(m)의 제곱으로 나눈 값이다. 그러나 체질량지수는 성장기 아동이나 65세 이상의 노인 및 임신 · 수유부 혹은 근육이 많은 사람에게는 적용할 수 없다. 특히 아시아인들은 백인에 비해 체질량지수가 낮은 반면에 체지방률이 높고 복부비만이 많아 체질량지수가 18.5~22.9일 때를 정상체중으로 보고 있다.

표 5-6 체질량지수에 따른 분류

분 류	체질량지수*1	허리둘레*2	
		90cm 미만(남성) 85cm 미만(여성)	90cm 이상(남성) 85cm 이상(여성)
저체중	18.5 미만	낮다	보통
정상체중	18.5~22.9	보통	증가
체중과다	23.0~24.9	증가	위험
비만	25.0~29.9	위험	매우 위험
고도비만	30.0 이상	매우 위험	매우 위험

*1 : 체질량지수 계산 예
키가 170cm이고 체중이 75kg인 사람이라면 $75/(1.7)^2$으로 계산한다.
우리나라 사람의 경우, 체질량지수가 25 이상이면 비만, 30 이상이면 고도비만이라고 한다.

*2 : 체질량지수는 높지 않으면서 뱃속에 지방이 많은 복부비만이 있는 사람이 많다.
대한비만학회에서는 2005년도에 허리둘레를 기준으로 남자는 90cm, 여자는 85cm 이상은 복부비만이라고 정의하였다.

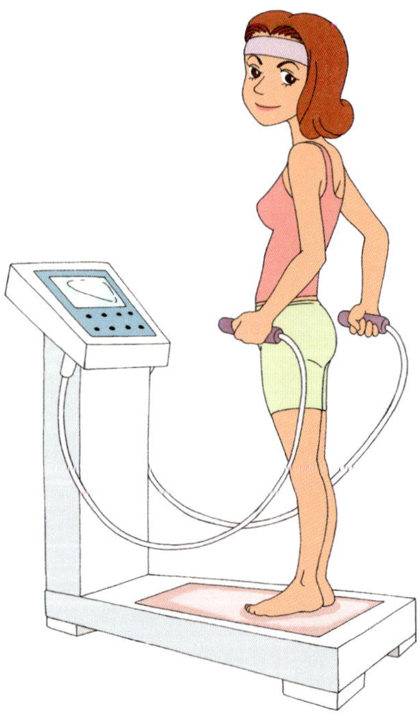

그림 5-13 체지방 측정법 (위는 캘리퍼)

2) 체지방량을 측정하는 방법

체지방량의 측정은 수중체중 측정법, 피부두께 측정법, 전기저항 측정법 등을 이용한다.

수중체중 측정법은, 지방조직의 비중은 다른 조직보다 낮으므로 물 속에서 체중을 측정한 것과 물 밖에서 측정한 것의 비율이 체지방이므로 가장 정확한 측정 방법이지만 장비가 필요하다. (*기준치는 남자는 체중의 25%, 여자는 30%)

피부두께 측정법은 피하지방량이 체지방량을 반영한다고 가정하고 캘리퍼(caliper)를 이용하여 견갑골 아래, 상완 위, 삼두근 등의 피하지방의 두께를 측정하는 것이다. 정확성은 떨어진다.

전기저항 측정법은 지방조직이 전류의 흐름에 저항이 높음을 이용하여 측정하며, 정확한 편이나 장비가 필요하다. 최근에는 CT(컴퓨터단층촬영)법, MRI(자기공명 영상장치)법, DXA(이중에너지 X선 흡수)법 등 새로운 기법이 도입되고 있다.

(4) 비만의 치료

비만의 치료는 다른 질환에 비하여 어려운데 이는 비만의 완치를 "비만한 사람의 체중이 바람직한 체중으로 감소되고 감소된 체중이 적어도 5년 동안 유지되는 것"으로 정의하기 때문이다. 에너지 감량을 위해서는 운동량을 늘리는 것 외에도 에너지 섭취를 줄이는 방법이 있다. 특히 복부 비만에 대한 가장 효과적인 체중조절 프로그램에는 식사요법, 운동량 증가, 행동 변화가 포함된다.

행동 변화는 새롭게 변화된 행동이 진정한 습관으로 지속되게 하는 것을 의미하며 그렇게 함으로써 요요현상이 생기지 않게 된다. 그 외에 약물이나 수술요법이 있으나 약물이나 수술요법은 의사의 진단과 처방에 의하여 행해져야 한다.

1) 식사 요법

식사 요법은 균형잡힌 영양을 공급하면서도 열량을 제한할 수 있는 방법을 모색하는 것이다. 즉, 양질의 단백질은 충분하게 섭취하고, 케토시스(ketosis)의 방지를 위해서는 최소 100g 정도의 탄수화물이 필요하며 비타민과 무기질은 충분히 공급해야 한다.

지방의 섭취를 줄이는 대신에 탄수화물과 섬유소의 섭취를 늘리는 것 역시 중요하다. 수분도 제한하지 않고 충분히 섭취한다.

열량의 섭취량은 성별 · 연령 · 비만도 · 합병증의 유무 · 신체 활동량 등에 따라 다르지만 식사요법은 하루 1,000~1,600kcal 정도를 권하며 한 달에 2~3kg 줄이는 것이 몸에 무리를 주지 않고 견디어 낼 수 있다. 이보다 더 줄이게 되면 활성이 큰 근육조직이 감소되고 이는 기초대사율의 감소를 초래하므로 체중조절이 더 어렵게 된다.

그림 5-14 먹은 음식의 열량을 소비하기 위한 운동의 종류와 시간

영양교육은 식사요법에서 매우 중요한 부분이므로 영양소의 중요성과 함유된 식품에 대해 배울 필요가 있다. 단지 칼로리에만 치중해서 선택하는 식단은 영양학적으로 매우 위험하므로 영양사의 도움을 얻어 교육을 받고 아울러 조리하는 방법과 저열량식품을 선택하는 것도 중요하다.

2) 운동 요법

식사요법으로 빨리 체중을 감량할 수 있으나 제지방(전체 몸무게에서 지방량을 제외한 부분. 제지방량이 많으면 기초대사량이 높아진다)과 안정 시 에너지 소비량의 감소도 병행되므로, 운동을 함으로써 체중감량 속도는 늦지만 제지방량을 유지하고 안정 시 에너지 소비량 감소도 막을 수 있다. 따라서 적절한 체중조절을 위해서는 식사요법과 운동을 병행하는 것이 바람직하다.

체중을 줄이기 위한 방법으로 운동을 할 때는 반드시 프로그램을 사용해야 하며 각 프로그램을 하는 기간과 규칙적인 활동이 중요하다. 지방을 효율적으로 줄이기 위해서는 각 프로그램마다 최소한 300kcal를 줄여야 하며 일주일에 3번 이상은 해야 한다.

300kcal의 소비량은 20~30분의 뛰기, 수영, 달리기, 그리고 40~60분 정도의 빠르게 걷기 등이 해당된다. 특히 운동을 통해 지방을 줄이고 칼로리를 소비할 수 있으며 체중감량에서 오는 기초대사의 감소를 막을 수 있다. 또한 적당량의 운동은 식욕을 억제할 수도 있다.

매일 평소보다 500kcal를 적게 섭취하고 운동으로 또 다른 500kcal를 소비한다면 1주일에 1kg 정도의 체중을 줄일 수 있어 효과적인 체중감량법이 된다.

표 5-7 각종 운동의 에너지 소비량 (20세 55kg 여성이 10분 운동 시) (단위: kcal)

운동의 종류	소비량	운동의 종류	소비량	운동의 종류	소비량
조깅	86	에어로빅	46	볼링	28
줄넘기	82	베드민턴	64	탁구	55
자전거	34	테니스	64	스키	64
스트레칭	23	라켓볼	92	수영	160

3) 행동수정 요법

비만인의 섭식행동은 생리적인 공복감보다는 스트레스나 습관에 의해 지배되는 경우가 많다. 그러므로 행동양식을 수정하여 에너지 섭취는 감소시키고 소비를 늘리는 것이 행동수정 요법의 목표이다.

체중조절의 수단은 균형잡힌 생활이므로 비만인에 대한 행동수정 요법의 지도와 함께 생활방식을 관찰하고 분석을 한 다음에 식사 및 운동습관을 변화시킴으로써 자발적으로 수정할 수 있도록 구체적인 지도를 할 필요가 있다.

① 스스로 감시한다.
② 변화된 행동을 일기 형식으로 기록한다.
③ 식욕에 앞서서 음식이 눈에 띄지 않게 보관하여 자극을 조절한다.
④ 먹는 행위의 조절에 대한 기술의 발전 (예 : 음식물 조금 남기기)
⑤ 분류된 보상을 통한 규정된 행동 보충 (예 : 적절하지 못한 행동을 수정)
⑥ 인식의 혁신 (예 : 바람직한 섭식행동을 확립)
⑦ 영양소에 대한 교육 (예 : 적절한 섭식행동을 보편화하기 위한 식습관을 키움)
⑧ 신체 운동 늘리기

각 단계에서 영양전문가의 조언을 받을 수 있다. 가족과 가까운 친구들의 격려가 특히 도움이 된다. 또한, 감소된 체중을 장시간 유지하는 데에는 행동수정을 사용한 체중감소 프로그램이 필수적이다.

Chapter 6

다량 무기질

제1절 무기질의 개요

1 정 의

무기질은 체내의 여러 생리기능을 조절하고 유지하는 중요한 역할을 한다. 무기질은 체내 전해질 균형, 신경자극의 전달, 근육수축, 골격의 성장과 발달 등에 매우 중요하다. 2004년 3월 유니세프 보고서에 의하면 전 세계 인구의 1/3이 무기질결핍 상태이다.

무기질은 당질 · 지질 · 단백질의 분해과정 중 에너지를 내는 반응을 활성화하는 데에 중요한 역할을 할 뿐만 아니라 포도당으로부터 글리코겐을, 지방산과 글리세롤로부터 지질을, 그리고 아미노산으로부터 단백질을 합성하는 데 있어서도 필수적인 역할을 한다. 또한 무기질은 호르몬의 중요한 구성요소이기도 한다.

무기질은 평소 식사로도 충분히 섭취할 수 있으나, 최근에는 인스턴트 식품이나 환경오염의 영향으로 부족 증상이 나타나고 있다.

2 무기질의 분류 및 체내 분포

인체는 많은 화학원소들로 이루어져 있는데 그 중 무기질은 체중의 4% 정도를 차지하고 있다. 인체를 구성하는 물질에서 유기물을 이루는 원소인 탄소 · 수소 · 산소 · 질소를 제외하면 나머지는 모두 무기물질(minerals)이다. 무기질은 식품을 태운 후 재가 되어 남는 부분으로 회분(ash)이라고도 한다. 무기질 자체는 신체에서 쓸 수 있는 화학에너지를 가지는 것은 아니나 생물을 구성하는 성분이며 생명에 관여하는 많은 생리작용에 관계하고 있어 생명에 절대적으로 필요한 영양소이다.

체내 함유량에 따라 다량원소와 미량원소로 구분하여 그 영양적 특징을 나누거나, 1일 필요량이 100mg 이상인 무기질과 그 이하의 무기질로 구분하여 다량원소(micro mineral)와 미량원소(micro mineral)로 구분한다.

표 6-1 인체 구성원소

원 소	함량(%)	주요 화합물 및 소재	원 소	함량(%)	주요 화합물 및 소재
O(산소)	65	당질, 지질, 단백질, 물	Mg(마그네슘)	0.05	세포 내외액
C(탄소)	18	당질, 지질, 단백질, 핵산, 탄산	Fe(철)	0.004	헤모글로빈
H(수소)	10	당질, 지질, 단백질, 물	Mn(망간)	0.0003	효소의 공동인자
N(질소)	3	단백질, 핵산	Cu(구리)	0.0002	동 단백질
Ca(칼슘)	1.85	골격, 치아의 무기 화합물	I(요오드)	0.0004	티록신(갑상선 호르몬)
P(인)	1.0	핵산, 당질 중간체, 골격의 무기 화합물	F(불소)	미 량	치아의 무기질
			Co(코발트)	미 량	비타민 B_{12}
K(칼륨)	0.35	세포 내액	Si(규소), B(붕소)		
S(유황)	0.25	단백질	Al(알루미늄)		
Na(나트륨)	0.15	세포 외액(혈액, 조직액)	Se(세레늄) 등		
Cl(염소)	0.15	세포 내외액			

(1) 다량원소

인체가 매일 100mg 이상을 필요로 하는 것을 다량무기질이라고 하며, 칼슘 · 인 · 마그네슘 · 황 · 나트륨 · 칼륨 · 염소 등의 7가지가 있다.

(2) 미량원소

인체가 매일 100mg 이하를 필요로 하는 것을 미량무기질이라고 하며, 철분 · 아연 · 구리 · 요오드 · 불소 · 망간 · 셀레늄 · 크롬 · 몰리브덴 등이 있다.

3 무기질의 특성 및 기능

무기질은 체내에서 다음과 같은 중요한 역할을 하고 있다.

(1) 체조직의 구성과 성장 발달에 기여

칼슘과 인 같은 무기질은 뼈와 치아를 구성하고 다량 함유되어야 그 기능을 완전하게 한다. 이러한 무기질이 부족하면 성장이 어렵고 조직의 형성은 엉성하여 그 역할 수행이 불완전하게 된다. 그 밖에 여러 무기질이 성장에 필요한 체조직의 구성과 열량 방출에 관여하여 간접적으로 조직 성장에 기여한다.

신체활동에 필수적인 열량대사를 조절하는 티록신(thyroxine)은 요오드가 있어야 하며 산소 운반의 역할을 하는 헤모글로빈은 철분이 주요 구성요소이다.

위액의 산도를 유지하는 데는 염소(chloride)가 필요하며 그 밖에 많은 금속효소(metalloenzyme)는 구성 성분에서 금속을 제거하면 그 기능을 잃는다.

(2) 촉매적 기능

많은 무기질이 효소계와 관계하고 있어 효소의 성분으로 또는 효소반응을 촉매하는 형태로 작용하여 생리기능을 수행함은 잘 알려져 있다. 생체 내에서 일어나는 여러 반응에 촉매로서 관여하는 일은 대단히 많으며 생명현상의 기본인 에너지 대사에서 포도당이 분해되는 과정에 마그네슘 · 칼륨 · 칼슘 · 염소가 필요하다.

칼슘은 혈액 손실을 적게 하기 위한 혈액의 응고 작용에 필요하며, 영양소의 흡수와 운반에도 관여한다. 칼슘은 티아민의 흡수를 높이고 마그네슘과 나트륨은 당질의 흡수를 증진시킨다. 또 각종 소화효소는 소화관에 분비된 후 무기질에 의하여 활성화되며, 당질의 이동에 관여하는 인슐린은 미량 원소의 도움을 받아야 한다.

(3) 체내 기능의 조절

체액에 녹아 전해질의 형태로 있으면서 신경과 근육이 역할을 할 수 있게 하며, 체액의 산과 염기 평형유지에 기여한다. 즉, 신경은 신경섬유를 통해 자극이 전달됨으로써 기능을 수행하는데, 신경섬유가 흥분상태에 있을 때는 세포막의 무기질에 대한 투과도가 변하여 나트륨과 칼륨의 이동으로 막전하의 변화를 일으키고 이러한 전하의 변화로 자극이 전달되는 것이다. 신경섬유를 둘러싼 체액의 무기질 농도는 이러한 작용에 기여하게 되며 또 신경세포 간의 자극전달에 관여하는 아세틸콜린(acetylcholine)의 방출에도 칼슘이 관여한다.

근육조직도 자극을 받고 전달하는 흥분성 조직으로서 체액에 싸여 수축 · 이완작용을 하게 되는데 체액에 존재하는 무기질 간의 평형에 의하여 칼슘 이온은 수축작용을, 나트륨 · 칼륨 · 마그네슘은 이완작용을 맡아 변함없이 규칙적으로 일어난다. 따라서 무기질 농도에 이상이 생기면 경련성 수축이나 근육강직 현상이 나타난다.

칼 슘 (calcium, Ca)

체내 무기질 중 칼슘은 신체에서 가장 풍부한 무기질로서 치아와 골격을 구성 · 유지하며 여러 생리기능을 조절하는 인체에 매우 중요한 영양소이다. 칼슘은 비교적 불활성의 무기질로서 경조직의 주 성분이며 함유량의 극히 일부만이 조절작용이나 연조직의 기능을 수행한다.

1 칼슘의 체내 분포

칼슘은 신체 중에서 가장 풍부한 무기질로서 출생 후에 그 함량이 증가하여 성인이 되었을 때에는 체중의 2%(0.9~1.4kg)에 이르고 체내 칼슘의 99%는 뼈와 치아에 존재한다. 나머지 1% 중에서 2/3는 단백질과 결합하여 체액과 세포 내 연조직에 있는데 특히 근육에 농축되어 있다. 혈액의 칼슘 농도는 약 9~11mg%로서 비교적 일정하며, 그 중 60%는 생리적으로 활성화되어 있는 이온형이고 35%는 혈장 알부민과 결합하고 있다.

일생동안 뼈는 생성과 용해를 반복한다. 성장기에는 뼈 형성이 용해를 능가하고 최대 골질량에 달하며 특히 사춘기 전반에 칼슘의 축적 속도는 최대가 되고 2년 간에 성인기의 최대 골질량의 25%가 축적된다.

성인기에서는 뼈 생성량과 용해량이 평형상태를 이루나 골질량은 연령증가에 따라 서서히 감소한다.

2 칼슘 흡수 촉진인자

우리 몸의 칼슘 흡수는 상당히 비능률적이어서 식품의 칼슘 중 20~30%가 흡수되면 양호한 편이다. 흡수 메커니즘은 주로 능동적 운반 기전으로 이루어짐으로써 흡수율을 조절하고 소량은 수동적 확산에 의해서도 이루어진다.

[칼슘 흡수에 도움을 주는 요인]

① **체내 요구량** : 성장기 · 임신 · 수유기의 경우 체내 필요량이 많은데, 칼슘 요구량이 크면 흡수율이 증가한다.

② **비타민 D** : 소장점막 세포 내에서 칼슘이 능동적으로 흡수된다. 이는 비타민 D가 칼슘의 흡수를 쉽게 하는 칼슘 결합 단백질의 합성을 촉진하기 때문이며 칼슘은 비타민 D 존재하에 최대한 흡수 · 이용된다.

③ **소화관 내의 산도** : 식이 내 칼슘의 용해도를 높여 흡수되기 쉬운 유용성 칼슘을 증가시킨다. 특히 소장 내에서는 산성도가 높은 십이지장 상부 쪽에서 pH를 낮추어 칼슘의 용해성을 증가시켜 흡수가 많이 이루어진다.

④ **비타민 C** : 비타민 C는 소화관 내의 환경을 산성으로 만들어 칼슘의 이온화를 촉진시킴으로써 흡수를 높인다.

⑤ **아미노산** : 리신과 아르기닌이 칼슘 흡수를 높인다는 것이 동물실험으로 밝혀졌다. 그러나 높은 흡수율로 인해 배설이 증가되어 칼슘의 요구량이 증가되기도 한다.

⑥ **유즙에 포함된 유당** : 흡수율을 15~50%나 증가시킨다고 하는데, 이는 당과 칼슘 복합체를 형성하여 소장 벽을 쉽게 통과하고 소장 하부의 알칼리성으로 인하여 불용성 칼슘으로의 전환이 억제되기 때문이다.

3 칼슘 흡수 저해인자

① **식물성 식품의 구성 요소인 식이섬유소** : 점차 중요성이 강조되는 식이섬유소는 칼슘 흡수를 감소시키고 장의 운동을 항진하여 음식물이 장내에 머무르는 시간을 짧게 하므로 칼슘 등 무기질의 흡수를 방해한다.

② 곡류에 많은 피트산, 푸른 잎채소에 다량 함유된 수산, 탄닌 : 칼슘과 결합하여 옥살산칼슘(calcium oxalate), 피트산칼슘(calcium phytate) 등의 불용성인 화합물을 만들어 흡수를 방해한다.

③ 식이 내의 지방질 : 장내 체류시간을 길게 하여 흡수에 도움을 줄 것으로 보이나 지방 분해산물로 생기는 지방산은 칼슘과 비누화 반응을 일으키기 때문에 흡수를 방해한다.

④ 과잉의 나트륨 : 짜게 먹는 식습관은 칼슘 배설을 증가시킨다.

표 6-2 칼슘 흡수에 영향을 미치는 인자

흡수를 돕는 인자	흡수를 방해하는 인자
• 성장기, 임신, 수유기 등 증가된 칼슘 요구량 • 비타민 D • 소장 상부의 산성 환경 • 비타민 C • 유당 • 비슷한 비율의 식이 칼슘과 인 • 정상적인 소화관 운동 및 활성 • 부갑상선 호르몬 • 포도당	• 식이섬유 • 피트산, 수산, 흡수되지 않은 지방산 • 탄닌 • 칼슘에 비해 과량의 인, 철분, 아연 • 소장 상부의 알칼리성 환경 • 비타민 D 결핍 • 완화제 • 다량의 나트륨 • 폐경, 노령

4 혈청 칼슘농도 조절 기전

혈액의 칼슘은 필요한 곳에 즉시 공급할 수 있도록 일정 농도를 유지하며 농도가 정상 이하로 내려가면 골격 조직에서 칼슘을 유리하여 혈중 칼슘의 항상성을 유지한다. 골격은 칼슘의 저장고 역할을 하는데, 약 1/3은 혈액의 정상치를 유지하는 데 쓰일 수 있다.

골격의 칼슘은 고정된 것이 아니며 항상 대사된다. 즉, 뼈는 끊임없이 새로 만들어지고 경조직을 이루던 불용성 칼슘복합체와 가용성의 체액 칼슘 간에는 침착과 용출이 계속되어 하루 약 700mg이 이동하는 것으로 본다.

혈청 칼슘농도의 항상성 유지에 작용하는 조절 기전 호르몬은 다음과 같다.

(1) 부갑상선 호르몬(parathyroid hormone, PTH)

부갑상선 호르몬은 갑상선에 작게 붙은 4개의 상피소체에서 분비되는 호르몬으로 혈액 칼슘농도를 조절하는 가장 중요한 호르몬이다. 부갑상선 호르몬은 혈중 칼슘농도가 낮을 때에 분비되어 그 농도를 높인다.

(2) 칼시토닌(calcitonin)

갑상선의 C세포에서 분비되는 칼시토닌은 혈중 농도가 높을 때에 분비되어 혈중 칼슘농도를 낮춘다.

(3) 비타민 D(1,25- dihydroxycholecalciferol)

활성형 비타민 D는 부갑상선 호르몬과 함께 혈중 칼슘농도를 높이는 데 기여한다.

(4) 기타

젖산이나 구연산, 에스트로겐, 프로스타글란딘 E_2 등의 호르몬에 의해 활성이 조절된다.

5 칼슘의 생리적 기능

(1) 골격과 치아 형성

신체 내 칼슘의 가장 주된 기능은 골격과 치아를 구성하고 유지하는 것이다. 골격은 단단한 경조직으로서 체중을 지탱하여 주고 신체의 중요한 장기를 보호하며 근육이 붙어서 활동을 할 수 있게 한다.

뼈 성분 중 30%는 유기물로서 콜라겐과 뮤코다당류(mucopolysaccharide)로 되어 뼈가 생성될 때 망상조직을 이룬다. 이 구조 사이사이에 무기질이 침착하여 뼈의 경도를 유지한다.

뼈의 형성은 태아 초기부터 시작되어 크기의 성장은 20세 이후에 멈추지만 일생 동안 뼈의 형태는 유지되면서 뼈의 생성과 분해를 담당하는 조골세포와 파골세포에 의해 뼈의 형성과 파괴가 계속되어 동적평형을 유지하고 있다.

조골세포(osteoblasts)는 콜라겐과 점성 다당류들로 구성되었으며 새로운 뼈를 생성하는 세포이다. 조골세포에 의해 분비되는 점성 다당류는 칼슘을 침착하여 석회화하는 기능이 있다. 조골세포는 계속해서 새로운 뼈의 기질을 형성하고 거기에 인산 칼슘이 축적되어 뼈의 결정(bone crystal)이 생성된다. 석회화는 뼈의 무기질의 침착과 증대로 뼈가 견고하고 강하게 되는 과정이다.

이러한 두 세포의 작용에 의하여 칼슘은 계속해서 들어가고 나오는 무기질의 교환이 뼈 속에서 계속된다. 이 과정이 뼈의 형성 과정과 여러 면에서 비슷하나 치아의 칼슘은 한 번 잃으면 대치될 수 없는 것이 뼈의 칼슘과 다른 점이다.

(2) 혈액 응고

혈액이 혈관 밖으로 나오면 프로트롬빈(prothrombin) 활성제라는 물질이 만들어짐으로써 프로트롬빈을 트롬빈(thrombin)으로 전환시킨다. 트롬빈이 피브리노겐(fibrinogen)을 피브린(fibrin)으로 전환시켜서 혈액이 응고되며 이 과정에 칼슘이 관여한다.

(3) 근육의 수축 · 이완작용

근섬유는 수많은 근원섬유라는 작은 단위로 되어 있으며 근원섬유는 근육단백 섬유소인 미오신과 액틴으로 구성되어 있다. 수축의 신호가 오면 칼슘이 방출되어 이온화되고 유동을 한다. 유리 칼슘 이온은 미오신과 액틴 섬유 사이의 화학반응을 활성화하게 만든다.

(4) 세포막의 투과성 조절 신경의 자극 전달

골격과 치아 외에 체액에 존재하는 칼슘의 양은 극히 소량이지만 중요한 조절작용을 맡고 있다. 칼슘은 세포막의 투과성을 조절하여 막을 통한 물질의 이동에 관여하며 신경의 자극전달에 기여한다.

칼슘은 신경세포 간의 자극전달 및 신경세포와 근육 간의 자극전달에 필요한 아세틸콜린과 같은 신경전달물질의 분비에 필요한 물질이며, 근육에서 자극이 전달되어 수축을 할 때 칼슘이온이 유리되어야 액틴(actin)과 미오신(myosin)이 결합하여 액토미오신(actomyosin)이 형성되어 수축이 가능하다.

(5) 기타

생화학반응에서 칼슘은 효소의 활성화에 관여하며 칼모듈린(calmodulin)과 복합체를 형성하여 췌장의 인슐린 분비를 촉진하는 작용도 한다.

고지방 식이를 하는 사람의 경우에 하루 1,500~2,000mg의 칼슘은 대장암의 위험도를 감소시킬 수 있다. 장내 칼슘이 유리 지방산이나 담즙산 등과 결합하여 대장을 자극하는 것을 막아주기 때문이다.

6 칼슘의 섭취기준

성인의 칼슘 1일 필요량을 정확히 말하기는 어렵다. 우리나라에서는 칼슘 평형 연구결과와 요인 가산법, 퇴행성 골질량 감소 등을 적용하여 평균 칼슘 필요량과 권장섭취량을 정하고 상한 섭취량도 설정하였다.

폐경기 여성의 경우에는 만성 질환 및 골다공증 예방을 위해 추가로 손실되는 양을 감안하여 상향 조정하여 800mg으로 권장섭취량을 설정하였다.

표 6-3 칼슘섭취기준 (mg/일)

연령		평균필요량	권장섭취량	충분섭취량	상한섭취량
영아	0~5개월			250	1,000
	6~11개월			300	1,500
유아	1~2세	400	500		2,500
	3~5세	500	600		2,500
남자	6~8세	600	700		2,500
	9~11세	650	800		3,000
	12~14세	800	1,000		3,000
	15~18세	750	900		3,000
	19~29세	650	800		2,500
	30~49세	650	800		2,500
	50~64세	600	750		2,000
	65~74세	600	700		2,000
	75세 이상	600	700		2,000
여자	6~8세	600	700		2,500
	9~11세	650	800		3,000
	12~14세	750	900		3,000
	15~18세	700	800		3,000
	19~29세	550	700		2,500
	30~49세	550	700		2,500
	50~64세	600	800		2,000
	65~74세	600	800		2,000
	75세 이상	600	800		2,000
임신부		+0	+0		2,500
수유부		+0	+0		2,500

보건복지부, 한국영양학회, 한국인영양섭취기준, 2020

7 칼슘의 결핍증인 구루병 · 골연화증 · 골다공증

(1) 구루병

칼슘이 인과 같이 결여될 때는 성장정지와 구루병(rickets)이 나타나는데 약해진 뼈가 체중을 지탱하지 못하여 휘거나 관절이 굵어지며 가슴뼈가 나오는 기형이 된다.

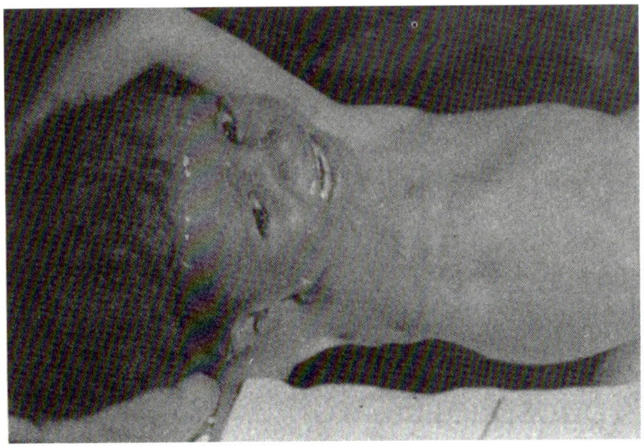

그림 6-1 횡격막 아래 갈비뼈 흉곽에 변형이 일어난 구루병 어린이 모습

(2) 골연화증(osteomalacia)

골연화증은 뼈 구성 무기질의 부족으로 뼈가 약화된 현상으로 성인에게서 볼 수 있는 칼슘 부족 증세이다. 이는 망상구조는 정상적으로 형성되지만 칼슘과 비타민 D 부족으로 무기질 침착이 잘 되지 않아서 뼈가 약해지는 성인형 구루병이다. 또 테타니(tetany, 근육 강직성 경련)와 관련된 근육신경의 이상 증상은 혈장 칼슘 농도가 정상 이하로 떨어질 때 일어난다.

(3) 골다공증(osteoporosis)

골다공증은 노령화에 따른 골격대사 이상 또는 골격 칼슘대사의 불균형으로 뼈의 절대량인 1/3 이상이 감소되는 증후군을 말한다. 노인과 폐경기 여성이 칼슘이 부족한 식사를 오래하면 골격의 칼슘 유출이 심각하게 되고 골질량이 감소한다. 이 경우에 뼈 조직이 가늘어지면서 약해지고, 내부조직에 구멍이 생기게 되어 사소한 자극에도 쉽게 골절상을 입게 되는 골다공증이 생긴다.

골다공증은 뼈의 석회화뿐만 아니라 유기물에 의한 망상구조의 형성도 잘 이루어지지 않아서 발생하는 것으로, 뼈 조직이 전반적으로 약해진 현상이다. 따라서 골다공증을 예방하기 위해서는 어릴 때부터 균형식과 운동을 생활화하고 우유 및 유제품 등 칼슘 함유 식품을 충분히 섭취해야 한다.

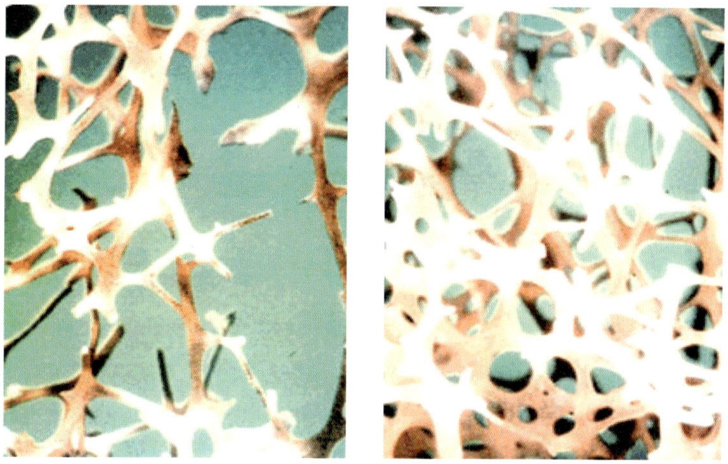

그림 6-2 골다공증

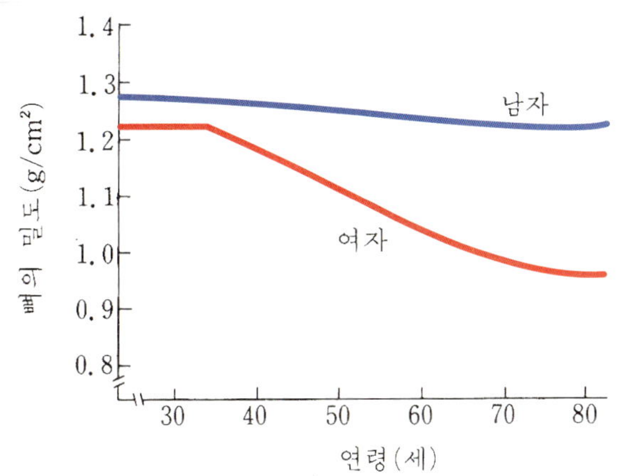

그림 6-3 남 · 녀의 연령 변화에 따른 뼈의 밀도

8 칼슘의 급원식품

칼슘이 풍부한 식품으로는 새우 · 멸치 · 튀각 · 치즈 · 순두부 등이 있으며 낙농 제품에 함유량이 가장 많다. 우유가 첨가된 수프나 파스타와 피자 같은 음식들의 치즈 섭취는 칼슘을 얻는 좋은 방법이다.

또 다른 급원에는 정어리, 연어 통조림, 녹색채소(브로콜리, 케일, 순무), 두부, 콩 및 견과류 등이 있다.

그림 6-4 칼슘의 급원식품

제3절 인 (phosphorus, P)

인은 칼슘 다음으로 가장 풍부한 무기질로서 칼슘과 함께 골격을 구성하는 중요한 영양소이며 신체의 거의 모든 조직에 필수적으로 포함되는 구성성분으로 모든 세포막과 지단백질의 형성에 필요한 인지질을 구성하는 필수 요소이다.

그 중에서도 경조직을 이루는 것이 대부분이며 단백질 · 지방질 · 체액에도 포함되어 있어 효소 활동을 돕고 체액의 중성 유지에 기여한다. 또한, 신경자극의 전달, 삼투압의 조절과 흡수, 분비작용에 모두 기여한다.

많은 에너지 대사반응에서 에너지의 저장 및 이용에 관여하고 특히 성장기에 있는 어린 운동선수나 근육의 부피를 키워야 하는 보디빌더에게는 칼슘과 함께 많은 양이 필요하다.

1 인의 흡수과정

음식물 속에 결합되어 있던 인은 이온화로 분리된 다음, 대부분 수동적 확산에 의하여 흡수된다. 인의 흡수율은 칼슘보다 훨씬 높아 70% 정도이며 비타민 D는 인의 흡수를 돕는다. 인의 흡수율은 동물성과 식물성 단백질의 흡수율의 차이를 감안할 때 일반식사에서는 60~70% 정도이며, 생리적 요구량이 많아지는 성장기와 임신기에 증가한다.

인이 소장의 점막세포를 통과하려면 결합형이 유리상태가 되어야 한다. 다른 무기질, 즉 칼슘이나 철분 등은 인의 흡수를 방해한다.

인과 불용성 염을 형성하는 수산화알미늄이나 탄산칼슘 등도 인의 흡수를 낮게 한다. 식품에 단백질의 양이 많으면 인의 함량도 많다. 그러나 전곡(whole grain)에는 피트산(phytic acid)이 있어서 흡수를 방해한다.

2 인의 대사과정

체내 인의 조절은 흡수보다는 신장을 통한 배설량의 조절을 통해 일어난다.

인은 주로 신장을 통해 소변으로 배설되며 인의 세뇨관 재흡수율은 90% 정도이나 혈중 인의 농도가 정상 이하로 떨어지면 모두 재흡수하여 인의 요 중 배설이 없게 된다. 이 과정은 체내 무기질 균형과 관련되어 부갑상선 호르몬이 작용하고 비타민 D도 조절 작용을 한다. 그 밖에 산독증과 이뇨제 사용 시에 인 배설량은 증가하고 인슐린 · 갑상선 호르몬 · 성장 호르몬 및 알칼리 혈증일 때 감소한다.

체내에 존재하는 인의 85%가 칼슘과 결합한 인산칼슘의 형태로 골격과 치아에 함유되어 있다.

3 인의 생리적 기능

(1) 골격의 구성

칼슘과 함께 골격과 치아의 무기질 침착에 필수적이다.

(2) 신체의 구성 성분

세포 내에서 유전정보를 가지는 DNA와 RNA의 구조를 형성하는 주 성분이며 인지질을 구성하여 세포막의 기본 성분으로 막을 통한 물질의 이동에 관여하고 인을 함유한 지단백질은 지방질의 흡수와 혈류로의 이동을 돕는다.

(3) 완충작용

혈액과 세포 내에서 인산과 인산염의 형태로 산과 염기의 평형을 조절한다.

(4) 에너지 대사

대사과정에서 가장 중요한 반응은 에너지를 저장해 두었다가 필요 시에 쓸 수 있는 인산화 과정이라고 할 수 있다. 즉, 에너지의 저장과 방출의 전 과정에 인산이 사용된다.

(5) 비타민과 효소의 활성화

산화 환원반응에 관여하는 니아신 함유 조효소인 NADP−NADPH에도 인산기를 가지며, 탈탄산반응의 티아민(thiamin) 함유 조효소인 TPP의 구성분이다.

4 칼슘과 인의 적정섭취 비율

다량의 칼슘 섭취는 인의 흡수를 저해하고 다량의 인은 칼슘의 흡수를 방해하여 손실이 증가한다. 즉, 무기질의 종류에 따라 흡수부위가 다르므로 적절한 양이면 충분히 흡수되나 여분의 것이 서로 반응하여 인산칼슘의 염을 형성하기 때문에 불용성으로 흡수되지 못한다. 그러므로 두 원소의 섭취비가 1 : 1이나 2 : 1일 때 체내 이용이 좋다. 칼슘에 비해 인의 섭취량이 증가하게 되면 골격형성에 부정적인 영향을 미침으로써 골격이 약해질 우려가 있다. 칼슘과 인의 섭취비는 1 : 1로 권장한다.

현재 우리나라 인의 섭취량은 충분하다고 생각되며 칼슘과 같이 평균권장량 · 권장섭취량 및 상한섭취량을 설정하였으나 영아만 충분섭취량을 설정하였다.

5 인의 급원식품 및 결핍증

인은 거의 모든 식품에 광범위하게 함유되어 있으며 단백질의 함량이 많은 어육류 · 달걀 · 우유 및 유제품 등에 풍부하다. 또한, 가공식품과 탄산음료에도 많은 양이 함유되어 있어서 탄산음료를 많이 섭취하는 청소년들에게서 칼슘의 흡수를 방해하여 칼슘 결핍증이 많이 보고되고 있는데 보디빌더나 운동선수들, 특히 성장기에 있는 청소년들은 가급적 탄산음료의 섭취를 제한하는 것이 바람직하다.

장기적으로 인이 결핍되면 식욕부진과 근육 약화 및 통증 등이 초래된다. 특히 조산아인 경우에는 부적절한 인이나 칼슘의 공급으로 인해 구루병이 생길 수 있다.

마그네슘 (magnesium, Mg)

마그네슘은 신체에서 발견되는 무기질로서 19세기 말에 이르러 인체에 필요하다는 것을 알게 되었다. 식물체의 엽록소(chlorophyll)의 구성 원소이며 근육의 경련과 관계되는 무기질이다.

1 마그네슘의 체내 분포

마그네슘은 체내에 약 20~35g 정도 함유하며 체내 마그네슘의 55~60%는 인산이나 탄산과 함께 골격과 근육의 강직성을 준다. 혈액에 소량 존재하고 나머지 마그네슘은 연조직에 존재한다.

2 마그네슘의 생리적 기능

(1) 골격과 치아의 구성 성분

마그네슘은 칼슘 및 인과 함께 골격과 치아의 구성에 필수적인 무기질이다.

(2) 여러 효소의 보조인자 및 활성화

세포의 생명현상을 유지하기 위하여 필수적인 물질인데, 특히 세포 내 미토콘드리아에서 일어나고 있는 수많은 종류의 반응을 촉진하는 촉매의 기능을 가진다.

마그네슘은 효소 활성화에 중요하여 산화적 인산화 반응에 촉매작용을 한다. 또 피루브산(pyruvic acid)이 acetyl-CoA로 바뀌는 반응과 α-ketoglutarate가 succinyl-CoA로 전환되는 반응에는 마그네슘이 필수적이다. 이는 마그네슘이 ATP와 착염을 이루기 때문이다. 체내 모든 대사에 저장 에너지인 ATP를 쓸 때는 반드시 요구되는 무기질이다. 이러한 중요 반응의 증거로 대사가 활발한 근육과 간에는 다른 조직에 비하여 7배나 높은 농도로 마그네슘이 존재하는 것으로도 알 수 있다.

(3) 신경의 자극 전달기능과 근육의 긴장 · 이완작용을 조절

신경의 자극 전달기능과 근육의 긴장과 이완작용을 조절하는 양이온은 칼륨, 나트륨, 칼슘, 마그네슘이다. 마그네슘은 칼슘과 서로 반대작용을 하여 근육을 이완시키고 신경을 안정시키는 효과가 있어서 마그네슘을 항 경련제로 사용하기도 한다.

(4) 기타

적정량의 마그네슘은 치아의 에나멜 층에 있는 칼슘을 안정시켜 충치를 예방하며, 티록신 분비에 영향을 주어 기초대사를 조절하고 추위에 대한 저항을 갖게 한다.

3 마그네슘과 칼슘의 길항작용

마그네슘은 음식 중에 단백질, 칼슘, 인산의 함량이 많을 때는 흡수가 감소한다. 칼슘과 서로 반대 작용을 하여 근육을 이완시키고 신경을 안정시키는 효과가 있다. 즉, 마그네슘이 많으면 칼슘을 몰아내고 마그네슘이 부족하면 칼슘 대사를 방해한다. 또한, 콜라와 같은 인산 함유 인스턴트 가공식품은 마그네슘의 흡수를 방해한다.

4 마그네슘 테타니(magnesium tetany)

만성 설사에 의한 흡수부전, 저단백질과 저에너지에 의한 영양불량, 알코올 중독으로 인한 마그네슘 결핍증 등이 생길 수 있다.

그리고 산중화제나 이뇨제를 장기간 사용하여도 결핍증이 올 수 있다. 만일 혈청에 마그네슘의 양이 비정상적으로 상승되면 혼수상태에 빠지게 되고 근육의 이완이 늦어진다. 이는 가끔 신장기능이 퇴화되어 적절하게 배설되지 못하여 생기는 현상이다.

그 반면에 혈청농도가 극도로 낮으면 신경자극의 전달이 빈번하고, 근육수축률이 증가하여 안정이 부족하고 신경과민과 경련 등의 현상을 초래한다.

칼슘과는 달리, 마그네슘은 골격에서 서서히 유리되므로, 많은 양이 배설되거나 섭취가 부족하면 혈청농도가 급격히 줄어들어 세포외액의 무기질 불균형 현상을 초래하며 신경의 자극전달 기능과 근육의 수축이완에 균형을 잃게 된다. 이때 억제할 수 없는 신경과 근육의 경련은 떨림(tremors) 증세로 나타난다.

또 부갑상선 호르몬의 분비감소와 뼈에 대한 부갑상선 호르몬의 작용 감소로 인해 혈중 칼슘 농도가 낮아지기도 한다.

마그네슘 부족 증상은 불안감, 근육 약함, 몹시 당기는 근육과 떨림(특히 다리근육), 심부전 등이다. 즉, 칼슘의 배설을 촉진하여 근육과 신경이 떨리게 되는 신경성 근육 경련 증상이 발생한다. 또한 마그네슘은 혈관의 탄력을 유지시켜 주므로 마그네슘 부족은 고혈압과 심장 질환을 유발한다.

만성 마그네슘 결핍증으로는 탈모현상, 피부병, 잇몸이 붓는 경우가 있다. 특히 알코올은 마그네슘의 배설을 촉진시켜 알코올 중독자에게서 신경성 근육경련(magnesium tetany) 현상을 볼 수 있다. 콰시오커나 오랜 설사 또는 구토가 있을 때 가끔 마그네슘 결핍을 볼 수 있다. 또 칼슘의 다량섭취도 마그네슘의 배설을 자극한다.

5 마그네슘의 급원식품 및 섭취기준

마그네슘은 코코아 · 견과류 · 해산물 · 녹황색 채소 · 과일과 검정콩 · 현미 등의 전곡류에 넓게 분포되어 일반적인 식생활을 하면 결핍될 우려는 없다.

표 6-4 마그네슘이 풍부한 식품

분류	식품명	목측량	중량(g)	마그네슘(mg)
곡류 및 전분류	밀기울		100	597
	아몬드	1/2컵	50	147
	콩기루	5큰술	30	93
	땅콩	1/2컵	50	88
	오트밀 가루	5큰술	30	33
	밀가루	1컵	125	28
채소 및 과일류	시금치(냉동)	1/3컵(익힌 것)	70	73
	무청	1/2컵	50	29
유지 및 당류	설탕		12	7

영아에게는 충분섭취량을 기준으로 한다. 그 밖의 연령에서는 평균필요량, 권장섭취량, 상한섭취량을 설정하였다.

6 마그네슘의 흡수방해 인자

① 가공식품
② 인스턴트 식품 : 콜라 등 인산을 함유한 식품은 칼슘과 마그네슘의 배출을 돕는다.
③ 자극 : 스트레스 같은 자극을 받으면 땀이나 소변으로 배설된다.
④ 과도한 운동 : 근육 수축 시에 마그네슘이 소모되므로 과도한 운동은 마그네슘이 소모된다.

황 (sulfur, S)

체내에 존재하는 황은 비타민이나 아미노산의 구성성분(메티오닌, 시스틴, 시스테인)으로 존재하며 체중의 약 0.25%를 차지한다.

1 황의 체내 분포

황은 결체조직과 피부 · 손톱 · 발톱 · 모발에 풍부하다. 연골 · 힘줄 · 뼈 등의 세포 내에 주로 존재하며 담즙에도 많은 편이다.

2 황의 흡수 및 대사

육류 · 우유 · 달걀 · 두류 등의 단백질 식품에 풍부한 황은 아미노산의 형태로 소장벽을 통하여 흡수되는데, 유기물 상태로 이용되고 식물에 소량으로 들어 있는 무기황은 거의 흡수되지 않는다. 세포는 함황 아미노산을 이용하고 체내 대사 후에는 무기물 형태의 황산을 생산하며 이는 신속히 중화되어 무기염의 형태로 체외로 방출된다.

소변 중 배설되는 85~90%의 황은 무기질 상태이며 질소와 황의 비는 13 : 1 정도이다. 일부는 인돌(indole) · 스카톨(skatole)과 결합하여 배설되고 장 속에서 남은 것은 황화수소를 형성하여 악취를 내는 장의 가스로 배설된다.

3 황의 생리적 기능

(1) 체조직의 구성 성분 : 황은 메티오닌이나 시스테인 등 함황 아미노산의 구성 성분으로 연골과 힘줄 · 골격 · 피부 · 심장 판막 등의 구성분이 되는 콘드로이틴 황산염(chondroitin sulfate)과 같이 점성 다당류의 구성 요소가 된다.

함황 지질은 간 · 신장 · 타액선, 그리고 뇌의 백색 물질에 풍부히 들어 있고 혈액의 중요한 함황 물질로는 인슐린과 헤파린(heparin)이 있다.

(2) 산화 환원작용 : 보조효소로써 기능을 하는 비타민인 티아민(thiamin) · 비오틴(biotin) · 리포산(lipoic acid)과 코엔자임(coenzyme) A는 그 구조에 황을 포함하고 있으며, 황은 체내 산화 환원작용에 필수적인 물질이다. 또 글루타티온(glutathione)은 함황아미노산인 시스테인을 가져서 산화형과 환원형으로 바뀌면서 적혈구에 다량 함유되어 대사 과정에 중요한 역할을 한다.

(3) 산 – 염기 평형 : 세포외액에 존재하는 황의 이온화 형태인 황산염은 체내에서 산 – 염기 평형에 관여한다.

(4) 해독작용 : 활성형 황산염은 페놀류나 크레졸류 등 독성물질과 결합하여 비독성 물질로 전환시킨 후 소변으로 배설하는 해독작용을 하며 체내 스테로이드 및 성호르몬과 결합하여 과다반응을 막아 준다.

4 황의 급원식품 및 결핍증

황은 육류, 우유, 달걀, 콩류 등에 들어 있어서 단백질이 풍부한 식품의 섭취만으로 신체가 필요로 하는 양은 충분하다. 황의 부족증은 단백질 부족(함황아미노산)과 연결되어서 황이 부족하면 단백질 구성에 영향을 준다. 특히 모발과 손 · 발톱의 경우처럼 황을 많이 함유하는 부분의 발육이 느려진다.

표 6–5 식품 중의 황 함량

(mg/100g)

식 품	황 함량	식 품	황 함량
콩가루	410	연 어	220
땅 콩	380	밀가루	190
정어리	310	통 밀	160
칠면조	290	보 리	150
쇠고기	270	아몬드	150
닭고기	255	달 걀	140
밀배아	240	옥수수	120
치 즈	230	고구마	40
대 두	220	무	40

나트륨 (sodium, Na)

1 나트륨의 체내 분포

나트륨은 소금의 구성 성분으로 몸 안의 나트륨 중 50%는 세포 외액에 존재하고 세포 외액량을 조절하는 삼투 결정 인자이며 산 · 염기 평형을 비롯하여 세포막 전위 조절과 세포막에서의 물질의 능동적 운반의 중요한 결정인자로서 생명 유지에 반드시 필요한 활동을 수행하고 있다. 40%는 고형물로서 골격과 치아에 있으며 나머지 10% 이하의 적은 양이 세포 내에 존재한다.

2 알도스테론(aldosterone)의 기전

체내에서 나트륨 배설량을 조절하는 호르몬으로서 알도스테론이 관여한다.

알도스테론은 부신피질에서 분비되는데 나트륨의 체내 농도가 낮을 때 신장에서 재흡수 되는 비율을 높여서 사구체에서 여과되는 양 자체를 줄이며, 섭취된 나트륨이 많을 때에는 혈액과 세포 외액의 삼투압이 높아 뇌의 시상하부에 흐르는 혈액이 갈증 중추를 자극하여 수분을 섭취하게 하고 소변의 양을 많게 하여 나트륨의 배설도 증가되도록 한다.

3 Na^+ - K^+ pump (Na/K - ATPase pump)

세포 내외의 삼투압 유지는 주로 Na^+과 K^+ 이온에 의해 조절된다.

나트륨은 표면에 물 분자가 붙어 있기 때문에 하나의 큰 이온이다. 따라서 나트륨은 양이온임에도 불구하고 세포막을 통과하기 어렵다. 나트륨이 세포 내부로 소량 통과되지만 세포 내에 있는 이온의 수는 그 양이 얼마 되지 않는다. 이를 통해 세포 밖으로 나트륨을 활발하게 이동시키는 어떠한 기전이 작용하고 있음을 알 수 있다.

에너지를 소비하여 농도 기울기를 역행하여 물질을 이동시키는 작용을 능동 수송(active transport)이라고 한다. 나트륨이 세포 내부에서 외부로 이동할 때, 세포 밖의 농도가 훨씬 높기 때문에 나트륨은 농도 기울기에 역행하는 능동 수송의 방법으로 이동한다.

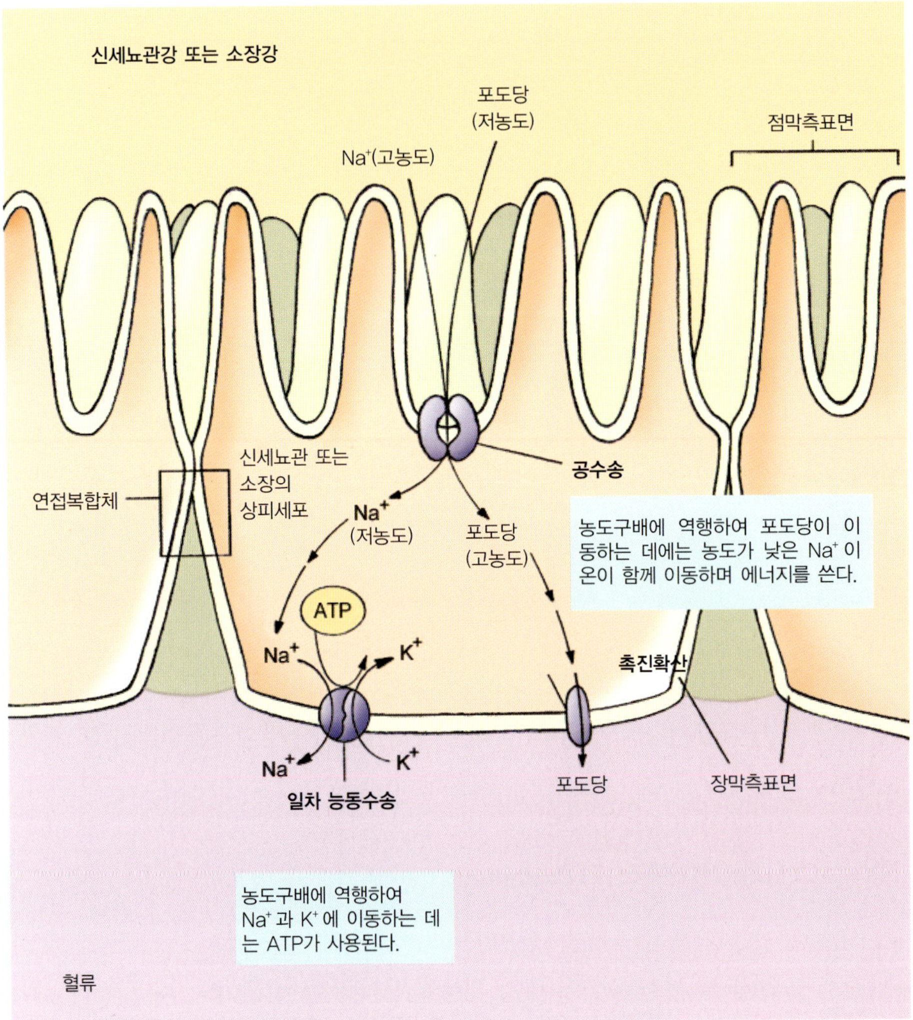

그림 6-5 포도당의 흡수기전 (능동 수송)

나트륨은 세포 내부에서 외부로 보내지는 나트륨-칼륨 펌프에 의해 세포 내외의 농도 경사가 생성되고 이 농도차로 인하여 포도당은 나트륨과 함께 운반체에 결합하여 소장 내에서 점막세포로 운반된 후 모세혈관으로 흡수되는데 이때 ATP가 사용된다.

나트륨이 세포 밖으로 방출될 때 칼륨이 세포 내부로 들어오는 것을 관찰할 수 있는데, 이러한 현상을 나트륨-칼륨 펌프 (Na^+ $-K^+$ pump, Na/K-ATPase pump)라고 하며 Na와 K의 이동으로 평형상태를 유지한다.

Na^+ $-$ K^+ pump는 세포의 삼투압 균형을 유지하고 있는데, Na이 중요한 역할을 한다. 또한, 알도스테론은 신장에서 Na와 Cl 이온을 재흡수하고 K 이온을 배출하는 작용을 한다.

4 나트륨의 생리적 기능

(1) 산 – 염기 평형 유지 : 세포 외액 중의 거의 유일한 양이온으로 체액 조절에 중요한 작용을 하고 있다. 나트륨 이온은 체내에서 수소 이온과 교환이 가능한 염기로 염소이온 · 중탄산이온(HCO_3)과 함께 산–염기 평형을 조절한다.

(2) 체액의 삼투압 유지 : 체액의 삼투압을 정상으로 유지한다. 나트륨 이온 농도에 따라 세포 내외의 삼투압이 변하며 수분 이동이 결정되므로 수분의 양을 조절하여 세포의 팽화를 막고 작용을 원활하게 하도록 한다.

(3) 신경과 근육의 자극 전달 : 신경과 근육의 자극을 전달하는 전기적 현상을 가능케 하여 정상적인 근육의 흥분성과 과민성을 유지하게 한다.

(4) 담즙과 췌액 및 장액의 알칼리성 성분 : 담즙과 췌액 및 장액의 알칼리성 성분으로 인하여 나트륨이 부족할 때는 소화액의 분비도 줄고 위산 분비도 낮아진다.

(5) 영양소 흡수에 관여 : Na^+ - K^+ pump 작용은 포도당과 아미노산 등 영양소의 세포막을 통한 능동적 운반을 돕는다. 즉, 당질과 아미노산은 흡수 시에 소장 점막 세포를 통과하기 위하여 반드시 Na^+ - K^+ pump를 이용한다.

5 나트륨의 섭취기준

나트륨은 식사에 반드시 포함되며 거의 모든 식품에 들어 있다. 또 향신료, 식품보존제 등을 비롯하여 제빵의 중탄산나트륨이나 베이킹파우더 및 글루탐산 나트륨(MSG) 등 가공과정의 보조제, 맛을 높이고 보존성을 주기 위한 화학 약품에도 나트륨염이 사용되고 첨가된다.

그러므로 일반적으로 나트륨의 섭취는 결핍보다는 과잉이 되기가 훨씬 쉽다.

요즘은 가공식품을 많이 이용하게 되고, 특히 식품의 가공과정에서 첨가물의 영향으로 천연식품을 섭취할 때보다 많은 양의 나트륨을 섭취하는 반면에 칼륨은 상대적으로 적은 양을 섭취하므로 주의해야 한다. 체내에 나트륨이 과잉으로 존재하면 신체의 총 수분량이 증가하고 특히 세포 외액의 증가로 부종을 일으킨다.

건강한 성인에서 소금의 과잉 섭취는 기초대사율을 높이고 손과 팔 · 피부의 모세혈관을 두껍게 하는 등 수분 보유를 증가시킨다.

표 6-6 식품 중의 나트륨 함량 (1인 1회 분량)

분 류	식품명	목측량	중량(g)	나트륨(mg)
곡류 및 전분류	라면	1개	90	643
	식빵	3쪽	100	346
	밀가루		90	3.6
	쌀밥	1공기	90	1.8
	고구마	1/2개	130	19.5
	돼지고기(등심)	8~10쪽	100	66
	쇠고기(등심)	8~10쪽	100	53
고기·생선·달걀 및 콩류	달걀	1개(중)	60	63
	오징어	작은 것 1토막	70	66
	두부	1/5모	80	6.4
과일 및 채소류	배추김치	1/2접시	60	2,000
	깍두기	1접시	50	1,000
	귤	1개(중)	100	6
	바나나	1/2개(중)	60	1.2
우유	우유	1컵	200	132

생리적으로 하루에 필요한 소금량은 5g이고 WHO 권장량은 10g인데 우리나라 사람들의 하루 소금섭취량은 15g 이상으로 과잉섭취가 우려된다. 2020년 한국인 영양섭취기준에 의한 나트륨 충분섭취량과 목표량은 표 6-7과 같다.

표 6-7 나트륨과 염소 및 칼륨의 영양섭취기준 (g/일)

연 령		충분섭취량			나트륨 충분섭취량
		나트륨	염소	칼륨	
남	19~29세	1.5	2.3	3.5	1.5
	30~49세	1.5	2.3	3.5	1.5
	50~64세	1.5	2.3	3.5	1.5
	65~74세	1.3	2.1	3.5	1.3
	75세 이상	1.1	1.7	3.5	1.1
여	19~29세	1.5	2.3	3.5	1.5
	30~49세	1.5	2.3	3.5	1.5
	50~64세	1.5	2.3	3.5	1.5
	65~74세	1.3	2.1	3.5	1.3
	75세 이상	1.1	1.7	3.5	1.1
임신부		+1.5	+2.3	+0	1.5
수유부		+1.5	+2.3	+0.4	1.5

보건복지부, 한국영양학회, 한국인 영양섭취기준, 2020

제7절 칼 륨 (potassium, K)

칼륨은 세포 내액에 가장 풍부한 양이온으로 세포 외액의 주된 양이온인 나트륨과 함께 체액의 삼투압과 수분 평형 유지에 관여한다. 세포막의 전위를 유지하고 완충작용과 근육 이완작용에 관여한다.

1 칼륨의 체내 분포

성인의 체내에는 150~250g 정도 존재하며 약 97%는 세포 내(135mEq)에 존재한다. 혈청의 칼륨 농도는 식이에 의해서도 직접적인 영향을 받지 않으며 신체 보유량보다는 세포층의 대사에 영향을 받아 세포 파괴가 있을 때는 혈청 칼륨의 농도가 상승한다. 이 외에도 확산 · 분비 · 흡수의 과정에 의하여 체내에 널리 분포된다.

칼륨의 농도가 가장 높은 조직은 근육이며 다음이 적혈구 등의 순이다. 또한, 건강한 성인의 칼륨 흡수율은 85%이며 섭취된 칼륨의 약 90% 이상은 소장에서 단순 확산에 의해 흡수된다. 대변과 땀으로 배설되는 양은 매우 적고 정상적으로 소변을 통해 하루 160mg 정도의 칼륨이 배설된다.

신장에서 칼륨의 균형을 조절하며 부신피질호르몬인 알도스테론은 신장에서 칼륨 배설을 촉진한다. 이뇨제, 알코올, 커피, 설탕 등의 과다 섭취도 칼륨 배설을 촉진한다.

신체 내의 칼륨 양은 일정하므로 체칼륨양을 측정함으로써 제지방량을 측정하는 지표로 사용될 수 있다.

2 칼륨의 생리적 기능

칼륨은 거의 모든 동 · 식물에 분포되어 정상적인 식사를 할 경우에 충분히 섭취되고 식품 섭취가 증가하면 칼륨의 섭취도 따라서 많아진다. 칼륨은 소장 벽에서 쉽게 흡수되는데, 주로 확산에 의하여 이루어진다. 모세 혈관벽을 통해 확산되어 세포에 도달하며 에너지를 쓰면서 농도차에 역행하여 세포 내로 들어가게 된다.

(1) 산-염기 평형 유지

칼륨은 체액의 산-염기 균형을 유지시켜 준다.

(2) 체내 수분, 전해질의 평형 유지

칼륨은 세포 내액의 주요 양이온으로 체액의 삼투압과 수분 평형 유지에 관여한다. 세포는 안팎의 전해질 균형을 이루어 그 활성을 유지하는데, 칼륨은 나트륨이나 염소와 함께 체내의 삼투압 조절과 산 · 알칼리 평형, 그리고 근육의 수축과 이완작용에 관여한다. 칼륨의 세포내액 농도는 Na/K-ATPase pump에 의해 유지된다.

(3) 당질대사에 관여

혈당이 글리코겐으로 전환될 때 글리코겐은 칼륨을 저장한다. 칼륨은 열량 생성과 방출 및 글리코겐의 형성에 관여하는데, 글리코겐이 빠른 속도로 생성되고 저장될 때 혈장으로부터 칼륨이 유입되므로 이때 적절한 칼륨을 공급하지 않으면 저칼륨혈증(hypokalemia)이 초래될 수 있다.

(4) 단백질 합성

단백질 합성에 관여하며 근육 단백질과 세포 단백질 내에서 질소를 저장하는 데 필요하다. 즉, 조직이 파괴될 때 칼륨은 나트륨과 함께 상실된다. 단백질에서 요소를 생성하는 첫 단계의 효소는 칼륨을 필요로 하는 효소이다.

(5) 근육의 수축과 이완

세포 외액의 칼륨은 소량이지만 신경과 근육 활동에 작용하며, 특히 심장 근육의 작용에 중요하다.

(6) 기타

칼륨은 조직이나 혈구의 중요한 염기로 작용하며 신경과 근육 세포의 자극 전달을 조절하여 근육의 수축과 이완을 조절한다. 또한, 췌장의 인슐린 분비에도 중요한 역할을 한다.

3 칼륨 결핍증 및 섭취기준

감자 · 고구마 · 콩 · 당근 · 단호박 · 시금치와 같은 녹색채소 · 토마토 · 오렌지 · 바나나 · 우유 · 곡류 · 육류 · 견과류 등은 좋은 칼륨 급원식품이다. 일상적인 식사를 하면 칼륨의 결핍증은 거의 없으나, 기아로 인한 영양불량 · 만성 알코올 중독 · 신경성 식욕감퇴 등의 경우에 결핍증이 나타난다.

또한, 심한 구토나 설사가 있는 등 영양소 흡수에 장애가 있는 경우와 화상 · 외상 · 수술 · 고열 · 간경변 등의 조직 손상을 수반하는 질환과 당뇨성 산성증(acidosis)에서 칼륨 결핍증이 보일 수 있다. 또 체단백의 손실로 인한 음의 질소평형 상태에는 부신피질의 기능이 항진되어 알도스테론(aldosterone)이 많이 분비되어 소변 배설량은 증가하고 체내 칼륨량은 저하된다.

혈청 칼륨의 저하는 구토 · 원기 부족 · 불안 · 근육 허약 · 마비성 장 폐쇄 · 저혈압과 심계항진(心悸抗進) 등의 증세로 나타나며, 심박수가 빨라지는 경우가 있다.

칼륨은 나트륨과 반대로 혈압을 강하시키는 작용이 있기 때문에 식사 중의 칼륨과 나트륨의 비율은 1 : 1이 이상적이다. 칼륨의 충분섭취량은 표 6-7과 같다.

염 소 (chloride, Cl)

1 염소의 기능

주로 세포 외액에 존재하는 풍부한 음이온으로 거의 소금의 형태로 나트륨과 결합하여 있고 소량은 단백질과 결합되어 있다. 나트륨과 함께 체액의 삼투압을 유지하고 신경의 자극 전달 작용이 있으며 산-염기평형에 관여한다.

염소의 특이한 기능은 위에서 분비되는 위산(HCl)의 구성 성분으로서의 작용이다. 위산은 펩신(pepsin)과 아밀라아제(amylase) 등 소화효소를 활성화하고 섭취된 음식물에 들어 있는 미생물을 파괴하는 등 중요한 역할을 한다.

2 염소의 섭취기준

보통 식염의 형태로 섭취되는데 1~40g 정도를 섭취한다. 식사를 통한 소금 섭취량이 높기 때문에(소금 100g에 60.6g의 염소 함유) 염소의 결핍은 거의 드물지만 땀을 많이 흘릴 때는 손실이 많아지므로 소금의 섭취가 늘어난다. 염소 결핍은 극도의 소금 제한이나 오랜 구토와 설사 시에 일어날 수 있다. 식욕 감퇴나 체중 감소가 발생하며 소변으로 질소화합물의 배설이 증가한다.

달걀 · 육류 · 치즈에도 풍부하고, 과일과 채소에는 소량 함유되어 있다. 염소의 충분섭취량은 표 6-7과 같다.

Chapter 7

미량 무기질

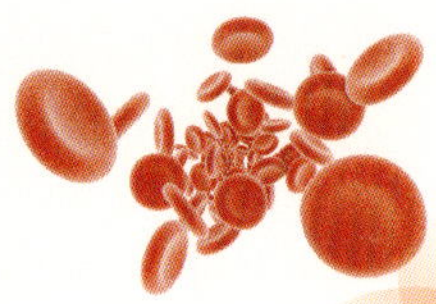

미량 무기질들은 하루 필요량이 100mg 미만으로 철 · 구리 · 아연 · 불소 · 요오드 · 셀레늄 · 망간 · 몰리브덴 등이다.

인체는 생명유지에 필수적인 양, 즉 하루에 극히 미세한 양만을 필요로 한다.

제1절 철(iron, Fe)

1 철분의 체내 분포

철은 체내에서 산소의 운반 및 저장에 관여하고 여러 효소의 보조인자로 작용하는 우리 몸의 중요 성분이며, 특히 혈액의 주요 구성성분으로 대사에 필요한 산소의 운반과 이산화탄소의 이동에 중요한 역할을 한다. 보통 성인의 체내에 3~5g이 함유되어 있으며, 대부분은 혈액 적혈구의 적색 색소에 포함되어 있다.

체내에 존재하는 철의 약 70%는 적혈구의 헤모글로빈에 있는 헴(heme) 성분을 형성하며 5%는 근육의 미오글로빈 성분으로 존재한다. 나머지 중에 약 20%는 간 · 비장 · 골수에 페리틴(ferritin) 형태로 저장되어 있고 5%는 산화 효소의 구성성분이 된다.

철은 2개의 일반 형태인 ferrous(Fe^{++})와 ferric(Fe^{+++})으로 존재하며 금속 요소이다. 제1철(ferrous)이 제2철(ferric)보다 흡수가 좋다. 즉, 제1철은 제2철에 비해 불안정하나 장내에서 쉽게 침전되지 않고 수용액 내에 존재하므로 장막 점액층을 통과하여 흡수가 일어나는 소장 점막의 흡수 세포까지 아주 쉽게 도달할 수 있다.

2 저장철의 형태

철의 체내 저장량은 체중 kg당 35~50mg이며 그 중 70~80%는 기능적으로 활동하고 나머지는 페리틴(ferritin)이나 헤모시데린(hemosiderin)과 같은 저장 철분으로 간이나 비장 및 골수 등에 저장되어 있다. 페리틴은 소장 세포에도 존재하는 철 저장 단백질로서 한 분자에 약 4,000개의 철 원자가 결합할 수 있다.

3 트랜스페린(transferrin)의 역할

트랜스페린은 분자량이 77,000 정도이며 간에서 생산되어 철 이온과 결합하여 철을 운반하는 당단백질이다. 혈액의 트랜스페린의 농도는 약 200~300mg%이며 이 트랜스페린과 결합된 철(protein binding iron)은 70~180μg%이다. 트랜스페린과 결합된 철은 헤모글로빈을 합성하기 위하여 골수에서 사용되며 나머지는 효소와 조효소의 생합성에 사용되고 일부는 저장된다.

혈액 내에 철을 가지지 않는 트랜스페린이 증가하면 다량의 철이 혈액에서 저장형으로 전환되었음을 뜻하며, 동시에 철 흡수율이 증가되어 혈액의 철 함량을 일정하게 하는 작업을 한다. 트랜스페린이 철로 포화되면 철 흡수율이 감소하며, 이는 체내 철 요구량이 적어졌음을 의미한다.

4 철의 체내 흡수율

소화 흡수 기능의 감소를 감안하여 보통 정상 상태에서 철의 흡수율은 2~20%인데 헤모글로빈 양이 극히 낮아졌을 때는 60%까지 증가한다. 필요량이 증가하는 성장기와 임신기 및 철 결핍성 빈혈일 때는 흡수율이 훨씬 높아진다.

5 철의 흡수촉진 인자

① **음식물에 포함된 철의 형태** : 육류, 가금류, 생선 등 동물성 식품의 헴철(heme철)은 식물성의 비헴철(non-heme철) 형태보다 흡수가 빠르고 흡수율이 높다. 헴철은 이용률이 높으며 비헴철의 흡수는 비타민 C와 같은 물질에 의해 증진된다.

② **체내 요구량** : 철의 생체 이용률은 흡수율에 의해 결정되는데, 인체의 철 요구량이 높으면 흡수율이 증가한다. 임신과 수유 및 성장기에는 철 요구량이 높아서 흡수율이 증가된다.

③ **철의 형태** : 소화관 내에서의 철 흡수는 위나 소장에서 제1철이 제2철보다 흡수율이 높으며 위액은 강산으로서 철을 환원시키고 또 위액에서 철 결합 당단백질(glycoprotein)이 있어 흡수를 돕는다. 따라서 위산 분비에 이상이 생기면 철 흡수율이 현저히 떨어지고 쉽게 철 결핍증이 될 수 있다.

④ **소장 상부** : 음식물이 산성을 유지하므로 제1철의 형태로 환원상태를 유지하여 흡수가 잘 된다.

⑤ 식품 내의 비타민 C: 비타민 C는 식이 중의 제2철을 흡수되기 좋은 형태인 제1철로 환원하는 데 도움을 주어 가용성의 철-아스코르브산(Fe-ascorbic acid)결합물을 형성하므로 철과 함께 섭취하였을 때 철의 흡수율을 높인다.

⑥ 유기산 : 구연산, 젖산, 사과산 등도 비헴철의 흡수를 돕는다.

⑦ 양질의 단백질과 아미노산 : 단백질은 철의 흡수를 돕는다.

표 7-1 헴철과 비헴철

구분	헴철(heme Fe)	비헴철(non heme Fe)
정의	혈액 중의 헤모글로빈과 근육 내의 미오글로빈에 결합되어 있는 철	식품 내에서 다른 유기 물질과 결합하지 않고 유리된 상태로 존재하는 철
함유식품	육류, 가금류, 생선류	채소, 곡류 등 식물성 식품
흡수율	20%	10%

6 철의 흡수저해 인자

① 불용성 물질 형성 : 식물성 식품의 구성 요소인 식이섬유소, 피트산, 수산, 탄닌, 인산염 등은 철과 결합하여 불용성인 화합물을 만들어 흡수를 방해한다. 즉, 차의 탄닌, 곡류의 피트산, 시금치 등 섬유질의 수산은 불용해성을 이루어 소징을 통한 빠른 배출로 비헴철의 배설과 생체 이용률을 감소시킨다.

② 다른 무기질의 높은 함량으로 인한 철의 흡수 억제 : 흡수촉진인자와 같이 대부분의 무기질들은 흡수과정에서 수용체를 공유하여 경쟁적으로 흡수된다. 소장 내에 존재하는 칼슘이나 아연 등의 함량이 높으면 철의 흡수가 저해된다. 또한, 일부 당류도 흡수 저해인자로 거론되기도 한다.

③ 저장철 양이 높은 상태 : 체내 저장철이 풍부하면 소장 점막을 통해 흡수되는 철의 양이 감소되어 과다 공급을 막는다. 남성이나 폐경기 여성은 철 소모가 적거나 체내 저장량이 높아서 철 흡수가 낮은 편이다.

④ 위산분비 저하 : 위산분비가 저하되면 철이 2가형으로 전환되지 못하여 흡수가 낮아진다.

⑤ 감염 및 위장질환 : 감염 상태나 설사 등 흡수 불량상태에서 철의 흡수가 낮아진다.

7 철의 생리적 기능

① **체내 철의 대부분은 적혈구의 혈색소인 헤모글로빈의 구성 요소이다** : 혈색소는 심장으로부터 운반되어 온 산소와 결합하여 조직에 산소를 운반하고 대신 이산화탄소를 받아서 다시 심장으로 되돌아온다. 적혈구는 1분에 약 250만 개가 합성되므로 적혈구의 합성을 위해 철의 계속적인 공급이 필요하다.

② **근육색소(myoglobin)의 구성 요소** : 근육조직의 철은 근육색소에 들어 있으며 역할은 혈색소와 비슷하여 혈색소로부터 산소를 받아 미오글로빈(myoglobin)에 저장되었다가 ATP의 합성에 쓰인다.

③ **시토크롬(cytochrome)의 구성 요소** : 세포 내에서는 미토콘드리아에서 산화·환원 작용에 관여하는 효소 시토크롬의 구성요소로서 호흡 연쇄과정과 전자 전달반응에 기여한다.

④ **기타** : 페록시다아제(peroxidase)와 카탈라아제(catalase)의 구성요소로서 체내에 생성된 과산화물을 제거하며 여러 효소의 구성성분으로서 대사와 해독작용 및 촉매작용을 한다.

8 철 대사과정의 특징

섭취된 철은 주로 소장에서 흡수된다. 소장에서의 흡수를 돕는 데 있어 다른 음식의 성분도 관여하여 흡수율에 영향을 준다. 이렇게 흡수된 철은 소장점막세포를 거쳐서 혈장을 통해 이동하는데 제1철의 형태는 제2철로 바뀌어 혈장 성분의 트랜스페린에 받아들여진다.

트랜스페린과 결합된 철은 헤모글로빈을 합성하기 위하여 골수에서 사용되며, 나머지는 효소와 조효소의 생합성에 사용되고 일부는 저장된다.

철 대사과정에 있어서 가장 중요한 부분은 골수에서의 조혈 작용이다. 골수에서는 에리트로포이에틴(erythropoietin)이라는 호르몬의 자극으로 적혈구를 생성하는데 에리트로포이에틴은 혈중 산소 농도가 낮거나 출혈이 있을 때 혹은 적혈구가 일산화탄소와 결합되었을 때 생성이 촉진된다.

처음 생성된 적혈구는 핵을 가진 큰 세포로 만들어지고 성숙과정에서 핵을 잃고 기체의 운반을 최대로 할 수 있는 능력을 가지게 되지만, 핵이 없기 때문에 생존과 관련된 활동을 할 수 없어서 수명은 120일 정도로 짧다. 기능이 소멸된 적혈구는 파괴되고 철은 분리되어 간, 비장, 골수에 저장됨으로써 새로운 혈색소 합성에 이용된다.

9 헤모글로빈의 구조와 철의 관계

헤모글로빈은 철과 결합하여 적혈구를 이루는 단백질로서 골수에서 적아구가 성숙되는 것과 별개로 헴과 글로빈 단백질이 각각 합성된 후 철과 함께 결합되면서 헤모글로빈이 완성되고, 헤모글로빈은 무핵의 적아구와 결합하여 완전한 적혈구가 된다.

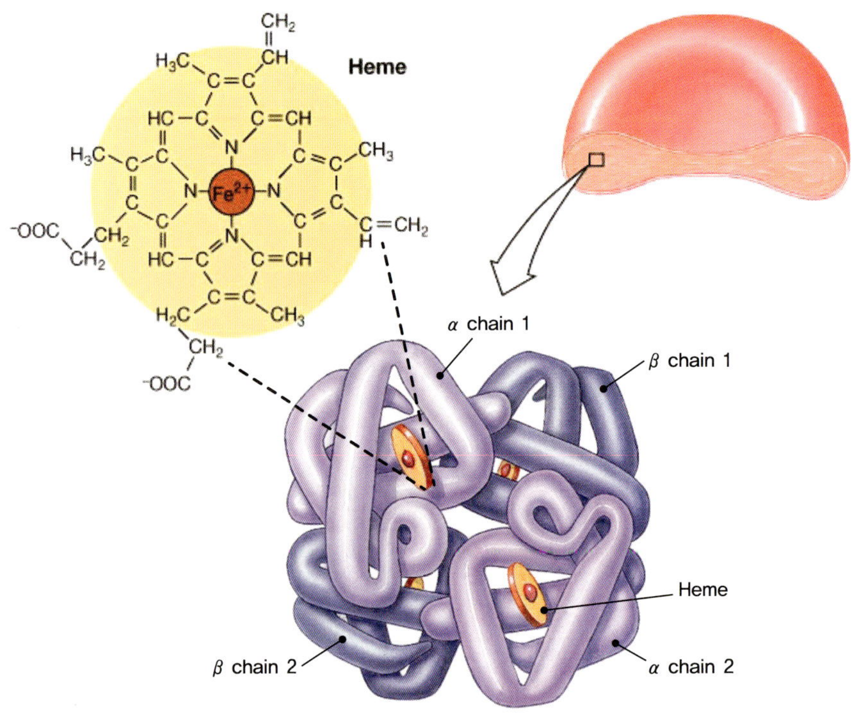

그림 7-1 헤모글로빈의 구조

10 철 결핍증

자주 보이는 결핍증상은 철 결핍성 빈혈이다. 많은 개발도상국에서 흔히 보이는 증상으로 세계인구의 20% 정도가 이 증상을 겪는다. 철 결핍성 빈혈은 철이 부족한 식습관을 오래 지속하거나 습관성 출혈이 있는 경우에 발생될 수 있다.

표 7-2 철 결핍성 빈혈의 진단(WHO기준)

연 령	헤모글로빈 농도(g/dL)	헤마토크리트(%)
6개월~6세	≦ 11	≦ 33.0
6세~14세	≦ 12	≦ 36.0
성인 남자	≦ 13	≦ 39.0
성인 여자	≦ 12	≦ 38.0
임신부	≦ 11	≦ 33.0

빈혈 판정에는 여러 방법이 사용되나, 헤모글로빈 농도를 비교하여 남자 13g/dL 이하, 여자 12g/dL 이하를 빈혈의 기준으로 본다. 혈색소의 형성에는 여러 가지 다른 영양소의 부족이 원인으로 작용할 수 있으므로 적혈구의 크기 · 모양 · color index 등 다른 측정치도 병행 사용된다.

아직도 전 세계 인구의 25% 이상이 철 결핍으로 인한 빈혈 등 훨씬 심각한 질병으로 고생하고 있는 것으로 조사되고 있으며, 우리나라에서도 임신 중이거나 생리 때의 철 손실 등으로 인해 여성에게 많고 성장기에 있는 어린이와 청소년에게서 결핍증이 보고되고 있다.

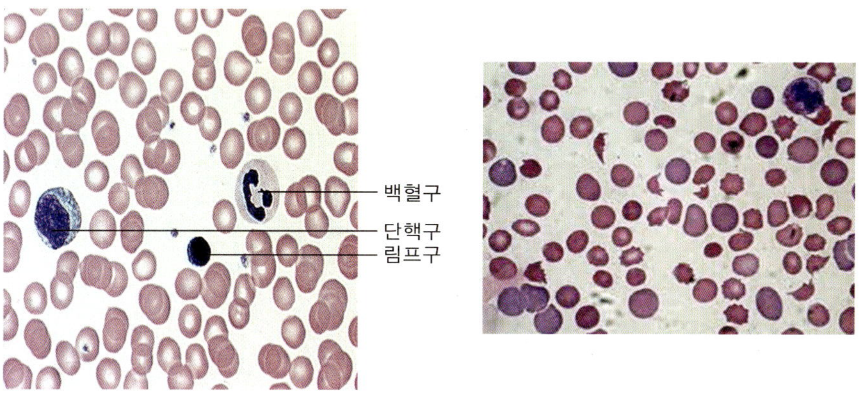

그림 7-2 건강한 성인의 혈액(왼쪽)과 빈혈환자의 혈액(오른쪽) 비교

11 철 급원식품 및 섭취기준

식이 내 헴철의 우수한 동물성 급원은 육류의 간 · 내장 · 살코기와 어패류 등이고 비헴철은 살구 · 자두 · 말린 건포도와 같은 건조한 과일들에 함유되어 있다.

곡류나 빵, 면류, 콩류, 김 · 미역 · 파래 등 해조류, 깻잎 · 무청 등의 푸른 잎 채소 등에도 많이 있다. 식물성 식품보다는 동물성 식품의 철이 체내 흡수율이 높다. 식물성 식품 속의 철은 대부분 비헴철이므로 흡수율이 낮다.

표 7-3 식품 중의 철의 함량 (mg/100g)

식 품	철의 함량
곡류 및 그 제품	
현 미	2.1
철도미	0.9
밀가루(중력분)	0.5
국 수	2.1
라 면	1.8
식 빵	1.2
두류 및 그 제품	
검은콩	7.5
노란콩	7.6
두 부	2.2
완두콩	1.6
어패류 및 그 제품	
오징어	0.5
고등어	1.6
멸 치	15.9
굴	8.0
모시조개	7.0

식 품	철의 함량
감자 및 전분류	
감 자	1.6
고구마	0.7
당 면	2.1
육 류	
쇠고기(등심)	1.8
쇠고기(사태)	2.0
돼지고기(등심)	1.9
닭고기	1.2
버섯류	
느타리버섯	4.5
송이버섯	1.3
싸리버섯	6.2
표고버섯	3.6
종실류 및 그 제품	
땅 콩	4.6
밤	0.8
들 깨	7.5
흰 깨	9.9

식 품	철의 함량
채 소 류	
근 대	5.0
당 근	1.3
도라지	1.5
깻 잎	2.0
미나리	4.1
시금치	2.6
콩나물	0.7
난 류	
달 걀	2.0
우유 및 유제품	
우 유	0.1
해 초 류	
김(구운것)	12.7
미 역	1.0
과 실 류	
귤	0.4

한국인 권장섭취량 중에 철은 유일하게 남자보다 여자에게 더 높다. 이는 여성의 경우 월경과 출산 중에 철이 소실되기 때문이다. 철 권장섭취량은 표 7-4와 같다.

표 7-4 철의 1일 권장섭취량

성별	연령	권장섭취량(mg)
영아	0~5(개월)	
	6~11	6
유아	1~2(세)	6
	3~5	7
남자	6~8(세)	9
	9~11	11
	12~14	14
	15~18	14
	19~29	10
	30~49	10
	50~64	10
	65~74	9
	75 이상	9
여자	6~8(세)	9
	9~11	10
	12~14	16
	15~18	14
	19~29	14
	30~49	14
	50~64	8
	65~74	8
	75 이상	7
임신부		+10
수유부		+0

보건복지부, 한국영양학회, 한국인 영양섭취기준, 2020

제2절 아 연 (zinc, Zn)

아연은 체내에 1.5~2.5g의 소량이 존재하지만 생체 내에서 여러 효소의 구성 성분이 되고 핵산의 합성이나 면역 기능 등에 필요한 필수 무기질이다.

1 아연의 체내 흡수

아연은 거의 소장에서 흡수되며 흡수 시에 에너지를 필요로 한다. 흡수에 영향을 주는 인자는 흡수를 증진시키는 인자와 방해가 되는 인자로 나뉘는데, 흡수를 증가시키는 것으로는 아미노산이 있고 장 점막에서 아연 단백질 복합체(Zn-binding-protein)를 형성하여 세포로 운반하는 역할을 한다. 또 아연에 의해 장에서 합성되는 메탈로티오네인(metallothionein)은 흡수의 평형을 조절하는 데도 중요하다.

신체의 상태도 중요한데 결핍 상태에서 흡수율이 높고 영아나 임신 시의 필요량이 많을 때 흡수가 잘 된다. 섬유소나 피트산이 있으면 흡수율이 낮아지며 다량의 구리는 아연의 흡수를 저해한다. 또한 인, 카드뮴, 철, 칼슘과 같은 무기원소도 흡수율을 낮춘다. 여러 가지 아연의 평형 실험으로 어린이의 흡수율은 20~50%이고 성인은 10% 내외임이 밝혀졌다.

2 아연의 생리적 기능

아연은 성장과 발달, 면역 반응, 신경학적 기능, 그리고 생식에서 중요한 역할을 담당한다. 세포 차원에서 아연의 기능은 촉매, 구조, 조절의 세 가지로 분류될 수 있다.

(1) 촉매 역할(catalytic role)

거의 200개의 서로 다른 아연을 함유한 효소들이 생명 유지에 필수적인 화학 반응을 촉매한다.

(2) 구조적인 역할(structural role)

아연은 단백질과 세포막의 구조에서 중요한 역할을 담당한다.

아연 이온은 효소의 4차 구조를 안정화하는 역할을 하는데, 아연 손가락 구조(zinc finger)라고 불리는 손가락 모양의 구조는 수많은 단백질의 구조를 안정시킨다. 세포막에서 아연이 소실되면 산화적 손상(oxidative damage)에 대한 취약성이 증가하고 기능에 장애가 생긴다.

(3) 조절 기능(regulatory role)

아연은 세포 내의 조절이온으로서 유전자 발현을 조절하는 요소들을 활성화한다.

아연 손가락 단백질(zinc finger protein)은 전사 요소(transcription factors, DNA에 결합해서 특정 유전자들의 전사에 영향을 미치는)로 작용하여 유전자 발현을 조절한다.

아연은 또한 세포 신호 전달의 역할을 하며 호르몬 분비와 신경 자극 전달에도 영향을 미친다고 알려졌다. 최근에 아연은 수많은 만성 질환뿐만 아니라 성장과 발달을 포함하는 필수적인 세포 조절 과정인 세포자멸사(apoptosis, 유전자에 의해 예정된 세포 죽음)에서도 중요한 역할을 한다는 사실이 밝혀졌다.

(4) 영양소 상호작용(nutrient interactions)

아연의 필요량은 다른 영양소들과의 상호작용에 의해 영향을 받는다. 철, 칼슘, 구리 등의 영양소는 아연의 흡수 이용률을 저하시키는 작용을 한다. 식사 중의 피트산은 아연과 결합하여 불용성 염을 형성하므로 아연의 흡수 이용률을 저하시킨다.

아연은 체내의 많은 효소의 구성원소 또는 조효소의 역할을 하며 인체의 거의 모든 조직에 적혈구와 인슐린 성분으로 존재하는 필수 미량 영양소이다.

DNA나 RNA와 같은 핵산과 단백질 대사에 관여하여 인체의 성장과 면역기능을 원활히 하고 상처의 회복을 촉진한다.

적혈구에서는 CO_2의 이동에 관여하는 탄산 탈수소효소(carbonic anhydrase)의 역할에 관여하므로 조직의 호흡과도 밀접한 상관이 있다.

아연은 혈장의 알부민, 트랜스페린, 핵단백질 등과 복합체를 형성하여 순환되며 여러 효소의 활성과 포르피린(porphyrin)의 대사와 관련되고 포르피린이 아연과 결합되어 배설된다.

3 금속효소(metalloenzyme)와 아연

금속효소는 아연이 제거되면 활성도가 감소하였다가 아연과 함께 활성도가 복원되는 효소이다. 간과 지방조직, 폐, 망막, 고환의 알코올 탈수효소(alcohol dehydrogenase), 결합조직이나 태아의 티미딘 인산화효소(thymidine kinase), 췌액의 카르복시펩티다아제(carboxypeptidase) A · B, RNA polymerase 등은 중요한 아연 함유 금속효소이다.

4 인슐린과 아연

인슐린의 활성화를 위해서는 아연과 크롬이 요구된다. 체내에 아연과 크롬이 없거나 부족한 조건에서는 아무리 많은 인슐린이 존재하더라도 당을 세포 내로 운반할 수 없다. 아연은 인슐린의 구성성분이므로 아연이 부족하면 췌장에서 인슐린을 만들 수 없다.

5 아연 결핍증

아연 결핍은 감염 초기반응 단계에서 뿐만 아니라 복잡한 세포성과 면역과정을 저해하여 생식기 발달의 저하, 식욕 부진, 그리고 신체기능 저하 등의 부작용을 일으킨다. 낮은 영양상태의 어린이에게 아연을 강화한 보충제를 섭취하게 하면 체중이 증가하고 정상적인 성장이 이루어지며 체조직 합성이 촉진되는 것으로 조사되고 있다.

심한 아연 결핍은 성장과 발달의 중단이나 지연, 성적 성숙의 지연, 특징적인 피부반점, 식욕 감퇴, 상처 치유의 장애, 심한 만성 설사, 면역계의 결핍, 야맹증, 각막의 부종과 혼탁, 그리고 행동 장애 등을 나타낸다.

유전적인 병을 가진 사람이 아니라면 비록 식사 중에 아연이 부족하더라도 심한 아연 결핍을 일으키는 것 같지는 않지만 심한 화상이나 지속되는 설사와 같은 아연의 흡수 불능이나 아연 손실이 증가되는 상태에서는 심한 아연 결핍을 초래할 수 있다.

아연을 만성적으로 과다섭취할 경우에 적혈구 과산화물 변위효소(superoxide dismutase, SOD)의 활성이 저하되거나 구리 영양 상태가 저하된다.

아연 결핍의 위험이 증가하는 경우는 영아와 어린이 및 임산부와 수유부 여성 특히 10대이며, 완전 비경구 영양법(정맥영양공급) 또는 단백질 섭취가 부족하거나 거식증(anorexia nervosa) 등의 영양 결핍 환자, 심하고 지속적인 설사, 스프루(sprue) 등의 흡수장애 증후군 환자, 크론씨 병이나 궤양성 대장염 등의 염증성 장질환자, 알코올성 간질환자, 겸상 적혈구 빈혈(sickle cell anemia)환자 및 65세 이상 노인 등이다.

한편, 음식의 대부분을 곡류와 콩류에서 얻는 엄격한 채식주의자에서는 피트산의 농도가 높아져서 아연의 흡수를 감소시키기 때문에 식이 아연이 50% 정도 더 많이 필요하다.

6 아연 급원식품 및 섭취기준

굴, 게, 새우, 조개, 쇠고기와 붉은색 육류가 아연의 풍부한 공급원이다. 땅콩과 콩류도 비교적 좋은 식물성 공급원이다. 아연의 생체 이용률은 육류나 달걀 및 해산물에서 상대적으로 높은데, 이는 아연의 흡수를 방해하는 화합물이 들어 있지 않고 아연 흡수를 촉진시키는 아미노산인 시스테인이나 메티오닌이 함유되어 있기 때문이다. 전곡과 식물성 단백질에 들어 있는 아연은 흡수를 방해하는 화합물인 피트산이 상대적으로 많이 포함되어 있어 생체 이용률이 떨어진다.

효모의 효소작용으로 음식에 있는 피트산의 농도는 감소하므로 전곡류의 발효된 식빵은 발효되지 않은 식빵보다 아연의 생물학적 이용도가 더 높다.

우리나라에서는 성인남자의 1일 아연 권장섭취량은 9~10mg, 성인여자는 7~8mg, 임신부 9.5~10.5mg, 영아 3mg, 그리고 사춘기 이전 어린이의 아연 권장량은 5~10mg으로 설정하였다.

제3절 구 리 (copper, Cu)

구리는 체내에서 여러 효소의 성분으로 철과 유사한 기능을 가진다.

1 구리의 체내 흡수

구리는 섭취량의 25~40%가 흡수되며 장의 점막에 의해 흡수율이 조절되고 있다. 특히 장 점막에 황을 포함하는 단백질인 메탈로티오네인(metallothionein)에 의해 조절된다. 즉, 구리는 메탈로티오네인과 결합하여 소장의 공장에서의 흡수가 가장 왕성하며 구리와 아미노산의 복합체 형성으로 흡수를 돕는다.

구리 흡수를 돕는 또 다른 단백질에는 과산화물 변위효소(superoxide dismutase)가 있다. 그 밖에 구리의 흡수를 돕는 인자는 위의 염산으로 구리를 이온의 형태로 만들어 흡수를 도우며 임신 기간에는 촉진된다. 흡수의 방해인자는 비타민 C, 높은 농도의 다른 미량원소인 철분, 카드뮴, 아연, 황, 몰리브덴이 있다. 칼슘도 위장의 pH를 변화시켜 흡수를 방해한다.

장관에서 흡수된 구리는 간에서 저장된 후에 특수 단백질과 결합하여 셀룰로플라즈민(ceruloplasmin)으로 이동되어 이용된다.

채식주의자들의 경우에 구리 섭취량은 더 높지만 흡수율은 낮다고 보고되었다.

구리의 배설은 거의 담즙과 함께 이루어짐으로써 대변으로 배설되고 그 양은 하루 1.7mg이며 소변으로는 5~50μg으로 아주 적다.

2 구리의 생리적 기능

(1) 효소의 구성 요소

자연계에서는 색소의 성분으로 보이는데 인체에서는 산화환원효소의 구성요소로서 필수 촉매역할을 하는 중요한 성분이다. 또한, 구리는 미토콘드리아 내 전자 전달계의 과정에서 시토크롬 산화효소(cytochrome oxidase)의 조효소로 작용하여 에너지 대사의 ATP 생성과정에 사용되며 멜라닌(melanin) 색소를 만드는 티로시나아제(tyrosinase)의 활성에도 관여한다.

(2) 헤모글로빈 합성, 골격 형성

구리는 헤모글로빈의 합성 및 정상적인 골격 형성과 신경계에 필수적 인자로 작용한다. 구리는 아연 과산화물 변위효소(superoxide dismutase, Cu-Zn-SOD)에 결합하여 세포의 산화적 손상을 방지하는 역할을 한다.

특히 구리는 철이 흡수되거나 저장된 철이 헤모글로빈 합성장소로 이동하는 데 관여하므로 헤모글로빈 합성 시에 촉매 역할을 한다.

(3) 철의 흡수 및 이용을 돕는다

조혈기능으로써 헤모글로빈의 합성보다는 철의 흡수와 이용에 도움을 주는데 철의 제1철에서 제2철로의 전환에 구리를 포함하는 혈장 성분인 페록시다아제(ferroxidase)가 도움을 주며 적혈구의 구리는 80% 에리트로쿠프레인(erythrocuprein)으로 산소의 운반 과정에서 형성되기 쉬운 과산화물의 처리 능력을 가진다.

구리는 적혈구의 성숙 인자로써 작용하며 구리의 부족은 적혈구 수가 현저히 감소하는 상태로 나타난다.

(4) 결합조직을 합성

구리는 결합조직 단백질 세포 사이에 또는 세포 내 사슬의 가교 형성을 촉진하는 반응에 필요한 효소를 활성화한다.

콜라겐 합성 때에 구리는 결합 조직의 콜라겐과 엘라스틴이 교차 결합하는 데 작용하는 효소의 일부분이다.

3 셀룰로플라즈민(ceruloplasmin)의 기능

셀룰로플라즈민은 혈장의 구리를 함유하는 당단백질로서 한 분자에 7~8개의 구리 원자를 가진다. 철 이온의 산화를 촉진하여 트랜스페린과의 결합을 촉진함으로써 저장된 철과 장관 내의 철을 헤모글로빈 생성장소로 운반하는 기능을 한다. 따라서 구리가 부족하면 철의 이용률이 감소하고 적혈구 합성이 저하되어 빈혈이 발생된다.

셀룰로플라즈민은 정상 혈장 속에 30mg%가 함유되어 있으며, 임신이나 피임약의 복용 및 전염병의 경우에 증가하는데 중요한 기능이 철의 산화를 촉매하기 때문에 ferroxidase Ⅰ이라고도 한다.

혈장 알부민도 구리와 느슨하게 결합하여 자유롭게 반응하는데 이를 ferroxidase Ⅱ라고 한다. 이 두 가지를 합한 전체 혈장의 구리함량은 80~150μg%이다. 혈장의 구리는 간, 기타 조직에 분배된다.

4 구리의 급원식품 및 섭취기준

구리의 함량이 높은 식품은 굴, 가재, 동물의 내장, 두류, 견과류, 곡류의 배아, 씨앗류 등이다.

우리나라에서 구리의 권장섭취량은 미국의 경우를 참조하여 성인의 경우 800μg으로 설정하였다.

5 구리 결핍증

구리 결핍으로 인한 증상은 철 보충으로도 고쳐지지 않는 빈혈, 백혈구 감소증, 호중구 감소증, 저색소증 등이 있다. 유전적인 원인으로 볼 수 있는 구리 대사 장애 질환은 윌슨씨 병(Wilson's disease)과 멘케스 증후군(Menkes syndrome) 질병이다.

윌슨씨 병은 간에 저장된 구리가 혈중의 셀룰로플라즈민으로 이동되지 못하는 질병으로 뇌 · 간 · 신장 등에 축적되고 혈장 · 체액 · 소변에는 유리형의 구리가 많다.

간과 신장의 구리 축적은 경변증이나 세뇨관의 장애를 유발하며, 눈의 구리 축적은 각막에 황금색 또는 녹색의 환을 발생시킨다.

두뇌에 손상을 가져오는 질환인 멘케스 증후군은 뇌로 구리의 운반이 이루어지지 못하여 뇌의 구리 함유 효소인 시토크롬 C 산화효소(cytochrome-C-oxidase)의 결핍을 가져오고 혈청에도 그 함량이 낮다.

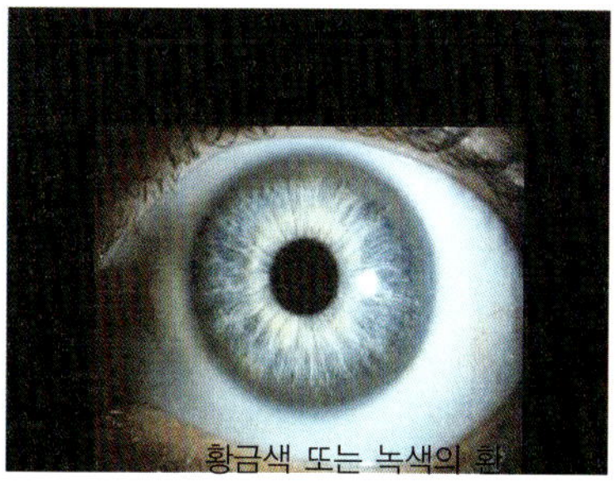

그림 7-3 Wilson씨 병의 안구 (눈동자 주위에 있는 구리의 침착이 보인다)

제4절 요오드 (iodine, I)

1 요오드의 체내 흡수

식이로 섭취된 요오드는 음이온의 형태로 환원되어 소장 벽을 통해서 흡수되나, 일부는 위에서 직접 혈류로 이동되어 갑상선으로 이동한다. 흡수는 능동적으로 이루어지며 에너지를 쓰면서 이동된다. 요오드 화합물은 요오드 이온으로 환원되어 흡수되는데, 흡수속도는 대단히 빨라서 섭취 후 3~6분이면 이루어지며 1시간 후면 거의 모두 흡수된다.

세포 내 요오드 화합물은 두 개의 풀(pool)로 존재한다. 흡수된 대부분의 요오드는 갑상선 조직으로 유도되며 갑상선은 혈액보다 25배나 농축되어 존재한다. 혈액의 요오드는 유리형과 단백질 결합형으로 호르몬형이다.

2 요오드의 생리적 기능

요오드의 가장 중요한 기능은 갑상선 호르몬(thyroxine)의 구성 성분이 되는 것이다.

갑상선 호르몬은 뇌하수체의 갑상선 자극호르몬(thyroid stimulating hormone : TSH)의 자극으로 단백질에서 분리되어 혈액으로 이동하여 혈장단백질(thyroxine binding globulin)과 결합한 후에 운반되고 신체 각 조직에서 호르몬의 기능을 수행한다.

이 호르몬의 중심적인 역할은 일정한 체온을 유지하기 위한 열 생산이며, 기초대사율(BMR)을 조절하는 데 관여하고 단백질의 합성에 영향을 미친다. 또한, 어린 시절의 신체적 · 정서적 성장과 발달을 촉진시킨다.

3 티록신 합성과 요오드와의 관계

요오드는 갑상선 호르몬인 트리요오드티로닌(triiodothyronine, T_3)과 테트라요오드티로닌(tetraiodothyronine)의 구성성분이다.

단백질 결합체인 갑상선 글로불린(thyroglobulin) 안에 수없이 존재하는 티로신 분자는 요오드화하여 모노요오드티로신(monoiodothyrosine)과 디요오드티로신(diiodothyrosine)을 형성하며 축합 반응으로 트리요오드티로닌(triiodothyronine, T_3)은 티록신(thyroxine, T_4)을 이룬다.

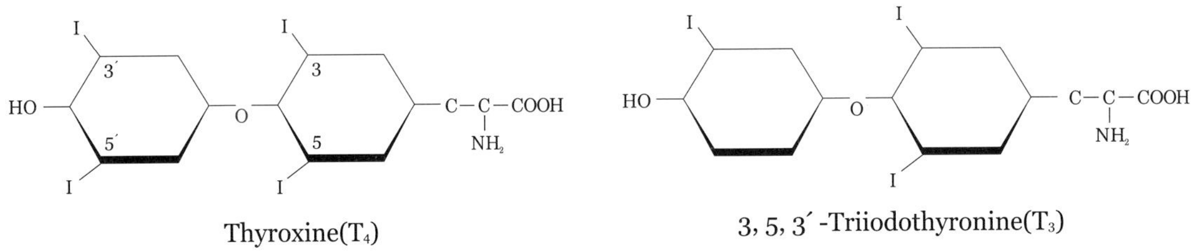

그림 7-4 갑상선 호르몬의 구조

4 요오드 결핍증 및 섭취기준

요오드는 다시마, 미역, 김, 멸치 등의 해산물에 풍부하다. 요오드가 부족하면 티록신의 합성이 잘 이루어지지 않으므로 신체는 이를 보상하기 위해 갑상선 조직을 확대시킴으로써 갑상선비대증이 나타난다. 그 밖에 피로 누적 · 무기력 · 체중 증가를 비롯하여 추위에 약하고 쥐가 잘 나며, 목소리가 굵어지기도 하고 변비가 있으며, 월경량이 많고 기간이 길거나 발음이 불분명한 증상이 있다.

물과 음식 속에 요오드가 적게 들어 있는 내륙 지방이나 산악 지방에서 더 많이 발생하는 갑상선종(simple goiter)은, 기초대사도 정상이며 갑상선이 비대해지는 것 외에는 별다른 증세가 없으나 점차로 비대해진 갑상선 조직이 기관에 압박을 가하여 호흡곤란을 가져온다. 치료로써 완쾌되어도 비대해진 갑상선 조직은 일부 절단 등의 수술과 조절이 필요하다. 연령별로는 젊은 층이나 중년층에 주로 나타나고 가족적 양상을 보이는 경향이 있다.

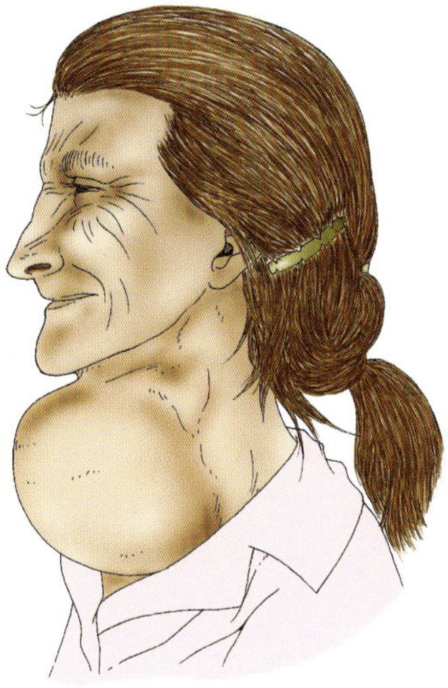

그림 7-5 갑상선비대증 환자

또 다른 결핍증으로서 요오드 결핍상태의 임산부는 크레틴병(cretinism) 어린이를 출산할 위험이 높다. 심한 갑상선기능저하증(hypothyroidism)으로서 그 증상은 신체적인 성장부진과 복부 비대의 상태가 되거나, 극도의 지능 퇴화로 마치 백치와 같은 상태가 된다. 출생 후 즉시 치료하면 완쾌하지만, 아니면 일생 동안 낫지 않는다.

우리나라 요오드 1일 권장섭취량은 성인의 경우에 150㎍으로 정하였다.

그림 7-6 볼리비아 모녀의 풍토병갑상샘종(endemic goiter) (딸은 cretinism 현상도 보인다)

5 갑상선 기능 항진증

갑상선 기능이 항진되어 일어나는 갑상선종(toxic goiter or exophthalmic goiter)은 갑상선 호르몬 과잉으로 유발된 것이다. 증상으로는 안구 돌출, 더위에 약함, 식욕은 왕성해도 체중 감소, 빠른 맥박수, 다리 근육 힘이 빠짐, 월경량 감소 및 무월경, 신경 예민 등이며 의학적인 치료를 요한다.

6 고이트로겐(goitrogen)

생배추나 케일 및 무청에는 갑상선종 유발 물질(goitrogen)이 있어서 체내에서 요오드의 이용을 방해하지만 가열하면 파괴된다.

제5절 셀레늄 (selenium, Se)

셀레늄은 인체의 기능을 유지하는 데 필요한 극미량 원소로 1817년 스웨덴의 화학자 베르셀리우스(Berzelius)에 의해 처음 발견됐다.

특유의 빛깔 때문에 그리스 신화에 나오는 '달의 여신' 의 이름을 따서 '셀레늄' 이라고 부르게 되었다. 최근에는 셀레늄의 다양한 효능으로 인하여 '푸른빛의 마법사' 또는 '꿈의 원소' 라고도 불리고 있다.

자연계에서는 유황과 함께 존재하며 20세기 중반에 식이성 셀레늄이 간 괴사를 방지한다는 사실이 밝혀진 이후로 실제 이용되었으며 과잉섭취로 독성이 보이기도 한다.

1996년 미국 의학회지의 보고에 의하면, 매일 200㎍의 셀레늄을 복용할 경우에 전립선암의 발생률이 63%, 대장암의 발생률은 58%, 폐암의 발생률은 46%씩 낮아진 것을 관찰할 수 있었다. 또한 이외에 다른 암의 발생률도 37% 가까이 감소되었다.

1 셀레늄(Se)의 항산화 기능

항산화 작용이란 인체 내에서 노화를 촉진하는 활성 산소를 제거해 주는 기능을 말하며, 셀레늄의 항산화 작용은 또 다른 항산화제로 알려진 천연 비타민 E보다는 1,970배, 합성 비타민 E보다는 2,940배 정도 강력한 효과를 낸다.

셀레늄은 비타민 E의 절약작용을 한다. 즉, 비타민 E가 세포 내 불포화 지방산의 과산화 반응의 연쇄 반응을 막아 과산화물의 형성을 저지하는 데 대하여 셀레늄은 적혈구의 글루타티온 과산화 효소(glutathione peroxidase)의 구성요소로서 이미 형성된 과산화물을 제거하는 데 관여한다. 이는 과산화수소를 포함한 각종 활성 산소가 암을 비롯한 각종 질병의 원인이 된다는 점을 고려할 때 암의 예방에 있어 셀레늄 단백질들의 세포 내 역할은 매우 중요하다고 여겨진다.

그 밖에 암의 치료라는 관점에서 볼 때, 셀레늄 처리에 의한 미토콘드리아 손상과 세포 사멸의 유도는 셀레늄의 항암제로서의 가능성을 보여준다. 따라서 다양한 형태의 셀레늄 화합물들은 세포를 산화적 스트레스로부터 보호함으로써 암을 비롯한 각종 질병에 대한 예방에 매우 중요한 역활을 한다. 그리고 식욕 조절과 단백질의 소화 효소와도 관련이 있는 것으로 알려졌다.

셀레늄은 면역기능을 높여 주고 암 발생률을 20~50% 이상 낮추는 효과가 있는 것으로 보고되었다.

2 글루타티온 과산화 효소(glutathione peroxidase)와 셀레늄

셀레늄은 인체의 노화를 촉진하는 활성 산소를 중화할 수 있는 중요한 항산화 효소인 글루타티온 과산화 효소의 필수 성분이다. 이 효소는 글루타티온이라는 아미노산과 브로콜리, 파슬리, 마늘, 해조류, 양파 등에 많은 셀레늄으로 이루어져 있다.

글루타티온 과산화 효소는 체내에서 생산된 과산화수소를 분해하여 과산화수소에 의한 세포손상을 억제하는 항산화 기능을 가진다. 이 효소는 적혈구의 세포막을 과산화물로부터 보호하므로 부족하면 세포막에 장애를 일으킨다.

3 셀레늄 급원식품 및 섭취기준

셀레늄의 섭취량은 식품이 생산된 지역 토양의 셀레늄 함량에 의해 결정된다. 전 세계적으로 인구가 밀집되어 있는 지역은 대부분 토양의 셀레늄 함량이 낮다. 한국의 경우도 셀레늄 함량이 낮은 화강암이 전 국토의 70%를 이루고 있어 국토의 대부분이 셀레늄 함량이 낮다.

특히 남부지방과 서부 평야지대의 토양은 다른 지역에 비해 셀레늄 함량이 더 낮은 것으로 조사되었다. 또한, 반복되는 경작과 산성비의 영향으로 토양이 산성화되면 셀레늄이 불용성 형태로 바뀌게 된다.

셀레늄은 육류 · 어패류 · 도정되지 않은 곡류에 많이 포함되어 있다. 곡류의 경우는 도정과정에서 셀레늄의 50~90%가 손실이 되므로 곡류보다는 육류나 어패류가 더 좋은 셀레늄 공급원이다. 셀레늄은 물에 잘 녹고 고열에서 휘발하는 성질이 있어 끓이거나 불에 굽는 조리 방법에서는 손실이 더 크다.

우리나라 성인의 1일 셀레늄 권장섭취량은 60μg이다.

4 셀레늄 결핍증과 과잉증

일반적으로 균형잡힌 식사를 하는 경우에는 셀레늄의 결핍이 문제되지 않지만, 만성적으로 스트레스를 받거나 살충제나 중금속과 같은 환경오염 물질에 노출되는 경우와 자외선의 조사량이 많아지는 경우에는 더 많은 양의 셀레늄이 필요하다.

중국의 케산 지역에서 셀레늄 결핍이 만연하여 케산병(Keshan disease)이 발생하였는데 이는 어린이나 가임기의 젊은 여성에게서 발생한 풍토성 심장근육 질환이다.

셀레늄의 과잉증은 가축에게서 나타나는 '알칼리병(alkali disease)'과 '훈도병(blind staggers)'이 대표적이다. 알칼리병을 앓는 동물의 경우에 탈모, 손톱 · 발톱 등의 심한 손상, 관절이 굳어지는 증세, 무기력 등이 나타난다. 경우에 따라서는 이보다 훨씬 심한 증세의 신경성 질환을 보이기도 하고 심할 경우는 죽음에 이르게 된다.

제6절 불 소 (fluorine, F)

충치와 관련한 미량원소로 널리 알려진 불소는 최근 골다공증의 치료와 예방에 효과가 있다고 알려짐으로써 관심이 높아지고 있다.

1 불소의 생리적 기능

(1) 충치 예방 및 억제

불소의 95% 정도는 체내 뼈와 치아에 존재하므로 미량의 불소는 치아와 골격형성에 중요하다.

(2) 골다공증 예방

노년기 여성에게서 발병 빈도가 높은 골다공증의 예방에도 효과적이다.

2 골격과 치아의 기능유지에 대한 불소의 역할

충치에 대한 불소의 역할은 물리 · 화학적 작용에 의하여 에나멜 층을 견고하게 만들고 구강 내의 박테리아에 의해 만들어진 산에 의하여 치아가 부식되는 것을 막아주는 것이다. 즉, 치아에 형성되는 플라크(齒苔)는 고농도의 덱스트란(dextran)이 축적된 것인데 불소는 플라크의 형성을 막으며 뼈의 무기질 부분에서 일부 인회석의 수산기가 불소로 대치되어 강도를 높인다.

3 불소의 급원식품

해조류, 고등어 · 연어 등의 어류, 불소가 첨가된 식수 및 차 등에 함유되어 있다.

4 반상치와 불소와의 관계

장기간 많은 양의 불소를 섭취하면 뼈에 이상을 동반한 독성인 불소과잉증(fluorosis)을 초래한다. 불소가 치아에 축적되면 에나멜층의 탈색과 반점이 나타난다. 어린이들은 치아의 발달 시기에 생기기 쉬우며, 성인의 경우는 뼈에도 영향을 미치게 되어 변색되거나 부러질 수 있다.

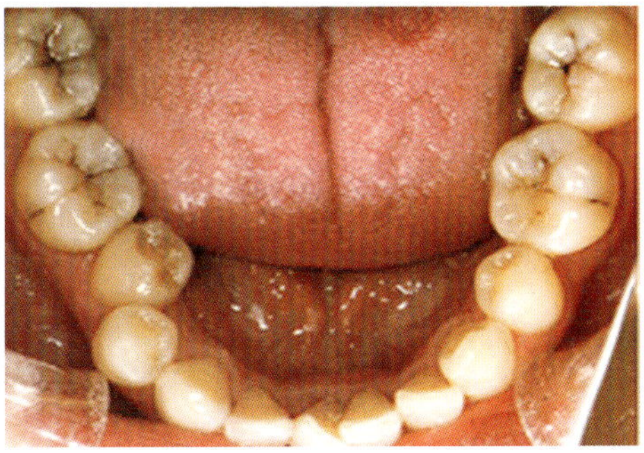

그림 7-7 불소결핍증(충치)

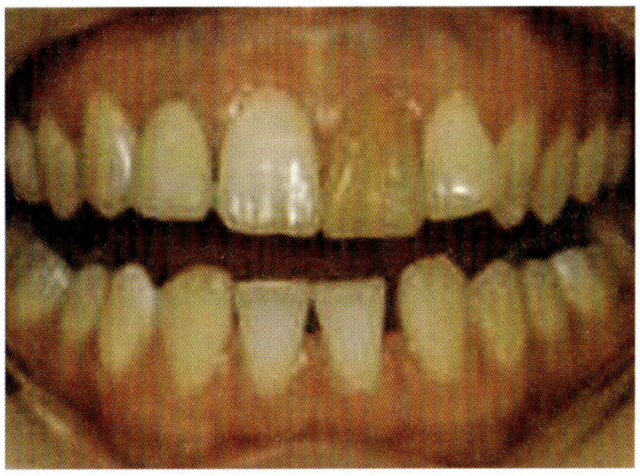

그림 7-8 불소과잉증(반상치)

우리나라 성인의 경우 1일 불소 충분섭취량은 2.5 ~ 3.5mg 범위로 정하였는데 이는 다른 부작용 없이 충치 발생을 최대한 줄일 수 있는 섭취량을 추정하여 결정한 것이다.

제7절 망 간 (manganese, Mn)

1 망간의 생리적 기능

동식물의 조직에서 발견되었으며 사람은 구리의 1/5 정도 함유한다고 한다. 신체의 골격 · 간 · 신장에 많다.

① 정상적인 골격과 성장 · 생식기능 및 중추신경의 정상 기능에 필수적이다.
② 포도당의 해당과정과 TCA회로에 관여하며 지방산과 콜레스테롤의 합성에 관여하는 효소의 구성 성분으로, 동시에 촉매의 역할을 한다.
③ 연골의 뮤코다당류나 단백질 복합체의 생합성과정에서 효소의 촉매로서 기여한다.

2 흡수 및 배설

소장이 정상 상태일 때 흡수율은 3~4%이며 대부분 대변으로 배설된다.

구리와 인은 망간의 흡수를 방해하며 담즙에 의하여 운반되어 배설된다. 성인은 하루 3.7~5.8mg을 섭취했을 때 평형을 유지하였다.

보통 식사로써 2~3mg을 섭취하고 채식 위주의 식사로는 7mg을 섭취할 수 있다.

3 급원식품, 결핍증, 영양섭취기준

우리나라 영양섭취 기준에서는 성인 남녀의 충분섭취량을 1일 각각 4mg과 3.5mg으로 하였다. 사람에게는 결핍증이 거의 보고되지 않고 있다. 그러나 동물에서는 성장부진, 골격이상, 생식능력 저하 등의 결핍 증상이 있다. 주로 전곡류, 견과류, 녹색 채소, 특히 차에 많이 들어 있다.

제8절 그 밖에 체내에 꼭 필요한 미량원소

1 코발트(cobalt, Co)

체내에 약 1mg 정도가 있으며 주로 근육이나 골격 등에 분포한다. 섭취된 식이의 코발트 흡수율은 25% 이상이다. 철 결핍 때에는 흡수가 증가한다. 코발트는 비타민 B_{12}의 성분으로 잘 알려졌으며 기능도 이 비타민과 함께 이루어진다.

대체로 일반식사로 충분한 양이 공급되고 있어서 사람에게는 코발트의 결핍증이 결코 일어나지 않는다. 다만, 비타민B_{12}의 부족에 의해서 성장부진이나 악성 빈혈 등이 발생한다.

2 크롬(chromium, Cr)

쥐의 당질대사에서 필수적인 것으로 알려진 후 당뇨병 환자의 내당성 인자(glucose tolerance factor, GTF)로서 생리적인 기능에 관심이 크다. 3가 크롬이 영양적 가치가 있는데 극히 미량이지만 조직에 널리 분포하고 조직과 기관에 약 20~30㎍/kg이 함유되어 있다.

또한, 거주지역과 관계가 있으며 연령이 증가함에 따라 감소한다고 본다. 주로 공장에서 흡수되며 무기형은 0.5~1.0% 정도 흡수되지만 니아신(niacin) · 아미노산과 복합체의 형으로는 10~25% 정도 흡수된다. 철 운반 단백질과 동일한 운반체를 이용하므로 경쟁 관계에 있다. 배설량은 대변으로 3~15μg, 소변으로 5~10μg이 된다.

크롬의 결핍증은 성장이 느려지고 당질 · 지질 · 단백질의 대사 장애로 사망에 이른다고 하며 주로 내당성 인자(glucose tolerance factor)로서의 작용을 한다.

이는 인슐린의 최대 효과를 위해 필요한 것으로 보며 세포막의 인슐린 수용체의 보조인자로 알려져 있다.

크롬은 흡수가 잘 안되며 식품에 소량만 함유되어 있기 때문에 결핍증이 되기 쉽다. 크롬 영양상태를 판정하려면 머리카락의 농도를 측정하거나 설탕을 섭취시킨 후 혈청 크롬을 측정하면 된다. 육류 · 달걀 · 버터 등에 많고, 녹색식물의 크롬은 이용하기 어렵다.

독성이 문제가 되는 것은 6가 크롬으로, 주로 크롬산을 쓰는 일을 하는 사람에게서 호흡기 암이 발견되었다.

3 몰리브덴(molybdenum, Mo)

인체에 8~10mg 정도 있으며 뼈에 반 이상이 존재한다. 일부 플라보(flavo)단백질의 구성요소로서 퓨린 대사에 관여하고 또 일부 헴단백질의 구성으로 아황산을 전환시켜 해독한다. 토양에 따라 함량에 차이가 크며 무기 황과 구리 및 망간 등이 몰리브덴의 영양에 영향을 준다.

정상식사로 하루 0.3mg 정도를 섭취하는데, 우리나라에서 권장섭취량은 성인남녀가 1일 25~30μg 이다. 또한, 결핍증도 관찰되지 않았으나 텅스텐으로 유발시킨 결핍증상은 성장장애와 효소활성 감소 등의 현상을 나타내었다. 반추동물에서 섭취 과잉은 체중감소와 빈혈 및 결합조직 이상 등의 현상을 보였다.

4 니켈(nickel, Ni)

인체 내 10mg 정도의 미량이 존재하며 철의 체내 이용에 관여하는 것으로 알려졌다. 결핍 시에는 체내 철의 이용률이 감소되고 적혈구 수와 헤마토크리트 및 헤모글로빈이 감소되었다고 하며, 다른 연구자는 생체 대사에 중요 역할을 말하고 세포막의 성분이라고 한다. 또, 니켈의 부족증으로는 간의 효소활성이 일부 감소되고 미세구조에 장애가 보였다.

1~10% 정도 극히 적은 양이 흡수되고 일부는 뼈에 축적된다. 주로 대변으로 배설되며 소변과 땀으로도 배설된다.

식이의 하루 평균 섭취량은 300~500μg으로 추산되는데 곡류와 채소가 좋은 급원이지만 피틴(phytin)의 함량은 흡수율을 낮게 한다. 무엇보다 독성이 먼저 알려졌고 니켈 관련업체 노동자의 호흡기에서 이상이 발견되었으며 피부에 장애를 보였다.

5 규소(silicon, Si)

산소 다음으로 지구상에 풍부하며 널리 분포되어 있고 탄소와 화학적으로 비슷한 성질을 갖는다. 체내에 약 1.5g 정도 있다고 밝혀졌으며 대부분 뼈에 존재한다. 그 밖의 모든 조직에서 발견되며 상피조직과 결체조직은 점성 다당류와 규소를 함유하며 연골의 콜라겐에도 있는 것으로 알려졌다.

유기물과 결합하여 흡수되며 함량은 식물성 식품이 많지만 동물성 식품은 이용률이 높다. 혼합식에서 섭취되는 양은 1.2g/일 정도이며 대변과 소변으로 99%가 배설되므로 보유량은 극히 미량이다.

성장과정의 뼈에 존재하므로 비타민 D와 관계없이 석회화 과정에 중요한 역할을 한다. 결핍 시에는 연골의 점성 다당류의 함량이 현저히 줄고 그로 인해 콜라겐의 형성도 감소하였다. 이로써 규소는 점성 다당류가 관여하는 태아의 성장이나 성처 회복 등에 관여하리라고 본다.

동물에게서 주로 보이는 결핍증은 체중감소, 성장부진, 두개골 변형 등이었다. 또, 과잉 섭취는 규폐증(silicosis)을 발생시킨다. 규폐증은 규소가 세포의 리소좀(lysosome)에 흡수되어 단백질의 세포막 통과를 방해하며 미토콘트리아의 인산화 반응을 저해하기 때문이라고 여겨진다.

6 바나디움(vanadium, V)

체내에 43mg 정도 있으며 미량이 각 기관에 분포하고 허파에 많은 편이다. 방사선 동위원소로 조사하여 보면 간에 분포하고 미토콘드리아에 흡수되며 24시간 후에 41%가 소변으로, 1.5%가 대변으로 배설되었다. 대체로 지질대사에 영향을 미친다고 하며, 동물에서는 뼈의 발달에 석회회를 촉진시키지만 사람에게서는 보고되지 않았다.

과잉섭취의 경우에 동물에서 설사를 초래하고 사망에 이르기도 하지만 사람의 경우는 과잉섭취가 거의 불가능하다.

7 비소(arsenic, As)

매우 소량이 손톱과 발톱 및 피부에 들어 있다. 흡수와 배설은 유기물의 형태로 쉽게 이루어진다. 매일 음식물로 1~2mg을 섭취하며 생선과 해산물에 많은데, 특히 오염된 환경에서는 식품의 함유량이 증가하였다. 극히 소량을 보충시켰을 때 성장촉진이 있었다고 하며 동물의 불임과 사망에도 관계가 있다고 한다.

독성 증상으로는 오심(惡心, 구역질)과 구토 · 설사 · 복통이며, 이는 무기비소 섭취로 일어났다. 만성 독성으로는 두통 · 피로 · 피부 이상 · 효소 기능의 저해 등을 들 수 있으며, 또 갑상선종의 발병과도 관계가 있다.

8 주석(tin, Sn)

신생아에게는 발견되지 않으나 성인의 경우에 여러 조직에서 발견되었으며 식품의 성분보다는 환경 오염 물질로 더 알려졌다. 4가의 주석은 단백질의 4차 구조에 기여하거나 다른 생리기능으로 산화 환원 과정에 기여할 것으로 추측된다. 미국인의 하루 섭취량은 연구자마다 크게 차이가 나서 1.15~17mg으로 추산되며, 영국인은 0.2mg 정도로 보는데 통조림 식품을 많이 먹으면 섭취량이 증가한다.

제9절 비필수 미량원소

출생 시에는 함량이 거의 없고 연령이 증가함에 따라 함량이 증가하며 독성 경향이 짙다. 영양소로서의 기능이 규명되지 못한 몇 가지의 미량원소는 다음과 같다.

1 카드뮴(cadmium, Cd)

카드뮴의 화학적 성질은 아연과 유사하며, 체내 중요한 미량원소와 서로 길항작용을 하는 것으로 알려졌다. 카드뮴의 흡수율은 3~8% 정도이며 섭취량은 30~70μg으로 본다. 체내 보유량은 섭취와 상관이 있어 간과 신장에 양이 증가한다. 대개 아연이 있는 곳에 같이 존재한다고 알려졌다.

환경이 오염된 지역에서 호흡으로 흡수되는 양이 식품의 섭취량과 같은 수준이라 고 하며, 과잉섭취하면 단백뇨 · 위장장애 · 피로와 혈액량의 감소 및 순환계의 장애로 사망한다. 특히 여성에게는 빈혈이 일어나며 유산을 비롯하여 사산과 기형아의 출산도 보인다.

탄광에서 카드뮴이 흘러 나와 오염된 강물을 음료수와 농업용수로 사용하여 발생했던 일본의 이따이이따이(itaiitai) 병은 카드뮴이 뼈에서 칼슘과 바뀌어짐으로써 이상을 초래하고 골격이 위축되는 증상이다.

2 납(lead, Pb)

납은 체내에 90~400mg이 있는데 90%는 골격에 존재한다. 극히 적은 양이 성장과 혈액 성분에 영향을 준다고 한다. 환경 오염과 관련되어 식수, 공기, 음식, 조리기구, 납이 포함된 수도관, 납이 함유된 페인트로 칠한 사기그릇이나 크리스탈, 유리잔 등을 통해 다량 섭취의 위험이 높다.

납 중독의 주된 증상은 메스꺼움, 모발 손실, 체중 감소 및 생식 기능 장애 등이다. 어린이의 경우에는 성장지연 및 정신박약의 위험성이 있고, 특히 뇌와 신경계에 영구적인 손상을 줄 수 있다.

3 수은(mercury, Hg)

수은도 환경오염 물질로서 알려지게 되었다. 무기물이나 원자형으로 존재하는 것은 흡수율이 매우 낮아 문제가 되지 않으나 메틸 수은은 90%가 흡수된다. 수은과 메틸기의 결합은 미생물에 의하여 이루어지며, 공장 폐수가 흘러간 곳의 해산물은 80% 이상이 메틸 수은을 함유한다. 이는 곧 적혈구에 이동되고 50%는 간에, 10%는 뇌에 저장된다.

메틸 수은의 독성은 황함유 단백질과 함께 돌연변이 유발물질(mutagen)이며 기형 유발물질(teratogen)로도 작용한다. 그 밖의 증상으로는 눈이 멀거나 중추신경의 이상 및 운동신경 마비 등 뇌의 손상으로 오는 마비 증상이 많다.

4 알루미늄(aluminum, Al)

인체의 각 기관에서 알루미늄이 발견되는데 체내 필수적이라는 실험은 보이지 않았으며 환경오염에 의한 분석치가 상당히 달랐다. 알루미늄 취사기구를 사용할 때 음식에서는 함량이 증가하지만 장에서의 흡수는 매우 낮다.

5 리튬(litium, Li)

리튬은 화학적 성질이 나트륨과 유사하며 매우 적은 양이 있다. 신경 질환 치료제로 자주 사용하여 혈중농도가 0.6mgEq 이상이면 어지럼증, 식욕부진, 설사, 구토 등의 독성 증세를 보인다고 한다.

6 스트론튬(strontium, Sr)

스트론튬은 비활성형으로 지구와 인체에 존재하며 대사 활동은 칼슘과 비슷하고 99%는 뼈에 있다. 방사성 동위원소인 ^{90}Sr의 오염을 방지하는 문제가 제기되며 과량의 독성은 뼈의 석회화를 방해하고 성장 저해 효과가 있었다.

7 붕소(boron, B)

붕소는 매우 적은 양이 신체 기관에 골고루 분포되어 있으며 뼈에 함량이 비교적 높다. 빠른 속도로 완전히 흡수되어 거의 전부 소변으로 배설된다. 사고 또는 화상의 치료로 붕산을 다량 사용하면 일시적인 축적으로 뇌 조직에 심한 독성을 나타내는 경우가 있다.

Chapter 8

수분, 체액과 산-염기 평형

제1절 수 분

물은 깨끗하고 맛과 향이 없는 액체로, 화학구조는 두 개의 수소와 한 개의 산소로 구성되어 간단하다. 모든 필수 영양소가 화학적 · 기능적으로 생명체가 작용하는 데 필수적이지만, 물은 생명체에 가장 필수적인 요소이다.

신체가 다양한 기능을 수행하는 데 있어 수분은 가장 널리 관련되어 있으며 세포가 최적의 역할을 수행하기 위해 필요한 환경을 유지하는 데 중심적인 역할을 한다.

우리 몸 안에서 물의 기능은 혈액을 보면 쉽게 이해된다. 영양소를 옮겨주고 세포 내에서 반응이 일어나는 환경을 제공하며 대사물질을 재분배하고 배설하는 역할을 하기 때문이다. 그 밖에도 물은 영양소 이상의 역할인 우리 몸의 온도조절에 관여한다.

우리의 몸은 중요한 대사기관이기에 지속적인 열 생산이 일어나고 이 열을 발산하여야 하는데 이 과정에서 물은 그 처리 기능으로써 작용한다. 물이 열을 흡수하고 발산하기에 효소의 기능이나 구조에 손상을 줄이게 된다. 몸에서 땀이 나는 것은 물이 이 열을 발산하기 때문이다.

우리의 몸에서 물의 중요성은 아무리 강조해도 지나침이 없을 만큼 중요하지만 쉽게 대량으로 구할 수 있으므로 가끔 그 중요성을 잊을 때가 많다.

물의 역할에는 많은 것이 있지만, 우리 몸에서의 생리적 역할만을 본다면 적절한 체액과 산-염기 평형조절을 비롯하여 체액의 항상성과 분배, 배설 및 재흡수 등을 들 수 있다.

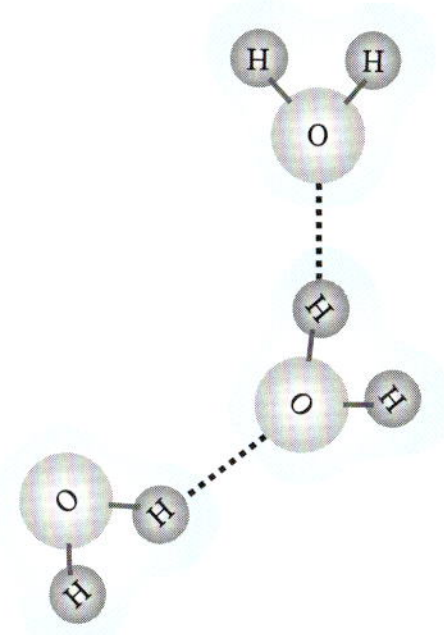

그림 8-1 물의 구조

1 물의 체내 분포

우리 몸은 적당량의 수분을 가지고 세포 내외에서 정상적인 분포를 이루며 건강을 유지하고 있다. 수분 분포를 보면 체수분은 체중의 50~70% 정도이며 신생아는 75% 이상이지만 성장함에 따라 체수분의 양이 떨어진다.

성인 여자는 50~55%로서 남자의 55~60%보다 수분량이 적고 노인에 이르면 50%가 된다. 조직에서의 수분함량은 차이가 있어 지방이 풍부한 조직에서 가장 적고 혈액이나 신장 등 물과 관련된 조직에서 가장 함량이 많아 10%에서 83%에 이른다.

우리 몸에 분포한 체수분은 크게 세포내액과 세포외액으로 구분하는데 세포내액(Intracellular fluid : ICF)이 전체의 40~45%를 이루며, 세포외액(Extracellular fluid : ECF)은 약 20%를 차지한다.

세포외액의 위치와 기능은 다음과 같다.

① 혈장(plasma)은 전 체액의 5% 정도이며 여기에 영양소와 단백질이 녹아 있고 모세혈관 벽을 통과한다.
② 간질액(interstitial fluid)과 임파액(lymph)은 세포의 조직층과 혈관 사이에 존재하는 체액으로써 세포 내외의 물질 교환이 일어나는 장소이다.
③ 조밀한 결체 조직이나 연골에도 액체가 있다.
④ 치밀한 구조를 형성하는 골격에도 체액이 존재한다.
⑤ 그 밖에 세포횡단액(transcellular fluid), 즉 타액 · 소화액 · 각종 점액 · 뇌척수액 · 안구액 등이 있어 체액을 이룬다. 또한, 물은 몸 안에서 단백질, 탄수화물, 전해질을 포함한다. 단백질은 근육, 혈액 기타 조직에 함유되어 조직과 물의 결합을 돕는다. 근육 글리코겐은 많은 양의 물과 결합되어 있기 때문에(글리코겐 1g당 약 3g 정도) 운동할 때는 열 발생에 잇점이 있다.

액체의 이동, 즉 혈액량의 감소와 세포 탈수 등은 운동을 하는 동안 열 발생 과정에서 일어난다. 그러므로 적절한 물과 전해질 균형은 이들 분획 안에서 운동하는 사람에게는 매우 중요하다.

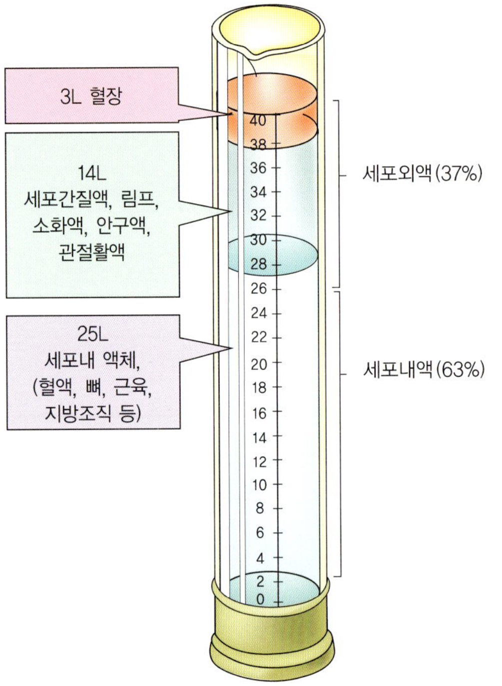

그림 8-2 세포외액과 세포내액의 함량비교

2 물의 흡수와 체내 교류

액체 섭취는 물, 소다수, 우유, 커피, 차 등의 음료 형태로 이루어지며 전체 수분 섭취의 80%정도이다. 약 20%는 매일 먹는 음식에 포함되어 있다. 성인은 하루에 약 1.8~2.8L의 물을 섭취한다.

건강한 성인의 수분 평형은 표 8-1과 같다.

표 8-1 성인의 수분 평형

수분의 급원	수 분 량 (mL)	수분의 손실	수 분 량 (mL)
액체로서	1,100~1,400	소변으로	900~1,500
고형식품에서	500~1,000	증발작용 { 피부로	400~600
		증발작용 { 호흡으로	400~500
대사수로서	200~400	대변으로	100~200
계	1,800~2,800	계	1,800~2,800

수분의 흡수는 소장벽의 삼투압에 의하여 이루어진다. 만약에 소장 내용물이 혈액의 삼투압보다 높으면 혈액의 수분이 소장으로 들어가게 된다. 즉, 소장 내용물의 성상에 따라 물의 흡수는 달라지는데 음료수로 섭취한 것이 가장 빠르게 흡수된다. 대장에서도 흡수가 일어나지만 그 양은 적으며, 특히 섬유소는 물을 포함하는 능력이 있어 대장의 수분 흡수를 방해한다.

대사수(metabolic water)는 열량 영양소의 산화 과정으로 생성된 물을 의미하는데, 영양소의 종류에 따라 산소와 수소의 함량이 다르기 때문에 당질 · 단백질 · 지방이 각각 1g씩 산화하면 0.6g과 0.4g과 1.0g의 대사수가 생성된다. 이를 100kcal당으로 환산하면 12~13g이며 하루로 계산하면 약 200~400mL 정도 되는 양이다.

사람은 필요 수분의 일부를 충족하지만, 겨울잠을 자는 동물의 경우 동면기간에는 저장된 지방의 산화로 얻어지는 대사수가 생명유지에 중요한 수분 공급원이 된다.

그러나 단백질의 경우는 소변으로 요소 1g을 배설하려면 물 15~30mL가 필요하다고 하며 조직단백질 1g을 산화하면 3g의 물이 배설된다고 한다. 그러므로 단백질의 산화는 수분손실을 가져옴을 알 수 있다.

인체는 수분을 조절하는 여러 기작이 있으므로 물을 충분히 섭취할 수 있는 환경에서 건강한 사람은 수분의 섭취량과 배설량이 균형을 이루고 있다.

뇌의 시상하부에는 갈증을 느끼는 부위인 갈증중추가 있다. 물이 필요하다는 것을 알려주는 감각이 갈증감각이며 체내 순환되는 혈액이 수분 부족으로 농축되면 뇌하수체 후엽에서 항이뇨 호르몬(antidiuretic hormone, ADH 또는 vasopressin)의 분비가 많아져서 신장의 수분 재흡수율을 높여서 수분의 손실을 최소화한다. 이 호르몬은 뇌의 갈증중추와 관련되고 시상하부의 자극은 뇌하수체와 연결되어 조절이 함께 이루어진다.

물의 배설은 주로 소변을 통해 이루어지고 대변을 통한 수분의 배설은 소변의 10%에 불과하다. 그 밖에도 폐에서의 호흡을 통한 수분의 손실(보통 에너지 소비 100 kcal 당 13mL)과 땀으로 체내에서 생성된 열의 양에 따라 비례한다(보통 에너지 소비 100 kcal 당 30mL). 체수분이 정상적으로 유지되는 것은 신장 기능을 통해서이다.

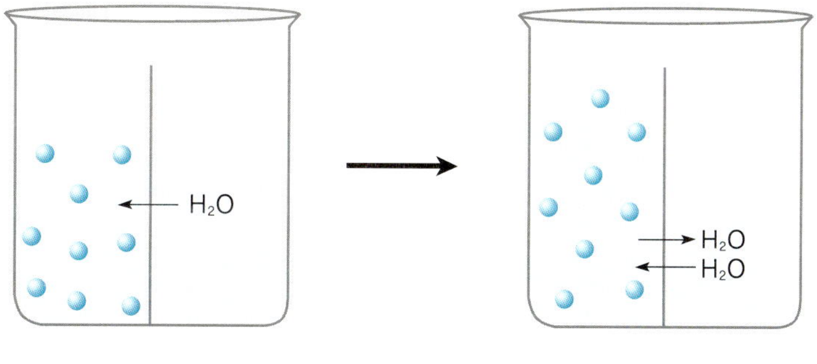

그림 8-3 반투막을 통한 물의 이동

정상적인 경우에 신장은 매우 효과적으로 과다하게 보유한 수분을 배설하고 부족한 수분상태(hypohydration)에서는 물을 보유한다.

만약 수분 부족으로 탈수가 되면 갈증이 일어나며 혈액은 점차 농축되고 고장성으로 된다. 고장성 용액과 저장성 용액이 투과성 막으로 분리되어 있다면 두 용액 간에 압력 차이가 일어나서 물이 이동하게 된다. 즉, 전해질 농도가 낮고 물의 함량이 많은 저장성 용액이 막을 통과하여 고장성 용액으로 들어간다(그림 8-3).

이때 뇌하수체 후엽에서 항이뇨 호르몬이 분비되어 신장에서 수분을 재흡수하고 소변으로 나가는 수분을 줄임으로써 체수분을 보유한다. 반대로 물의 체내보유량이 많아지면 이 호르몬이 분비되지 않아 체수분을 배설하도록 조절한다(그림 8-4).

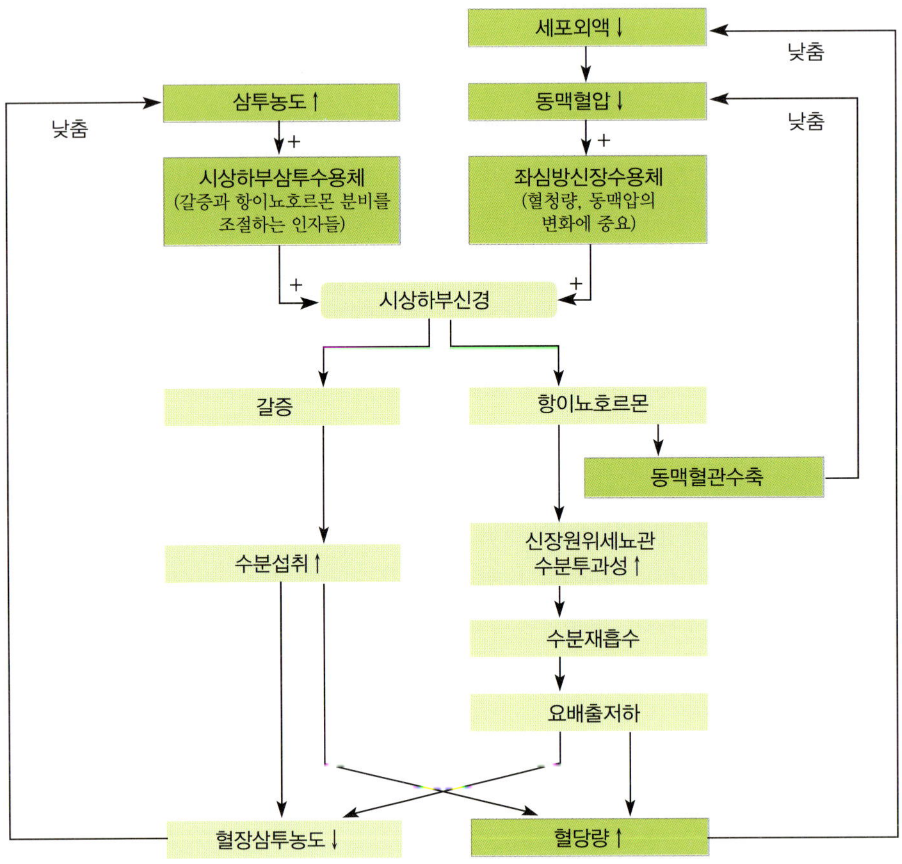

그림 8-4 수분부족 시 항이뇨 호르몬의 분비와 갈증 조절

3 체내에서 물의 생리적 기능

물은 다른 영양소가 몸 안에서 적절한 기능을 하는 데 필수적인 성분이다.

① 물은 체조직의 구성분이다.

가장 함량이 적은 치아에는 10%, 지방조직에 20%, 골격조직에 26%, 근육에 75% 그리고 혈액에 83% 가량이 들어 있다. 이러한 수분은 각 조직을 이루는 세포를 만들고 미세 구조를 형성하여 대사작용을 가능하게 한다. 영양소로 글리코겐이 저장될 때에도 수분이 포함되어 용매로 작용한다. 또한, 타액은 음식물을 잘 섞어 주고 소화액은 식품의 가수분해를 가능하게 한다. 그뿐만 아니라 장 내의 수분은 변비를 막고 배설물을 쉽게 내보낸다.

② 몸의 주요 체조직을 보호한다.

관절활액(滑液, synovial fluid)은 관절을 보호하여 외부충격의 영향을 줄이는 쿠션 역할을 한다. 또 신경조직은 물에 잠겨 있어 자극전달이 원활하다.

③ 삼투압을 조절하고 물과 전해질의 적정 균형을 유지한다.

물에 함유된 전해질은 화학반응의 기질이 되고 삼투압을 형성하여 세포의 형태유지와 활동을 돕는다.

④ 소화 흡수된 영양소를 각 조직에 운반하고 노폐물도 체외로 배출한다.

혈액과 임파에 공급된 산소 · 영양소 · 호르몬 · 기타 물질들을 세포와 조직으로 이동시키고 대사과정에서 나온 노폐물 · 탄산가스 · 암모니아 · 기타 전해질들을 폐와 신장 및 피부와 대장으로 배출시킨다.

⑤ 체온을 일정하게 유지시킨다.

심한 운동이나 노동으로 열이 발생하면 체온이 높아지는데 이때 급격한 체온 상승을 막아 일정 온도로 유지하려는 작용이 일어난다. 즉, 피부를 통하여 복사와 전도로 발산되는 열보다는 땀을 흘림으로써 물의 기화열을 이용하여 체온을 발산하므로 대사로 이루어진 열의 발산이 효율적으로 이루어진다.

그 밖에도 많은 물을 섭취함으로써 대장암이나 방광암을 예방하고 신장 결석이 감소될 수 있으며, 물의 섭취는 과다한 지방섭취를 줄임으로써 체중감량에도 효과적이다.

4 하루에 필요한 물의 양

물은 필수영양소이므로 충분섭취량을 정하고 있다. 물론, 체수분 요구는 체중에 따라 개인차가 있고 생애주기의 단계별로 다양한 차이가 있으며 환경온도와 활동수준에 따라 다르게 설정되었다.

남자가 여자보다 더 높게 책정되어 있으며 연령 증가에 따라 약간 낮아진다. 우리나라의 경우에 남자(15~29세)는 2,600mL, 여자(15~29세)는 2,100mL를 하루 충분섭취량으로 정하고 있다.

일반적으로 물의 요구량은 대사 에너지 1kcal당 1mL이라고 한다. 신생아는 요구량이 많아 1.5mL/kcal이며, 이를 체중 kg당으로 표현하면 신생아는 110mL/kg이나 10세경의 어린이는 40mL/kg으로 줄고 성인은 22mL/kg(22℃)라고 한다.

갈증은 일반적으로 체액이 2~5%가 감소하였다는 것이고, 만약에 물의 섭취량을 제한하면 입술이 마르고 맥박이 빨라지며 체온이 높아진다. 또, 식욕이 감퇴되고 음식물의 섭취가 줄어들며 활기를 잃게 된다. 갑작스런 체액의 손실은 전해질의 균형이 깨어지고 세포내외의 물질 변화가 일어나 순환 혈액이 감소하고 혈압이 내려가며 허약 · 무감각 · 근육의 경련과 부종이 일어난다.

무더운 여름이나 열대지방에서 땀을 많이 흘릴 때는 물과 함께 염분의 공급도 필요하다. 염분의 농도가 낮아지면 혈청 단백질이 감소하며 정신이 몽롱하고 착란이나 혼

표 8-2 한국인의 수분섭취기준 (mL/일)

연 령	충분섭취량 총 수분(액체)	
영아 0~5(개월)	700 (700)	
6~11	800 (500)	
유아 1~2(세)	1,000 (700)	
3~5	1,500 (1,100)	
아동, 청소년, 성인, 노인	남자	여자
6~8(세)	1,700 (800)	1,600 (800)
9~11	2,000 (900)	1,900 (900)
12~14	2,400 (1,100)	2,000 (900)
15~18	2,600 (1,200)	2,000 (900)
19~29	2,600 (1,200)	2,100 (1,000)
30~49	2,500 (1,200)	2,000 (1,000)
50~64	2,200 (1,000)	1,900 (1,000)
65~74	2,100 (1,000)	1,800 (900)
75 이상	2,100 (1,100)	1,800 (1,000)
임신부		+200
수유부		+700(+500)

보건복지부, 한국영양학회, 한국인 영양섭취기준, 2020

수에 이르게 된다. 극도의 수분 제한은 점차 체중 감소를 일으키고 끝내는 목숨을 잃게 된다.

5 물 균형의 이상(disorders of water balance)

물은 생명에 매우 필수적이기 때문에 적절한 수분 균형을 유지하는 것이 중요하다. 우리 몸에는 적절한 물, 전해질, 호르몬, 그 밖에 다른 물질들, 즉 생명 과정에 필수적인 것들이 분포하고 또 이를 사용하고 있다. 수분균형은 삼투압에 의해서 유지되며 몸 안에는 삼투압에 영향을 주는 다양한 물질들이 있다. 포도당, 단백질, 전해질(대부분 나트륨) 등인데 이들 물질은 체액에 녹아 있다.

만약에 두 개 용액이 같은 삼투압을 가지면 '등장성(isotonic)' 이라고 하며 두 용액이 다른 용질 농도를 가지고 있어 비교될 때, 더 높은 삼투압을 가지는 용액을 '고장성(hypertonic)', 다른 쪽은 '저장성(hypotonic)' 이라 부른다.

(1) 탈 수(dehydration)

탈수는 체수분이 손실되는 과정이며, 수분 부족은 체수분의 결핍상태를 의미하므로 차이가 있다. 수분 부족은 일시적인 손실에 불과하고 다음 물을 마실 때까지 견딜 수 있으면 문제가 되지 않으나 지속적인 물의 부족은 체온조절 기능을 저해하는 현상을 일으킨다.

물의 손실은 수분 균형이 기준 이하로 되는 것을 말하며, 출혈 · 화상 · 구토와 설사의 지속 또는 심한 운동에 의해 땀으로 체수분 손실이 일어나거나 이뇨작용으로 발생될 수 있다.

탈수를 동반한 과다한 체수분의 손실은 진성당뇨나 요붕증 등 내분비이상으로 발생한다. 탈수 증세는 마르고 푸석한 피부, 배설물의 감소, 체중감소와 열병, 정신 혼란 등의 순서로 진행된다. 주로 세포외액에서 체액을 잃게 되고 삼투압에 따라 일어나는 탈수도 물의 부족과 함께 전해질의 손실로 이어진다.

총 체액의 1~2%의 손실은 보통 정도의 열 환경에서 일하는 사람에게 나타나고 즉각적인 영향이 거의 없지만 열 부담이 일어날 수 있는 운동을 하는 경우에는 운동 능력을 떨어뜨릴 수 있으며, 보통 4%의 탈수는 작업능력을 20~30% 감소시킨다.

특히 나트륨은 세포외액의 주된 양이온으로 체수분의 보유를 도와 주고, 온도가 높은 곳에서 작업할 때에도 땀으로 손실된 나트륨을 보충함으로써 열에 대한 적응이 가능해진다. 또한 수분 부족은 피부의 혈액 흐름을 감소시키기 때문에 추울 때에는 더 해로울 수 있다. 또 높은 고도에서도 이뇨반응을 통하여 체수분의 손실이 일어나게 되면 탈수를 일으킬 수 있다.

(2) 물 중독(water intoxication)

물 중독은 신장의 기능저하 때나 단시간에 많은 물을 섭취하여 발생된다. 세포외액이 약해지고 전해질은 정상이지만 수분 함량이 많아서 식염수나 만니톨(mannitol)을 정맥에 투입하여 물을 제거하는 방법을 쓴다. 증상은 메스꺼움 · 구토 · 근육 경련 · 대뇌 부종으로 인한 대사장애, 즉 방향 감각의 쇠퇴 · 발작 · 혼수와 죽음에까지 이르게 된다.

(3) 부 종(edema)

부종은 간질액이 불규칙하여 누적된 것이 혈류로 되돌아오지 못해서 일어난다. 즉 수압의 증가, 모세관의 삼투압 증가, 혈류에서 혈장의 손실 증가 등이 일어난다.

부종은 영양소와 산소의 확산을 방해하기 때문에 조직의 기능을 정상적으로 유지하기 어렵게 한다.

또한 저단백혈증은 단백질 영양 불량의 결과이며 간질환(혈장 단백질의 정상 공급 불가) 또는 사구체신염(혈장 단백질이 '새기 쉬운' 여과막을 통과하여 요로 손실)의 경우이다. 또 경우는 달라도 림프관이 막히거나 수술로 제거될 때에 같은 결과가 일어난다.

제2절 전해질 균형 (electrolyte balance)

체액은 적절한 전해질을 함유하여 세포의 안과 밖이 차이가 나게 하여 수분의 분포를 일정하게 유지한다. 세포막을 경계로 전해질에 차이를 보이는 이유는 양이온인 Na^+과 K^+ 때문이며 신경과 근육 수축 등의 기능을 유지한다.

전해질이란 체액에 녹아서 전기적 성질을 띠는 양이온 또는 음이온을 말하는데 소금(Na^+Cl^-)은 체액을 지배하는 전해질로서 가장 대표적이다.

세포질의 활동에는 양이온의 4가지인 Na^+, K^+, Ca^{2+}, Mg^{2+}이 작용한다. 전해질은 모든 세포막에서 작용을 하며 신경의 흥분성이나 막 투과성, 그 밖에 다른 세포의 기능에 필수적이다. 또한, 효소의 활성화로 다양한 대사활동을 조절하기도 한다.

전해질은 음식을 통해 체내에 들어오지만 그 양은 한정되어 있어 적은 양이 대사에 관여한다. 즉, 핵산과 뼈 세포를 분해하는 동안에 인산을 유리한다. 그리고 짠맛을 내는 음식과 함께 먹은 소금은 발한, 배설, 소변 등을 통해서 몸으로부터 빠져나간다.

더운 날에 땀으로 인해 많은 전해질 손실이 있는 경우에는 위장기능의 혼란 등의 증상을 가져올 수 있으며 혈액의 전해질 균형에도 영향을 준다.

표 8-3 전해질 불균형의 원인과 결과

이온	비정상/혈청수준	가능한 원인	결과
Na	hypernatremia (Na ECF>145mEq/l) hyponatremia (Na ECF<130mEq/l)	• 건강인에게는 드물다. • 정맥 경로로 많은 NaCl 투여 • 과잉 손실 : 화상, 땀, 구토, 설사, 위세척 • 이뇨제 과잉 : 알도스테론 결핍(에디슨증후군), 신질환	• 혈압상승 : 물은 세포액에서 간질액으로, 부종 · 심환자의 정체적 심장애 • 탈수 : 혈액량 · 혈압 감소, Na만 감소 • 물 중독증 : 정신혼란, 현기증, 근경련, 발작, 혼수
K	hyperkalemia (K ECF>5.5mEq/l) hypokalemia (K ECF<3.5mEq/l)	• 신 장애 : aldosterone 결핍, KCl 정맥주입, 화상, 심각한 조직 손상, 세포 내 K^+ 상실 • 위장관 장애(구토, 설사) 위장 흡입 : 만성 stress, 쿠싱질환, 식이 부적(기아), aldosterone • 고농도 혈증의 이뇨 처방	• bradycardia : 심리 리듬 부전, 저하, 멈춤, 골격근 허약, 마비 • 심장 부전, 심장 정지 가능 : 근육허약, alkalosis, hypoventilation
Mg	hypermagnesemia (Mg ECF>6mEq/l) hypomagnesemia (Cl ECF<1.4mEq/l)	• Mg 정상 배설이 불가능할 때 (드묾) : aldosterone결핍, Mg 제산제 과잉 • 알코올 중독 : 소장 내용물 상실, 영양 결핍 심각, 이뇨제 처방	• 기면증(嗜眠症, lethargy) : CNS기능 부전,혼수, 호흡장애 • 종양, 신경근육흥분성 증가, 발작
Cl	hyperchlormia (Cl ECF>105mEq/l) hypochlormia (Cl ECF<95mEq/l)	• 보유, 섭취증가 : hyperkalemia • 구토 : hypokalemia, 알칼리 과잉섭취	• 대사성 산증 : HCO_3^- 손실, 지각마비(stupor), 빠르고 깊은 호흡(unconsciousness) • 대사성 염기증 : HCO_3^- 보유
Ca	hypercalcemia (Ca ECF>5.8mEq/l or 11mg%) hypocalcemia (Ca ECF<4.5mEq/l or 9mg%)	• hyperparathyroidism : VD과잉, 오랜 부동, 신질환(배설 감소) • 악성 : 파제트(Paget's D.) 쿠싱증후군, 골다공증 동반 • 화상(손상조직에 trapped) : 단백질 섭취와 stress로 신배설 증가(설사, VD 결핍, alkalosis)	• 테타니(tetany), 뼈손실, 골절, 허리와 대퇴부 고통 : 신결석, 오심, 구토, 심부전, 심박정지, 호흡장애, 혼수 • 손가락 아림, 종양, 테타니, 혼수, 심장 흥분성 감소, 혈우병

제3절 산-염기 평형 (acid-base balance)

세포 대사가 원활히 되기 위해서는 체액의 pH가 적절하고 일정한 범위에서 유지되어야 한다. 효소는 각기 다른 최적 pH에서 작용하여 활성화되고 세포막의 기능 유지에도 적절한 pH가 요구된다.

건강한 사람의 혈액 pH는 7.35~7.45로 일정한데, 이는 완충계에 의한 물리 · 화학적 기전과 폐와 신장의 생리적 기전에 의해 유지되고 있다.

물질이 쉬지 않고 체내에서 이동하고 있으면서도 섭취와 배설의 균형이 맞아 농도가 일정한 항상 상태를 유지하면 이를 '동적 평형' 이라고 한다.

혈액과 체액의 H^+ 농도는 매우 낮지만 단백질 분자와의 반응이 높아서 생체 내의 화학반응에 미치는 영향은 매우 크며 이는 효소의 활성에 큰 영향을 미치게 된다. 체내에는 이런 H^+의 농도를 조절하는 각종 완충계가 작용하여 조절을 하고 있다.

모든 단백질(효소, 헤모글로빈, 시토크롬 등)은 pH의 영향을 크게 받으므로 세포 내에서 생화학 반응의 조절 요인이 된다. 또 세포 내의 pH는 세포 밖의 pH와 연관이 있어 외액에서의 조절은 내액에서도 변화를 가져온다. 동맥혈은 pH 7.4, 정맥혈과 간질액은 pH 7.35, 세포내액은 pH 7.0이 평균이다. 젖산과 탄산 등 대사산물은 수소 이온 농도의 변화를 가져온다.

알칼리증(Alkalosis)은 동맥혈이 pH 7.4 이상일 때이며, pH 7.35 이하이면 산증(acidosis)이다. pH 7.0이 중성이지만 혈장의 pH 7.35는 세포의 적정 pH보다 높음을 의미하므로 동맥혈의 pH 7.35~7.0은 생리적 산증(physiologic acidosis)이라고 한다.

음식으로 산성 물질을 섭취할 수도 있지만 대부분 pH에 기여하는 H^+은 세포 내 대사산물이다. 인과 황을 함유한 단백질은 인산과 황산을 만든다. 당의 혐기성 호흡은 젖산을 생성하고 지방대사는 케톤체와 같은 산성 물질을 만든다.

체액의 pH는 다음의 단계로 조절되는데, 이는 ① 화학적 완충계 ② 뇌간의 호흡중추 ③ 신장 메커니즘이다.

1 체내에서의 산과 알칼리의 급원

체내에 여러 가지 산성 또는 알칼리성 물질이 생김으로써 우리는 일상생활을 영위해 갈 수 있다. 이러한 물질이 생기는 경로는 다음과 같다.

(1) 체내 대사물에서

우리가 섭취하는 대부분의 식품은 중성 물질이다. 그러나 그러한 음식이 소화 흡수되어 세포 내에서 여러 가지 작용을 시작하면 그 대사 작용으로 산성 물질과 알칼리성 물질이 생긴다.

우리가 음식으로 섭취하는 탄수화물은 대사되어 에너지를 발생한다. 탄수화물이 연소하기 시작하면 중간 산물로 피루브산이 생성되는데 이 과정까지는 혐기성이므로 산소의 공급 없이도 쉽고 빠르게 진행된다. 그러므로 심한 운동을 할 때에는 피루브산이 많이 쌓이게 되고 피루브산은 즉시 더 안정된 젖산(lactic acid)으로 변한다.

그러므로 운동을 한 부위에는 피루브산과 젖산이 함께 농축되며 이들은 혈액을 통해 운반된 산소에 의하여 완전 연소하여 물과 이산화탄소가 된다. 이산화탄소는 혈액 중에서 수분과 결합하여 탄산이 되어 운반된다. 이와 같이 포도당이 에너지를 발생하는 데는 피루브산, 젖산, 탄산이 다량 생성됨을 알 수 있다.

지방도 체내에서 탄수화물과 마찬가지로 연소하여 에너지를 발생한다. 지방이 연소할 때에는 지방산과 글리세롤로 분해된 다음에 둘 다 탄수화물의 연소과정을 밟아 물과 이산화탄소가 되며 에너지를 방출한다. 여기서 발생하는 이산화탄소도 역시 물과 결합하여 탄산이 된다.

단백질이 연소하여 에너지를 낼 때도 역시 물과 이산화탄소가 생성된다. 그러나 연소하기 전에 질소 부분은 제거되는데, 질소 물질은 알칼리성 물질인 암모니아가 된다.

이와 같이 체내에서 에너지가 발생하는 과정에서 산성 물질이 많이 생긴다. 우리가 생명을 유지하고 활동을 계속하는 데는 1일 2,000kcal 이상의 에너지가 필요하므로 우리 체내에서는 상당한 양의 산이 생성되고 소량의 암모니아가 발생한다.

이 물질들은 빨리 배설되지 않으면 혈액과 체액을 산성 또는 알칼리성 쪽으로 기울어지게 한다.

(2) 음식물에서

사람은 음식을 통해 필요한 영양소를 섭취함으로써 건강하게 살아갈 수 있다. 우리가 먹는 음식에서도 산성 물질과 알칼리성 물질이 생긴다. 단백질에는 황과 인이 존재하는데 이들은 체내에서 산화되어 황산(H_2SO_4)과 인산(H_3PO_4)이 된다. 또한, 소금으로 섭취한 염화 이온도 역시 체내에서 염산(HCl)이 된다.

또 식품 내에는 알칼리성 물질을 형성하는 원소들도 많이 존재한다. 예를 들면 우유에는 칼슘이 많이 함유되어 있는데 칼슘은 알칼리성 물질을 형성한다. 또 과일에는 칼슘과 마그네슘이 들어 있고 육류에는 철분이 존재한다. 이들 원소들은 체내에서 알칼리성 물질을 형성한다.

이처럼 음식을 먹으면 그 음식에서 산성 물질과 알칼리성 물질이 생김으로써 체액을 산이나 알칼리로 기울어지게 한다. 산성 물질과 알칼리성 물질을 형성하는 원소를 표 8-4에 제시한다.

표 8-4 산과 알칼리를 형성하는 원소와 식품

산		알 칼 리	
형성 원소	식 품	형성 원소	식 품
유황, 인, 염소	고기, 생선, 가금, 모든 곡류 음식(밥, 국수, 빵, 떡, 과자)	나트륨, 칼륨, 칼슘, 마그네슘, 철분	과일, 채소, 우유, 견과

2 산성 식품과 알칼리성 식품

우리가 먹는 음식도 산을 형성하는 것과 알칼리를 형성하는 것으로 구분할 수 있다. 음식물을 섭취했을 때 체내에서 유기물이 연소되고 남은 물질 중 유황 · 인 · 염소가 많으면 산성 식품이라고 하며 나트륨 · 칼륨 · 칼슘 · 마그네슘 · 철분 등의 원소가 많을 때는 알칼리성 식품이라고 한다.

산성 식품은 단백질을 많이 함유하고 있는 달걀 · 고기 · 생선 · 가금 등의 동물성 식품과 탄수화물을 많이 함유하고 있는 밥 · 국수 · 빵 · 떡 · 과자 등의 곡류 식품들이다. 단백질은 연소하면 탄산을 형성하고 또 황과 인을 가지고 있어 황산과 인산을 많이 만들 수 있기 때문이며, 곡류는 대부분이 탄수화물로서 연소하여 다량의 탄산을 형성하기 때문이다.

알칼리성 식품으로는 모든 채소와 과일, 그리고 견과 등의 식물성 식품과 우유 등이 있다. 식물성 식품에는 알칼리성 물질을 형성하는 원소인 나트륨 · 칼륨 · 마그네슘 등이 많이 함유되어 있다. 우유는 상당한 양의 젖당 · 지방 · 단백질을 함유하고 있어 산성 식품이라고 생각할 수 있으나 칼슘의 함량이 많아 알칼리성 식품에 속한다.

3 체내에서 생성된 산과 알칼리의 조절

우리 체내의 체액은 거의 중성으로 유지되어야 한다. 그런데 산성 식품과 알칼리성 식품을 가려서 먹지 않아도 되는 이유는 체내에서 자동조절이 가능하기 때문이다.

체내에서 생성되는 산성 물질 중 가장 많은 탄산은 사람의 생명이 유지되는 한 계속 생성되며 신체는 에너지가 필요하고 필연적으로 CO_2가 다량으로 생성되지만 문제가 되지 않는다. 왜냐하면 체내에서 생성되는 CO_2는 적혈구에서 중탄산이온으로 전환되고, 헤모글로빈은 CO_2 자체를 결합하여 운반할 수 있으며 폐로 이동한 중탄산이온과 CO_2는 호흡기를 통하여 몸 밖으로 배설되기 때문이다.

어느 실험에서 한 끼에 454g의 비프 스테이크(강한 산성)나 454g의 바나나(강한 알칼리성), 또는 네 컵의 오렌지 주스(강한 알칼리성)를 며칠 동안 계속 먹게 하면서 8시간마다 소변과 혈액의 pH를 조사하여 본 결과, 소변의 pH에는 약간의 변화가 있었으나 혈액의 pH는 전혀 변화가 없었다.

그러므로 모든 면에서 영양적으로 균형잡힌 식사를 한다면, 산-알칼리 평형을 위하여 음식을 선택해서 먹을 필요는 없다.

4 산-염기 평형의 비정상

모든 산증과 알칼리증은 호흡성 또는 대사성으로 분류할 수 있다.

(1) 호흡성 과산증과 과염기증

호흡계의 결함으로 정상 pH를 유지하지 못하여 생기는 것이다. CO_2분압이 정상 여부의 지표가 된다(PCO_2 35~45 mmHg, 호흡성 과산증 45 mmHg 이상, 호흡성 과염기증 35mmHg 이하). 이때 과산증이면 얕은 숨 · 폐렴 · 폐기종 · 기체 교환의 방해 등의 증상이, 과염기증이면 과도 환기 증상이 나타나지만 질병과 연관되는 예는 드물다.

(2) 대사성 과산증과 과염기증

중탄산 이온의 정상범위(22~28mEq/L) 이상 또는 이하를 의미한다. 즉, 대사성 과산증은 산의 과다섭취나 계속되는 설사 등으로 중탄산이온의 손실 증가에 의하여 발생한다. 운동 시에 젖산의 축적이나 쇼크, 당뇨나 기아, 케토시스, 신장결함으로 인한 H^+ 배설장애 등으로부터 유발된다.

대사성 과염기증은 pH와 중탄산 이온의 수치 증가와 위의 산성이 구토로 손실될 때 또는 제산제 등 알칼리의 과다복용 · 변비 · 결장에서 재흡수되는 중탄산의 증가 등이 원인이다.

과산증과 과염기증은 절대 한계인 pH 7.0~7.8에 영향을 주므로 pH 7.0 이하는 중추신경계의 심한 억제와 혼수 및 죽음에 이른다. 그리고 과염기증은 신경의 과잉반응, 근육 경련, 신경 과민, 호흡장애로 죽음에 이른다.

Chapter 9

지용성 비타민

제1절 비타민의 개요

1 정의

비타민은 당질 · 지질 · 단백질 · 무기질 이외에 필요한 미량 영양소이며, 신체기관을 정상적으로 움직이기 위해서 필수적인 물질이다. 하지만 몇 가지를 제외하고는 체내에서 생산 · 합성할 수 없으므로 외부로부터 섭취하지 않으면 생명을 유지하기가 불가능하다. 많은 사람들이 비타민 정제를 활력증진제나 식품대용물로 생각하고 있지만 비타민 자체에는 칼로리가 없으며 조직을 구성하는 물질은 아니다.

식품 생산과 공급이 원활하지 못했던 옛날에는 비타민 결핍증에 대한 연구가 활발하였으나, 다양하고 풍부한 식품이 공급되는 요즘에는 비타민을 어느 특정한 결핍증과 연결시키기보다는 그 자체가 가지는 체내 기능에 대한 연구를 활발하게 진행하고 있다.

비타민은 체내 효소계의 구성요소로서 신진대사를 촉진하여 정상 상태를 유지시키므로 다른 영양소에 비하여 필요량은 극히 미량이지만 신체의 건강 유지와 대사에 꼭 필요한 유기 화합물이다. 비타민은 거의 모든 대사과정에 요구되는 특수영양소로서 13가지로 구분하고 있다. 하루 식사에서 아주 적은 양만이 필요하여 이를 미량 영양소로 구분하고 있다.

2 비타민의 분류

비타민은 한 그룹의 영양소로서 묶여 있지만, 각 비타민의 화학적 성질과 생리적 기능은 매우 다양한데, 크게 지용성 비타민 · 수용성 비타민으로 대별된다.

지용성 비타민은 소화 · 흡수 · 운반 · 저장 등 모든 과정이 지질에 의존하여 이루어지며 장에서 흡수되어 주로 간에 저장된다.

수용성 비타민은 체내에 저장되지 않으므로 항상 음식으로 섭취하여야 하는 영양소이다.

대부분의 수용성 비타민은 혈액 중의 비타민 농도가 높아지면 소변으로 쉽게 배설된다. 결과적으로 수용성 비타민은 쉽게 부족증을 일으키나 과잉에 의한 독성은 지용성 비타민보다 적다.

표 9-1 비타민의 분류 및 종류

분 류	지용성 비타민	수용성 비타민
흡수성	체내로 흡수되기가 어려움	체내로의 흡수가 쉽고 빠름
저장성	체내에 잘 저장됨	체내에 저장되지 않음 (예외 : 비타민 B_{12})
독 성	다량 섭취 시 저장되어 독성 유발 (비타민 A, D는 특히 심함)	독성이 그리 심하지 않음 (장기간 고농도로 섭취 시에는 독성 유발 가능)

종 류		이 름	화 학 명	발견년도	결 핍 증
지용성 비타민		비타민 A	retinoid	1916년	야맹증
		비타민 D	calciferol	1919~1922년	구루병
		비타민 E	tocopherol	1929년	
		비타민 K	phylloquinone	1929년	혈액응고장애
수용성 비타민	B 복합체	비타민 B_1	thiamin	1926년	각기병
		비타민 B_2	riboflavin	1933년	구순구각염
		니아신	niacin	1937년	펠라그라
		판토텐산	pantothenic acid	1939년	
		비타민 B_6	pyridoxine	1938년	피부염
		엽 산	folic acid	1943년	빈혈
		비타민 B_{12}	cobalamin	1948년	악성빈혈
		비오틴	biotin	1948년	egg white injury
		비타민 C	ascorbic acid	1917년	괴혈병

3 비타민의 기능

비타민은 복합 유기화합물로서 대부분 식품에서 적은 양이 발견되며 인체에서 다양한 생리적 대사과정의 수행을 위하여 필수적이다.

(1) 조효소 기능

효소는 대사과정을 잘 진행하고 통제하도록 하여 다양한 반응을 조절하지만, 촉매로 작용하는 효소는 자체의 구조는 바뀌지 않고 다른 물질을 변화시키는 능력이 있다. 이

때, 여기에 붙어 있는 부분을 '조효소(助酵素, coenzyme)' 라고 한다. 효소가 적절한 기능을 하기 위해서는 효소와 조효소가 모두 존재하여야 한다. 조효소는 비타민이나 그 유도물질로 구성된다.

효소는 체내 화학반응의 시작이나 중간에 참여하지만 시간이 경과하면 파괴되어 사라지기도 한다. 효소와 함께 조효소도 신체 대사과정에서 형성되고 사라지기 때문에 조효소의 활성화 작용을 가지는 수용성 비타민은 지속적으로 요구된다.

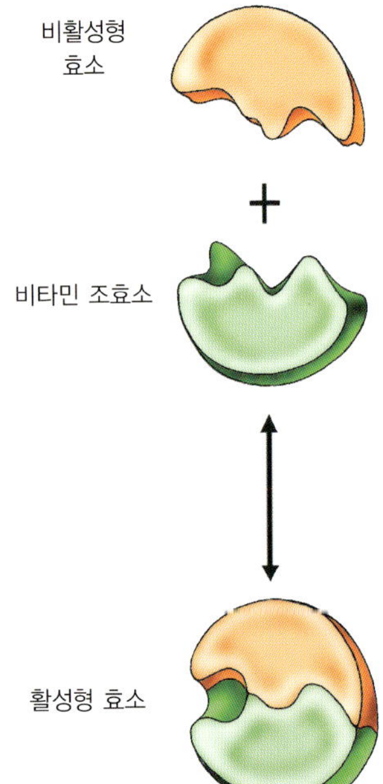

그림 9-1 비타민의 조효소 기능

(2) 항산화 기능

다양한 산화 반응이 체내에서 진행될 때 유리 라디칼(radical)이 생성된다. 유리 라디칼은 체조직 안에서 매우 반응성이 높아서 불포화지방산의 세포막이나 세포내막에서 원하지 않는 산화를 일으킴으로써 DNA · 지방 · 단백질 · 기타 분자들을 손상시키고 암 · 심혈관계질환 · 신경퇴화성 질환의 원인이 되기도 한다.

다행히, 유리 라디칼이 체내에서 자연적으로 형성되지만 체세포는 많은 항산화 효소를 생성하여 유리 라디칼을 중화하고 세포손상을 막는다. 항산화 효소는 유리 라디칼을 없애는 효소로서 미량 원소를 포함하고 있으며 이들 효소와 마찬가지로 비타민 중에는 비타민 E 및 C와 베타카로틴 등이 항산화 기능을 갖는다.

(3) 호르몬 기능

비타민 D는 비타민 형태로 존재하고 몸에서는 몇 가지 전환 과정을 거쳐서 활성형으로 되어 혈류를 통하여 순환하고 여러 조직에서 뼈 대사를 증진시키는 작용을 한다.

비타민 D는 활성형으로서 호르몬 같은 기능을 한다.

비타민 A나 K는 간과 소장에서 생성되어 몸의 다른 부분에 가서 기능을 나타내지만 호르몬 같이 취급하지 않는다. 또한, 비타민 C는 에피네프린(epinephrine) 형성에 작용을 하지만 호르몬으로 분류하지는 않는다.

(4) 에너지 대사에 기여

비타민은 체내 기능에서 조절작용을 하고 건강 유지에 작용하는 필수 불가결한 요소이지만 에너지 급원은 아니다. 또한, 신체를 구성하지도 않는다.

표 9-2 신체의 생리적 기능별로 요구되는 비타민의 종류

생리적 기능	요구되는 비타민
에너지 대사경로	티아민, 리보플라빈, 니아신, 피리독신과 비타민 B_{12}, 엽산, 비오틴, 판토텐산
혈액 형성(응고포함)	피리독신, 비타민 B_{12}, 엽산, 비타민 K
콜라겐 형성	비타민 C
항산화 및 방어 기능	비타민 C, 비타민 E, 비타민 A(카로티노이드 포함), 리보플라빈(간접작용)
효모 시스테인 대사	엽산, 비타민 B_{12}, 피리독신
단백질 전사	비타민 A, 비타민 D
단백질 대사	티아민, 피리독신, 비타민 C, 엽산
뼈의 건강	비타민 A, 비타민 K, 비타민 D, 비타민 C
시각 기능에 관여	비타민 A

4 비타민이란?

비타민은 몸에서 충분한 양이 합성되지 못한다. 결핍증상은 식사의 섭취부족으로 오는 것이며 충분히 섭취하면 결핍증이 생기지 않는다. 현재까지 인체에 필요하다고 잘 알려진 비타민은 13종이다. 이들 비타민 중 4가지는 지방에 용해되며 식사에서도 지방과 함께 존재한다.

다른 9가지는 수용성이며 식품에 널리 분포하고 있다. 비록 대부분의 비타민을 식품에서 얻어야 하지만, 몇 가지는 섭취된 영양소로부터 몸에서 합성되고 피부를 태양의 자외선에 쪼임으로써 만들어지며 소장박테리아의 활동으로도 만들어진다.

많은 물질들이 비타민으로 잘못 분류되기도 한다. 이러한 군으로는 이노시톨(inositol)과 파라아미노벤조산(para-aminobenzoic acid) 등이 있다. 이들이 비타민 활성을 가지는 물질로는 생각되지만 꼭 먹어야 하는 것으로 증명되지는 않았다. 그 밖에도 비타민과 유사한 활동을 하고 건강과 신체 수행능력을 증진한다는 물질이 있는데 꽃가루(pollen), 조효소 Q_{10}(CoQ_{10}), 인삼, 징코 등이 여기에 속한다. 그러나 이들도 비타민은 아니다.

비타민은 하루에 매우 적은 양만이 필요할 뿐이다. 권장섭취량 또는 적정 섭취량은 mg이나 ㎍으로 표시된다. 몇 가지 비타민은 다양한 형태를 나타내기 때문에 영양필요량을 활성평형으로 제시한다.

예를 들어 비타민 A는 레티놀과 같은 전구체에서부터 오기도 하고 베타카로틴에서 전환되기도 한다. 이와 같이 비타민 A의 필요량은 레티놀 활성평형(RAE)으로 표현한다.

국제단위(IU)는 비타민 활성에 대하여 오래 전부터 사용되고 있으며, 식품표시와 비타민을 다량섭취하는 양을 제시할 때 일반적으로 사용하고 있다.

5 비타민의 결핍이나 과잉이 미치는 영향

비타민 결핍이 사람의 건강이나 신체에 영향을 미치는 정도는 결핍의 정도에 따라 다르다. 비타민 결핍은 다음 4단계로 설명한다.

① **예비 단계(preliminary stage)** : 비타민이 식사에서 필요한 양만큼 적절하지 못함을 말한다.

② **생화학적 결핍 단계** : 신체의 비타민 풀(pool)이 감소한다. 몇 가지 비타민은 생화학적 결핍 정도를 혈액이나 조직검사로 알 수 있다.

③ **생리적 결핍 단계** : 일반적인 결핍증상을 보이는 것으로, 입맛 상실이나 허약 또는 신체적 피로이다.

④ **마지막 단계** : 임상적으로 비타민 결핍인 상태이다. 즉, 특징적인 임상 증상이 관찰되며 대개는 몇 가지 비타민의 결핍이 함께 나타난다. 빈혈은 몇 가지 비타민, 즉 엽산 · 비타민 B_6 · 비타민 B_{12}의 결핍으로 온다.

과거에는 비타민의 영양권장량(RDA)을 비타민 결핍 질환의 예방을 위해 설정하였으나 지금은 건강증진과 관련하여 생각하고 있다. 예를 들어 비타민 D의 충분섭취량(AI)은 골다공증 예방에 도움을 주는 것으로 변경되었고 엽산의 권장섭취량(DRI)은 임신기 동안 태아의 신경계 손상을 막기 위해 설정되었다. 과학적인 증거가 충분하면 비타민 권장섭취량은 만성 질환의 예방을 위한 양으로 바뀐다.

어떤 비타민의 권장섭취량이 건강증진 목적으로 쓰이게 될 때 자연식품에서 섭취를 높이고 일부 강화식품 또는 식품첨가로써 부족 부분을 채우는 방법으로 권장되고 있다.

어떤 식품을 다량 섭취하여도 특정 비타민을 건강과 일상생활 수행을 나쁘게 할 정도로 과잉 섭취하기는 어렵다. 다량 섭취하더라도 신체는 빠르게 배설하므로 신체기능은 정상을 유지한다. 비타민 과잉증은 비타민을 효과적으로 배설하지 못하고 조직에 누적될 때 일어나며 영양소로서의 기능이 아닌 약물의 기능으로 다량 섭취할 때에 독성이 일어난다.

제2절 비타민 A

비타민 A는 지용성 불포화 알코올이며 생리적 활성형은 레티놀로 알려졌다. 동물성 식품에서 얻게 되는 비타민 A는 레티노이드(retinoids)라고 하며 식물성 식품에서 얻게 되는 것은 카로티노이드(carotinoids)라고 한다. 비타민 A는 망막에서 시각에 관여하는 색소(rhodopsin)의 성분으로서 중요하여 그 이름도 망막(retina)과 연관지어 레티놀(retinol)이라고 부른다.

1 비타민 A의 화학적 성질

비타민 A에는 활성을 갖는 세 종류가 있는데 레티놀 · 레티날 · 레티노산으로 식품에 존재하는 비타민 A의 형태는 대부분 알코올 형태인 레티놀이다. 그 밖에는 체내에서 분해되어 비타민 A의 효력을 나타내는 프로비타민 A가 있다. 프로비타민 A는 카로티노이드 색소로 α-카로틴, β-카로틴, γ-카로틴 등이 있다.

카로티노이드 600여 종 중에서 50여 종만이 비타민 A의 활성을 지니고, 그 중에서도 β-카로틴이 비타민 A의 활성을 높게 나타내며 식품 중에 흔하게 존재한다.

비타민 A는 지질에 용해되나 물에 녹기 어렵고 열 · 산 · 알칼리에는 안정하므로 조리할 때 손실이 적다. 그러나 산소와 광선 특히 자외선에 의해 분해되기 쉽고 이중결합이 많기 때문에 산화가 잘 일어나며 산화되면 효력을 상실한다.

2 비타민 A의 흡수와 대사

레티놀은 소장 점막세포로 흡수된 후 다시 레티닐 에스테르(retinyl ester)로 되어 킬로미크론(chylomicron) 내의 지방입자로 들어가서 림프계와 순환계를 통하여 간에 저장된다.

카로틴은 그대로 흡수되기도 하지만 일부는 흡수 전에 소장 내 효소에 의하여 레티놀로 분해된다. 흡수 후에 카로틴의 1/2이 효소에 의하여 레티날을 거쳐 레티놀로 전환되며 대부분의 레티놀은 간으로 운반되어 저장된다. 비타민 A와 카로틴 흡수가 잘 되려면 지방과 담즙염이 필요하다.

담즙은 지방의 유화를 도와줌으로써 흡수를 촉진시키므로, 식사 시에 지방 섭취 불량이나 담즙 분비에 장애가 있을 때는 비타민 A와 카로틴 흡수에 지장을 초래한다. 또한, 비타민 E와 같은 항산화제가 있으면 비타민 A의 산화를 방지하여 흡수를 높일 수 있다.

체내 비타민 A의 90%는 간에, 나머지는 신장 · 폐 · 부신 · 지방조직에 존재한다.

건강한 성인은 비타민 A를 몇 개월에서 1년 동안 필요한 만큼 저장한다. 비타민 A 자체는 신체로부터 배설되지 않으나 비타민 A의 대사물질이 담즙을 통하여 주로 대변으로 배설되고 극히 소량은 소변을 통해 배설되기도 한다.

3 비타민 A의 생리적 기능

비타민 A는 상피세포의 유지와 시각기능에 필수적인데 특히 야간 시력(night vision) 유지에 필수적이다. 또한, 다양한 생리적 기능으로 뼈의 발달과 면역계의 적정기능 유지 등을 한다. 항산화 기능에 대한 논의도 점차 이론화되고 있다.

(1) 시각 작용

눈의 망막에는 명암을 감지하는 간상세포와 원추세포라고 불리는 두 종류의 신경세포가 있다. 간상세포는 어두움에 반응하고 원추세포는 밝은 빛에 반응한다. 간상세포에는 비타민 A와 옵신(opsin)이라는 단백질로 구성된 색소 단백질인 로돕신(rhodopsin ; visual purple)이 있고 원추세포에는 아이오돕신(iodopsin ; visual violet)이 존재한다.

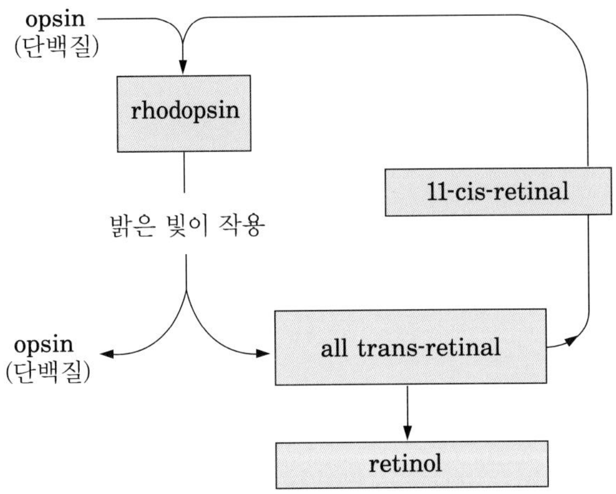

그림 9-2 로돕신의 생성

음식물로부터 섭취한 레티놀은 체내에서 레티날로 되며 단백질인 옵신과 결합하여 로돕신이라는 색소를 형성하는데 로돕신이 빛에 쪼이면 퇴색되어 레티날과 옵신으로 분해된다. 이런 반응을 통하여 시신경을 자극함으로써 어두운 곳에서 빛을 식별할 수 있다. 그러므로 시각작용이 진행되려면 로돕신이 끊임없이 재생되어야 한다.

레티날에서 로돕신으로 재생될 때는 약간의 레티날이 손실되므로 보충이 필요하다. 그러므로 비타민 A가 부족하면 어두운 곳에서 시력이 떨어지고, 결핍상태가 계속되면 야맹증이 된다.

(2) 상피세포 형성과 기능 유지 및 암발생 예방

상피세포는 체표면을 구성하거나 체내에서 외부와 접촉하는 부위를 구성하는 조직으로 피부, 소화기, 호흡기, 생식기관의 점막이 모두 포함된다. 상피세포에서는 점액(mucus)과 다른 분비물이 분비되어 박테리아나 다른 미생물들의 침입으로부터 조직을 보호한다. 즉, 비타민 A가 부족하면 조직을 정상적으로 유지시키지 못하고 뮤코 단백질(mucoprotein) 또는 뮤코 다당류(mucopolysaccharide)와 같은 점액물질을 분비하지 못함으로써 각질화되어 세포가 딱딱하고 견고해진다.

그 밖에도 비타민 A가 상피세포의 암발생을 방지할 수 있을 것으로 보이는데, 특히 폐암과 관련되어 있는 것으로 알려져 왔고 β-카로틴 섭취량이 적을 때에 폐암이 걸릴 확률이 높다고 보고되었다. β-카로틴이 체내에서 비타민 A로 전환된 후 다시 콘드로이틴(chondroitin)이란 다당류를 형성하여 점막 등의 건강을 유지시켜 준다. 즉 β-카로틴이 부족하면 암세포가 쉽게 번식될 수 있다.

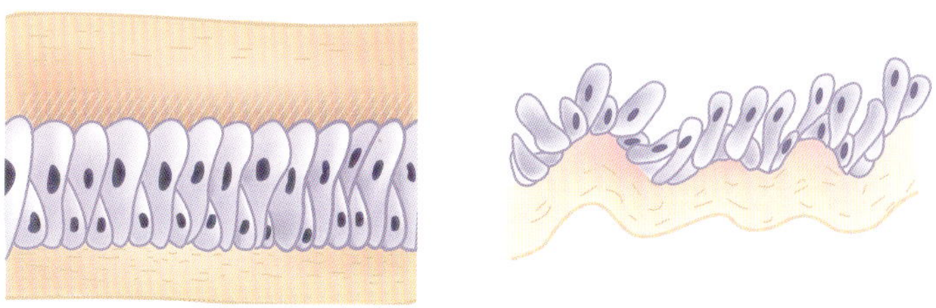

그림 9-3 건강한 세포내층과 비타민 A가 부족한 세포내층

(3) 성장과의 관계

비타민 A는 골격과 치아의 성장 발달에 필요한 비타민이다. 이는 골격의 형성에 관여하는 조골세포(osteoblast)와 골격의 분해에 관여하는 파골세포(osteoclast)의 형성 및 대사과정에 필요한 것으로 보인다. 비타민 A는 뼈의 끝 부분을 다시 생성함으로써 새로운 뼈를 형성하게 한다.

또한, 비타민 A는 치아의 에나멜층 형성에 관여하므로 부족하면 치아의 에나멜 형성이 부진해진다.

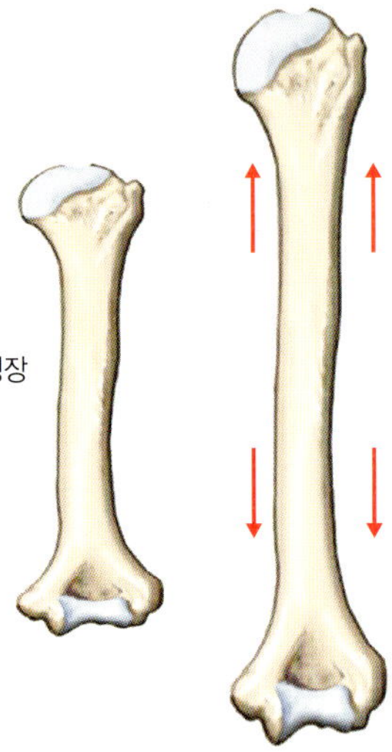

그림 9-4 비타민 A와 뼈의 성장

(4) 정상적인 생식기능의 유지

비타민 A가 부족하면 동물의 생식기능에 장애를 가져온다. 비타민 A 결핍은 스테로이드(steroid) 합성에 필요한 효소를 감소시켜 프로게스테론(progesterone)을 비롯한 성 호르몬 생성을 저하시키나, 이 기전에 대해서는 아직 정확하게 밝혀지지 않았다.

(5) 그 밖의 기능

면역기능, 적혈구 생성에도 도움을 준다.

4 비타민 A의 급원식품 및 섭취기준

비타민 A는 동물성 식품에 널리 분포되어 있다. 특히 간, 버터, 치즈, 달걀노른자, 생선간유, 강화 우유 등에 많이 함유되어 있다. 비타민 A 전구체는 β-카로틴으로 짙은 녹색 잎채소와 황색 또는 오렌지색의 채소 · 과일, 즉 오렌지 · 라임 · 파인애플 · 자두 · 메론 · 당근 · 시금치 · 호박 · 풋고추 · 감 · 귤, 그리고 김 등 해조류에 많이 함유되어 있다.

비타민 A의 1일 평균필요량은 남자의 경우 19~29세는 570μgRE, 여자의 경우는 460μgRE이다. 30~49세의 남자는 550μgRE, 여자는 450μgRE로 정하였으며, 권장섭취량은 성인 남자 700~800μgRE, 여자는 550~650μgRE로 정하였다. 비타민 A의 단위는 레티놀활성당량(RE) 또는 μg으로 표기하여 1RE(μgRE)는 1μg레티놀, 12μg β-카로틴과 같다.

당근 시금치 호박 피망 간

그림 9-5 비타민 A 급원식품

표 9-3 비타민 A 함유식품

(RE/100g)

식품명	함량	식품명	함량
붉은고추(마른것)	2,312	돼지 간	10,119
깻잎	762	쇠간	9,463
시금치	240	난황	459
당근	635	김(마른것)	1,875
감말랭이	241	치즈(가공)	366
시금치	240	버터	407
쑥	332		

농촌진흥청 국립농업과학원 2011, 2012

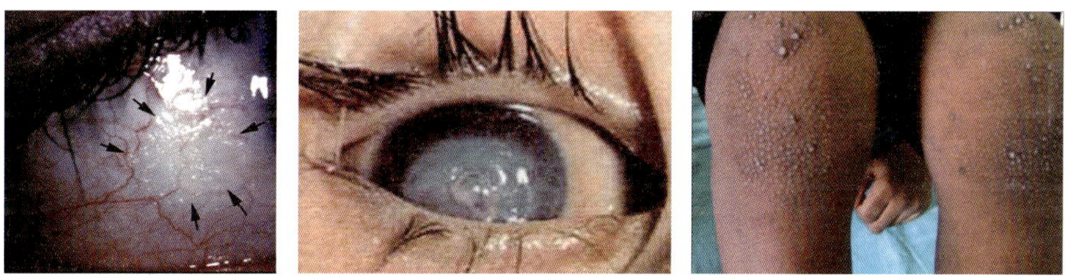

Bitot's 점 각막연화증 포화각화증

그림 9-6 비타민 A의 결핍증

비타민 A는 비교적 안정하므로 평상시 조리나 가공 · 저장 중에는 거의 파괴되지 않으나 빛에 의해 쉽게 산화된다. 채소를 조리할 때는 뚜껑을 덮고 찌거나 약한 불에서 소량의 물을 사용하는 것이 비타민 A를 보존하는 조리법이다.

5 비타민 A 결핍증

비타민 A는 몸 안에 상대적으로 많은 양이 저장되어 있으므로 부족하게 섭취하여도 심각한 건강 장애가 될 때까지는 오랜 기간이 소요된다. 비타민 A의 약한 결핍상태는 감염에 약해지고 피부 손상이 일어나는 정도이다.

역학 연구에 의하면 β-카로틴 섭취가 부족하면 피부, 폐, 유방, 소장 상피 등의 상피조직에 이상을 보이고 심하면 암으로 진행된다고 한다. 또 밤눈이 어두워지는데, 주로 성장기 아동들에게 나타나며 직접적으로는 식품섭취량의 부족으로 생기고, 간접적으로는 지방흡수 불량 때문에 생긴다.

비타민 A의 결핍이 몇 년동안 지속되면 각막이 딱딱해져서 각질화되어 실명에 이르기도 하며, 또한 안구건조증(xerophthalmia)이나 각막연화증(keratomalacia)에서 야맹증으로 진행되기도 한다.

비타민 A 결핍은 개발도상국의 어린이 사망률을 높여 수백만 명의 어린이가 죽음에 이르고 있다. 비타민 A 결핍은 뼈와 신경계통에도 영향을 주어 골격 성장부진을 초래하며 중추신경계의 성장도 억제시킨다. 또한, 소화기계의 상피세포에도 영향을 끼침으로써 영양소의 흡수에 영향을 주며 설사를 초래한다.

비타민 A의 결핍을 예방하는 방법은 여러 가지가 있는데 단백질을 충분히 공급하는 것과 우유에 비타민 A를 강화시키는 것도 좋은 방법이다. 비타민 A 의 추가섭취로 개발도상국 어린이의 사망률을 줄일 수 있었고 면역계 활성화를 통한 감염을 줄였다.

6 비타민 A의 과잉증과 독성

비타민 A의 독성은 거의 대부분 동물성 레티놀에 의한 것이며 식물성인 카로티노이드에 대하여는 별다른 독성이 없다.

레티놀은 90% 이상이 간에 저장되므로 독성이 잘 나타나고 카로틴은 지방조직에 비교적 많이 저장되므로 독성이 약한 것으로 보인다.

비타민 A의 상한섭취량은 19세 이상 성인의 경우는 하루에 3,000μgRE이지만 비타민 A를 더 섭취하더라도 레티놀은 권장하지 않는다. 과다한 양의 비타민 A는 의사의 처방없이 마음대로 할 때에 문제가 된다.

과잉 증상으로는 두통 · 메스꺼움 · 구토 · 탈모 · 설사 · 발진 · 뼈의 통증 · 피로 등이 있으며, 과다한 비타민 A 섭취는 뼈를 허약하게 할 수 있고, 뼈의 재흡수와 뼈 형성 억제 · 뼈 손실 유도 · 골다공증 형성에 기여한다. 매일 3,000μgRE를 섭취한 여성에게서 대퇴 골절의 위험이 두 배나 높았다는 연구도 있다.

임신 중에 비타민 A를 다량 복용하면 중추신경계 이상, 뇌수종, 탈뇌(cranial hernia) 등을 가진 기형아를 출산할 확률이 높다.

과다한 양의 비타민 A를 임신기에 섭취할 때에는 태아에 기형이 나타났으며 권장량의 4배 정도 섭취하였을 경우에도 출생 시 결함이 발생하였다.

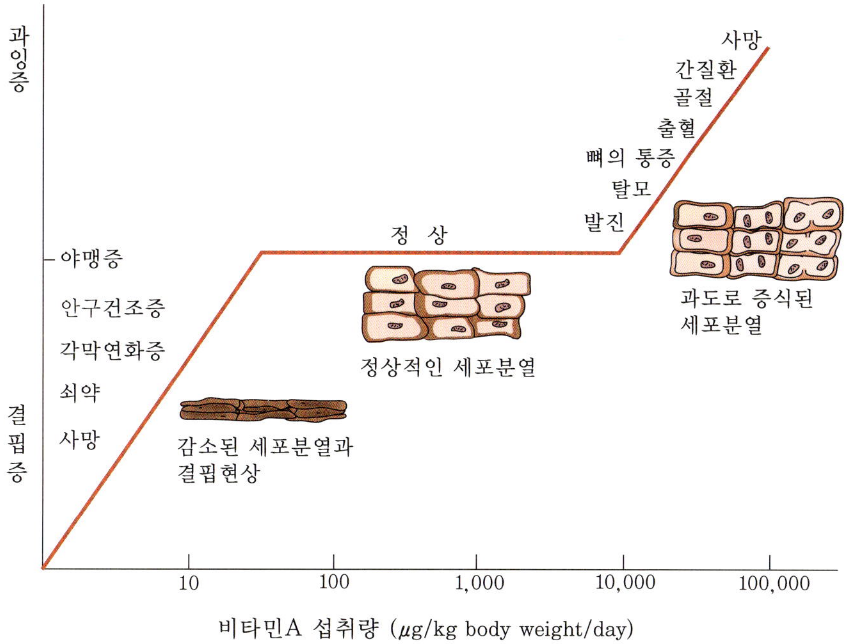

그림 9-7 비타민 A의 결핍증과 과잉증

제3절 비타민 D (cholecalciferol)

자외선에 의해 피부에 있는 콜레스테롤(7-dehydrocholesterol)은 콜레칼시페롤(cholecalciferol, 비타민 D_3)로 전환되고 혈액으로 이동하여 간과 신장에서 호르몬의 특성을 가진 활성형으로 전환된다.

비타민 D는 다른 비타민과는 다른 점이 있는데, 태양 광선만 충분히 쬐면 식사를 통하여 섭취하지 않아도 필요한 만큼의 비타민 D를 만들 수 있다.

비타민 D는 체내에서 호르몬처럼 작용하는 물질로, 우리가 식품을 통해 섭취한 후에 그대로 기능을 하는 것이 아니라, 간 또는 신장에서 활성대사 물질로 먼저 전환된 후에야 기능을 할 수 있다.

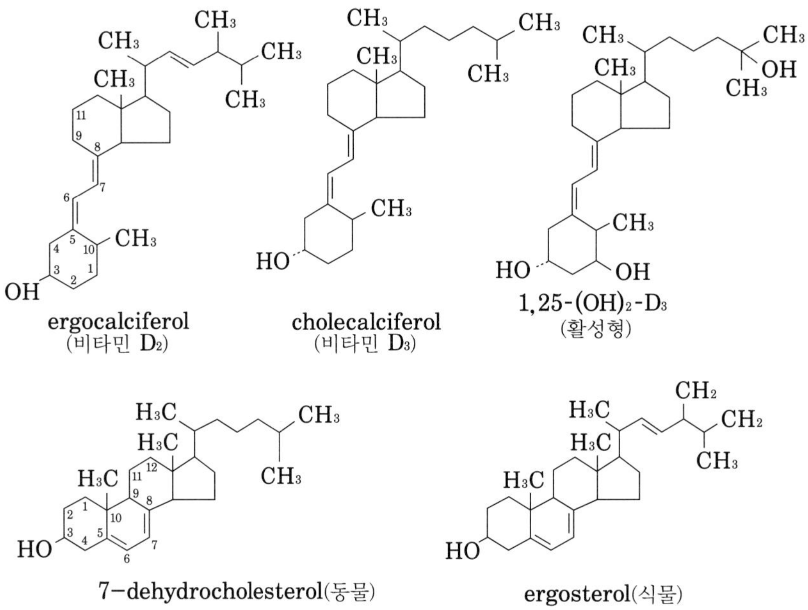

그림 9-8 비타민 D와 provitamin D의 구조

1 비타민 D의 화학적 성질

비타민 D는 스테로이드의 유도체이다. 현재 6종 이상의 동족체가 알려져 있는데 그 중에서 중요한 것은 D_3(cholecalciferol)와 D_2(ergocalciferol)이다.

비타민 D 자체로는 생리 활성이 없고 간에서 25번 위치의 탄소가 수산화되어 25-OH-D_3로 되며 이어서 신장에서 거듭 1번 위치의 탄소가 수산화되어서 활성형 1,25-$(OH)_2$-D_3로 되어 작용한다.

Provitamin D로서 피부에 존재하는 7-dehydrocholesterol 및 식물성인 에르고스테롤(ergosterol)은 자외선 조사에 의해 비효소적으로 콜레스테롤 B-ring의 9번과 10번 탄소 사이의 결합이 열리면서 각각 비타민 D_3 및 비타민 D_2로 된다.

비타민 D는 비타민 A보다 가열 및 산화에 대하여 매우 안정하나 알칼리에 대하여는 불안정하여 쉽게 분해하며 산성에서는 서서히 분해된다.

2 비타민 D의 흡수와 대사

섭취된 비타민 D는 소장에서 흡수되어 림프계로 운반된다. 비타민 A와 마찬가지로 지용성 물질이므로 지방과 담즙이 필요하다. 그러므로 지방의 흡수를 방해하는 증상이나 약물 등은 비타민 D의 흡수를 방해한다.

간으로 운반된 비타민 D_2와 D_3는 간에서 25-히드록시 비타민 D(25-OH-D_3)로 전환된 후에 다시 신장으로 가서 1,25-디히드록시 비타민 D(1,25-$(OH)_2$-D_3)를 생산하는데 이것은 장과 뼈로부터의 칼슘 운반을 조절하는 일종의 스테롤에서 유도된 것으로 호르몬과 같은 작용을 한다. 비타민 D는 주로 간, 골격, 뇌, 신장, 피부 등에서 발견된다.

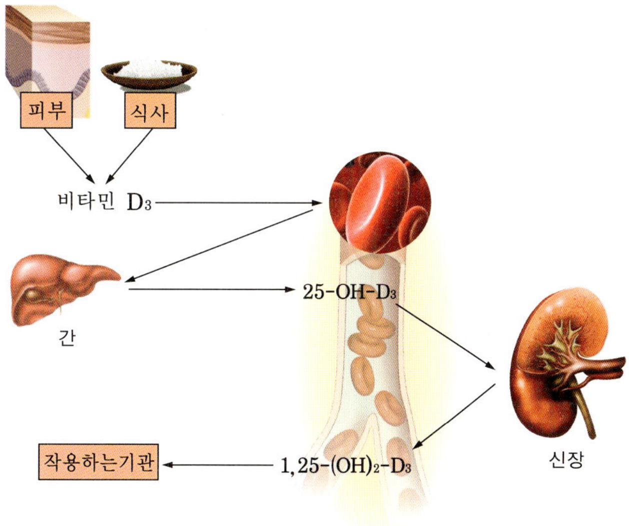

그림 9-9
비타민 D_3의 활성화

비타민 D의 대사 산물은 주로 담즙을 통하여 대변으로 배설되나, 일부는 소변을 통하여 배설되기도 한다.

3 비타민 D의 생리적 기능

비타민 D는 골격의 석회화(calcification)를 위해서 필수적인 물질이다. 골격의 석회화는 골격의 바탕이 되는 콜라겐 기질에 칼슘과 인, 마그네슘, 불소가 침착됨으로써 이루어진다. 그러므로 석회화 과정에는 콜라겐 형성을 위해 비타민 D가 필요하고 칼슘과 인의 조절을 위해 부갑상선 호르몬(parathormone ; PTH)과 칼시토닌(calcitonin)이 필요하다.

골격의 석회화가 일어나기 위해서는 혈액의 칼슘과 인의 농도가 적절해야 한다.

(1) Ca과 P의 대사에 관여

비타민 D는 다음의 3가지 방법으로 혈중의 칼슘과 인의 농도를 증가시킨다.

① **장관으로부터 칼슘과 인산염의 흡수를 촉진시킨다** : 비타민 D는 장의 상피세포에서 칼슘의 운반에 필요한 단백질(calcium binding protein, CaBP)의 생합성을 촉진하여 칼슘의 흡수를 빨리 일어나게 한다.

② **혈중 칼슘농도를 높인다** : 혈액 중의 칼슘과 인의 농도가 감소되면 부갑상선 호르몬(PTH)이 분비된다. 이 호르몬은 1번 탄소에 수산기를 첨가해 주는 효소인 1-히드록시라아제(hydroxylase) 활성을 높임으로써 1,25-$(OH)_2$-D_3 합성을 촉진시킨다. 활성형 비타민 D가 공급되면 소장에서의 칼슘 흡수가 상승되거나 뼈에서의 칼슘이 분리되어 혈액 중의 칼슘량이 높아진다. 혈액 중의 칼슘량이 정상치로 도달하면 PTH의 생산이 줄어든다(그림 9-10).

③ **신장에 의해서 칼슘과 인산염의 재흡수를 촉진시킨다** : 비타민 D는 신장의 사구체에서 칼슘과 인산염이 재흡수되는 것을 도우며 뼈 형성에 관계되는 다른 무기질의 대사에 관여한다.

(2) 그 밖의 기능

비타민 D는 근육기능에 중요한 역할을 하며 피부의 발달에 관여하여 만성 피부질환인 건선의 처방에도 사용된다.

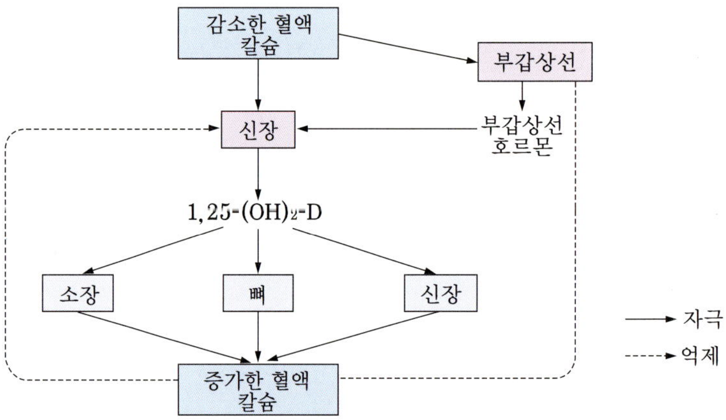

그림 9-10 1,25-$(OH)_2$-D_3 형성의 조절

4 비타민 D의 급원식품 및 섭취기준

비타민 D는 식품에 널리 분포되어 있지 않지만 생선 간유는 비타민 D의 좋은 급원이며 달걀 · 참치 · 연어에는 적은 양이 함유되어 있다. 우유, 마가린, 아침용 씨리얼 등 몇 가지 식품에는 강화하여 이용한다. 강화우유 한 컵에는 2.5μg이 함유되어 하루의 충분섭취량의 50%를 공급하지만, 한국인의 비타민 D 남녀 충분섭취량은 성별이나 연령에 관계없이 10μg(65세 이상은 15μg)으로 권장하고 있다. 그러나 야간 혹은 지하 근무자인 경우에는 비타민 D 체내 합성이 부족하므로 유의해야 한다.

비타민 D의 필요량은 태양 광선을 쪼이는 것만으로도 얻을 수 있어 손발과 얼굴을 통하여 여름에는 10~20분 동안을 일주일에 2~3번 쬐는 것만으로도 충분하다.

자외선 B(UV- B)의 조사는 피부에서 비타민 D의 합성을 촉진한다. 그러나 UV- B 파장은 피부암과 주름의 원인이 되기도 한다. 그래서 비타민 D 합성이 저해됨에도 불구하고 피부암을 예방하기 위해 자외선 차단물질이 권장되고 있다. 오랜 시간 햇빛을 쬐는 일은 겨울에 필요하며, 위도가 높은 지역은, 특히 겨울에 태양 빛을 통하여 비타민 D 합성을 적절하게 얻기 어렵다.

강화우유 대구간유 정어리 버섯

그림 9-11 비타민 D 급원 식품

표 9-4 비타민 D 함유식품 (㎍/100g)

식품명	함량	식품명	함량
표고	2	정어리	10
가다랭이	10	참다랑어	6
꽁치	19	청어	22
연어	32	건조효모	3

농촌자원개발연구소, "식품성분표" 제7차 개정

5 비타민 D의 결핍증

비타민 D는 태양광선을 통하여 몸에서 만들 수 있으며 간에 적당량 저장하고 있기 때문에 대부분의 기후조건에서 결핍증은 드물다. 어린이는 낮에 밖에서 놀 때에 정상적으로 태양에 노출되어 충분한 양을 얻을 수 있다. 그러나 채식만을 주로 하면서 태양을 피하는 경우에는 비타민 D 결핍 위험이 높다. 특히 노인이 집에서만 생활을 하면서 옷을 두껍게 입으면 태양빛을 가리고 체내 비타민 형성을 막게 되어서 결핍이 쉽게 일어난다.

비타민 D의 결핍상태가 지속되면 어린이의 경우에는 구루병과 같은 뼈의 기형을 가져온다. 비타민 D 결핍증의 시작은 혈청의 부갑상선 호르몬이 증가됨으로써 일어난다. 이 호르몬은 뼈에서 칼슘을 제거하기 때문이다.

구루병은 칼슘과 인의 흡수 및 체내 이용 불량으로 인하여 골격과 치아의 석화가 부족한 상태로서 성장기에 있는 어린이에게서 볼 수 있으며 다리가 휘고 가슴뼈와 갈비뼈 사이를 연결하는 연골 부위가 솟아난 현상이다.

성인의 비타민 D결핍은 뼈 조직이 손실되어 뼈의 골연화증이 일어나기 쉬우며, 이는 근육약화가 동반된다. 갱년기 이후의 여자는 혈중 1,25-$(OH)_2$-D_3의 농도가 감소하는데 그 결과로 골다공증에 걸리며 뼈가 쉽게 부러진다. 그 밖에 햇빛 조사량이 충분하더라도 간 · 신장 · 내분비 질환이 생기면 신장에서 일어나는 비타민 D 대사에 문제가 생겨 구루병에 걸리는 경우도 있다.

미국에서는 햇빛을 많이 쬐는 지역에 거주하는 여성이 유방암 발생위험이 낮음을 보고하여 비타민 D의 섭취로도 유방암의 위험을 줄일 가능성을 제시하고 있으며, 특히 미국의 남쪽지방에는 대장암 · 난소암 · 전립선암 등의 암 발생이 낮은 수준이어서 태양의 노출과 관련이 있다고 믿는 경향이 있다.

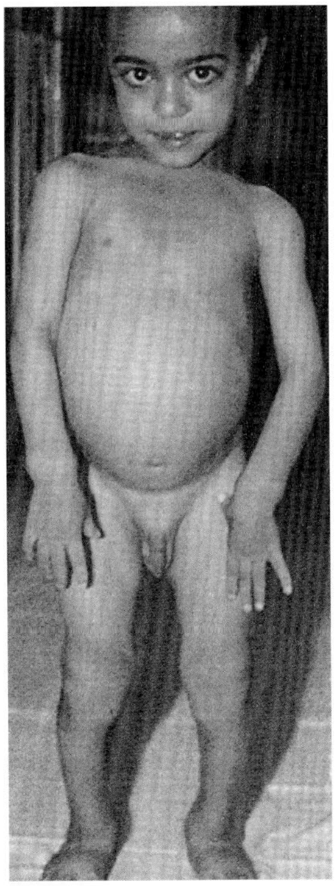

그림 9-12 비타민 D 결핍에 의해 휘어진 다리

6 비타민 D의 과잉증

지용성인 비타민 D의 다량섭취는 체내 저장량을 높이게 되고 하루에 약 25㎍과 같은 수준이라도 질병이 나타날 수 있다. 비타민 D 과잉증은 구토 · 설사 · 체중감소 · 근육 긴장 손실, 그리고 연조직의 손상을 일으키는데, 이는 신장 · 심장 · 혈관 등에 칼슘이 축적되기 때문이다.

적절한 양의 비타민 D 섭취가 골연화증과 골다공증을 예방하기 위해 필요하지만 만성 과잉섭취는 오히려 골다공증을 유도한다. 이는 태양의 노출이나 식사의 균형된 섭취가 비타민 D 과잉증을 일으키는 것이 아니고 정제를 다량 섭취하기 때문에 과잉증이 일어나는 것이다.

그러므로 건강한 사람은 비타민 D를 추가로 섭취할 필요가 없다. 노인에게는 알약이나 강화식품으로 공급할 때에 이점이 있어 보이지만, 하루에 10㎍~15㎍의 범위 이내에서 섭취하여야 한다.

비타민 D의 독성은 특히 어린이에게 위험하여 고칼슘혈증과 고칼슘뇨증을 일으키고 연조직에 칼슘을 축적시킬 뿐만 아니라 신장과 심혈관계에 영구적 손상을 일으킨다. 하루에 45㎍ 정도의 섭취로도 어린이에게는 과잉 증세가 나타나고 충분섭취량의 5배 정도로도 독성이 나타난다. 특히 신장 조직은 쉽게 칼슘화되는 경향이 있어 사구체 여과와 전반적인 신장 기능에 영향을 미치므로 치명적이 된다.

햇빛의 자극에 의하여 여름철에는 비타민 D의 생성이 활발하므로 장기 복용은 해로울 수 있고 어린이의 경우는 과다섭취에 특히 유의하여야 한다.

제4절 비타민 E (tocopherol)

비타민 E는 토코페롤(tocopherol)과 토코트리에놀(tocotrienol)을 포함하는 화합물 군을 말하며 α, β, γ, δ형이 있다.

1 비타민 E의 화학적 성질

비타민 E는 토콜(tocol) 핵을 지니고 있는 담황색의 기름으로써 지용성이며 토콜 핵에 붙은 메틸기($-CH_3$)의 수와 위치에 따라 8가지 비타민 E가 존재한다. 그 중에서 α-토코페롤의 활성이 가장 높다.

비타민 E는 열과 산에는 안정하나 공기 중의 산소와 결합하여 산화되기 쉬우며, 특히 자외선에 의해 분해되어 비타민 E 작용을 상실한다.

α-tocopherol

α-tocotrienol

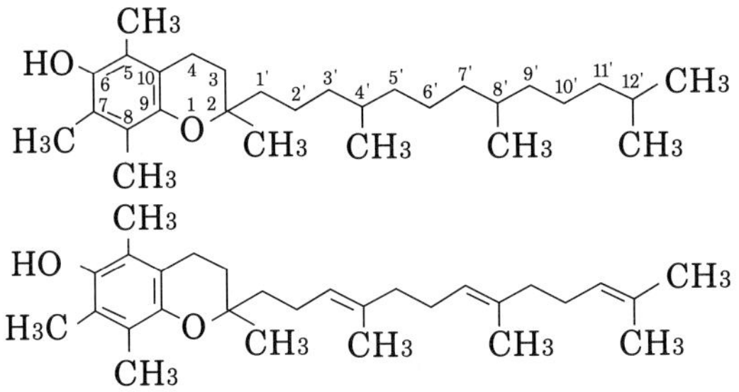

그림 9-13 α-tocopherol과 tocotrienol의 구조

2 비타민 E의 흡수와 대사

비타민 E는 다른 지용성 비타민과 비슷하게 흡수되는데 소장에서 흡수될 때 담즙을 필요로 하며 림프계를 통하여 혈관계로 들어간다. 혈액에 들어 있는 비타민 E는 α-토코페롤로서 전체 토코페롤 중의 약 83%를 차지한다. 비타민 E는 주로 지방 조직에 저장하지만 간과 근육에도 들어 있다.

일반적으로 비타민 E 흡수율은 20~25%인데 섭취량이 많아지면서 흡수율은 낮아진다. 주요 배설경로는 대변을 통한 것이며 소변을 통해서도 약간 배설된다.

3 비타민 E의 생리적 기능

비타민 E의 주요 기능은 세포막의 항산화에 있다. 비타민 E는 다른 항산화제와 함께 기능을 한다. 예를 들면 비타민 C와 함께 세포막의 인지질에서 불포화 지방산의 산화를 방지하는 데 도움을 주므로 세포의 손상을 막으며, 또 비타민 A의 산화를 막는 데 도움을 준다.

동물에서 비타민 E는 헤모글로빈의 합성에 주요 역할을 하고 세포 내 산소 이용을 증진시키는 미토콘드리아 효소활성으로 산화 전 단계에 영향을 미친다고 알려져 있다. 사람에게는 효과가 불분명하지만 비타민 E의 항산화효과는 몇 가지 만성 질환의 진행을 예방하는 데 도움을 준다고 한다.

(1) 항신화 작용

비타민 E의 가장 잘 알려진 기능은 다가불포화지방산(polyunsaturated fatty acid, PUFA)에 대한 항산화제로서의 기능이다. 비타민 E는 세포막 조직에 있는 PUFA의 산패를 방지하여 세포의 기능을 정상적으로 유지시키는 중요한 역할을 한다. 산화에 의한 세포의 노화를 지연시킴으로써 신체를 젊고 건강하게 가꾸어 준다.

이러한 항산화제로서의 기능은 체내에서뿐만 아니라 식품에서도 일어난다. 즉, 자연 유지류에는 산화되기 쉬운 PUFA를 다량 함유함에도 쉽게 산패되지 않는 것은 기름 내에 비타민 E가 공존하기 때문이다. 비타민 E가 자연 식품 내에 존재함으로써 비타민 A, 카로틴류, 불포화 지방산, 비타민 C 등의 산화를 방지한다.

(2) 그 밖의 기능

비타민 E는 흰쥐의 생식능력에 필수적이다. 비타민 E 결핍식이는 수컷의 정액 생산을 중지시키고 암컷의 자궁 기능을 손상시켜서 새끼를 재흡수하는 결과가 나타났다. 그러나 사람에서는 흰쥐에서와 같은 증세는 나타나지 않았으며, 비타민 E 보충 식이가 인체의 생식능력을 증진시켰다는 것도 실험적으로 입증된 바 없다.

비타민 E가 조효소 Q_{10}(coenzyme Q_{10})로 전자를 운반함으로써 세포의 호흡작용에 관여하고 있다. 또한, 비타민 E는 헴 합성에 필요하고 혈소판에도 프로스타글란딘(prostaglandin) 대사와 혈소판 응집력에 관여하며 면역기능에도 관여한다.

4 비타민 E의 급원식품 및 섭취기준

비타민 E는 여러 가지 식물성 식품에서 발견된다. 다가불포화지방산이 함유된 식물성 기름으로는 옥수수 기름, 콩기름, 홍화씨(safflower)유, 식물성 마가린 등이 있다. 기름 한 수저(Ts)에는 약 3~5mg을 함유되어 있다. 또 다른 급원은 강화된 즉석 곡류, 전곡류, 밀 배아유, 달걀 등이다. 2 온스의 강화곡류는 약 10~45mg을 포함하고 한 수저의 밀 배아유는 약 40mg을 함유한다.

우리나라 성인의 1일 비타민 E 충분섭취량은 12mg α-TE(Tocopherol Equivalent)이다. 한편, 비타민 E를 중간 정도 함유하고 있는 식품은 육류, 유제품, 과일, 채소, 특히 고구마와 푸른 녹색 잎채소 등이다.

비타민 E의 필요량은 다가불포화지방산 섭취량이 증가하면 증가한다. 생선유를 더 많이 먹으면 고도의 불포화지방산량이 증가하기 때문에 오히려 비타민 E를 더 필요로 한다. 그러므로 비타민 함량을 높이기 위해 비타민 E를 더 강화한다.

비타민 E는 자연 또는 합성제품을 통하여 얻는다. 그 형태는 식품에 표시하도록 되어 있다. D-α-토코페롤은 자연형이고 합성형보다 더 효력이 크다. 즉, 두 가지 모두 적절하지만 합성형은 자연형에 비하여 40~50% 정도 효력이 낮다.

식품 중의 비타민 E의 양은 가공과 저장, 그리고 조리 과정에 따라 그 양이 크게 달라진다. 비타민 E는 주로 고급 불포화지방산 함량이 많은 식물성 기름에 다량 함유되어 있다. 또한 식물성 기름의 가공 제품인 마가린과 쇼트닝에 많은 반면에 쇠기름이나 생선기름 등 동물성 기름에는 비타민 E가 많지 않다.

곡류의 배아에도 비타민 E가 풍부하게 있으나 도정 중에 대부분 손실된다. 육류 · 생선 · 동물성 기름, 그리고 채소에는 거의 비타민 E가 들어 있지 않고 시금치나 상추 등 녹색 채소에만 소량 들어 있다. 식용유에 상당량 있으나 기름이 산패되거나 또는 같은 기름을 여러 번 사용한 경우에는 비타민 E 함량이 거의 없어진다.

그림 9-14 비타민 E 함유식품

표 9-5 비타민 E 함유식품

(mg/100g)

식품명	함량	식품명	함량
노란콩	3.6	미강유	26.4
땅콩	11.4	유채기름	18.5
면실유	31.1	콩기름	19.5
옥수수기름	24.3		

농촌자원개발연구소, "식품성분표" 제7차 개정

5 비타민 E의 결핍증

동물과 사람의 비타민 E 결핍증은 다르게 나타난다. 성인에게는 비타민 E 저장량이 많으므로 결핍증이 거의 나타나지 않는다.

동물에 있어서 비타민 E 부족은 주로 생식기 계통 · 근육조직 · 신경조직 등에 나타난다. 쥐에서는 불임증, 기니피그(guinea pig) · 토끼 및 닭과 같은 조류에서는 근육퇴화 · 심장손상 · 혈관손상 · 근위측증(muscular dystrophy) · 뇌연화증 등의 증상이 나타난다.

비타민 E는 식품에 널리 분포되어 있고 인체에 저장되기 때문에 실제 결핍증은 드물다. 교도소 수용인 중 자원자를 대상으로 결핍식을 13개월 동안 공급했을 때에도 결핍 증상을 보인 사례가 없었다. 특별한 경우에 개인이 유전적 질환이 있어서 지방흡수가 어려우면 결핍이 일어날 수 있는데, 지방 함량이 매우 낮은 식사로는 충분한 양을 섭취할 수가 없다. 비타민 E는 이러한 경우에는 적혈구 막이 산화되어 헤모글로빈이 유리되기 때문에 빈혈이 발생한다. 유리 라디칼로부터 세포의 손상을 막아 주는 역할을 하기 때문에 비타민 E의 결핍증으로 심장 질환이 발생될 수 있고 암 생성에 기여한다고 본다.

비타민 E는 LDL-콜레스테롤의 산화를 막는 데 도움을 주는데, 이는 동맥경화 · 심질환 · 관상동맥 질환과 관련이 있기 때문이다. 일부에서는 비타민 E의 결핍이 미성숙 노화를 일으키고 생식력을 감소한다고 추정하고 있다.

6 비타민 E의 과다섭취

여러 연구에서 비타민 E가 최대 산소 소비량과 호기적 지구력(endurance) 수행 등에 이점을 보여주고 있으며, 특히 고도가 높은 지역에서 추가적인 섭취로 6주 동안 최대 산소 소비량이 증가되었다고 한다. 이는, 비타민 E가 적혈구 막의 산화를 막기 때문이라고 한다. 대부분 비타민 E가 풍부한 식품 섭취를 권하고 있지만 신체적 운동수행능력을 높이기 위한 수단으로서 비타민 E를 다량 섭취하도록 권하지는 않고 있다. 비타민 E는 비타민 A나 D에 비하면 다량 섭취에 의한 독성이 적은 편이다. 그러나 비타민 E를 하루 800~1,200mg 이상씩 복용할 경우는 비타민 K의 흡수를 방해하여 혈소판 응집이 감소하거나 수술 후 출혈을 초래할 가능성도 있다.

제5절 비타민 K(phylloquinone)

비타민 K는 지용성이며 혈액응고 비타민 또는 항 출혈성 비타민이라고도 부른다.

1 비타민 K의 화학적 성질

비타민 K에는 K_1, K_2, K_3 세 종류가 있는 것으로 알려져 있다. 비타민 K_1의 화학명은 필로퀴논(phylloquinone)이며 식물에 의해서만 합성되는 것으로서 녹색 잎에 함유되어 있고 비타민 K_2는 메나퀴논(menaquinone)으로 박테리아와 동물성 식품에 존재한다.

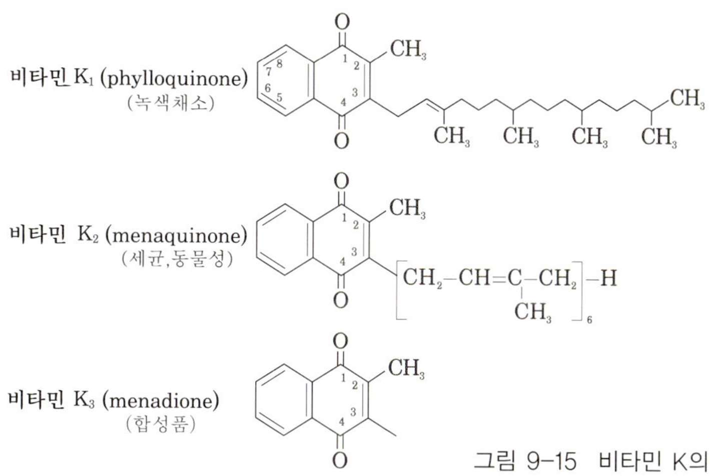

그림 9-15 비타민 K의 구조

비타민 K_3는 메나디온(menadione)이라고 불리는데 합성에 의한 것으로 수용성이며 K_1과 K_2에 비하여 2배의 효능을 가지고 있다. 또한, K_2는 K_1의 75%의 효력을 가지고 있다. 비타민 K는 지용성이고 산화 · 알칼리 · 산 · 광선에 의하여 쉽게 파괴되나 열과 습기에는 비교적 안정한 퀴논(quinone) 계열에 속한다.

2 비타민 K의 흡수와 대사

다른 지용성 비타민과 같이 담즙의 도움을 받아 소장의 상부에서 흡수되나 메나디온(menadione)과 같은 합성 비타민 K염은 수용성이므로 담즙의 도움 없이 흡수된다. 비타민 K는 종류에 따라 흡수 부위와 방법이 다른데, 필로퀴논은 소장 상부에서 능동적 과정에 의하여 흡수되고 메나디온과 메나퀴논은 소장 하부와 대장에서 수동 과정에 의해 흡수되며 보통 섭취량의 30% 정도 이다.

흡수된 후에 간으로 가고 프로트롬빈(prothrombin) 등 혈액응고와 관련 있는 몇 가지 단백질 합성에 관여한다. 체내 저장량은 극히 적으며 피부 · 근육 · 신장 · 심장에 소량 존재한다. 비타민 K의 대사 산물은 담즙과 소변을 통해 배설된다.

3 비타민 K의 생리적 기능

혈액 응고 단백질을 형성하는 데 필요하다. 또한, 비타민 K는 뼈의 강도에 중요한 역할을 하는 단백질인 오스테오칼신(osteocalcin)의 기능 증진에 작용한다.

4 비타민 K의 급원식품 및 섭취기준

비타민 K는 동·식물성 식품에 널리 분포되는데 필로퀴논(K_1)은 식물성이며 메나퀴논(K_2)은 동물성이다. 식물성 급원은 콩이나 올리브 등의 유지류와 녹색잎 채소, 즉 케일 · 콩 · 브로콜리 · 시금치이며 우유와 육류는 함량이 낮다. 납두(納豆)에는 비타민 K가 많아서 이것을 먹는 지역에서는 출혈증의 발생이 적다고 하는 보고도 있다. 동물성 급원으로는 간에 비타민 K의 함량이 높다.

콩 케일 납두 브로콜리 간

그림 9-16 비타민 K가 풍부한 식품

익힌 브로콜리 반 컵에는 약 110μg이 함유되어 있어서 하루 약 150μg을 섭취할 수 있다. 비타민 K_2는 소장에서 박테리아에 의해 합성되기 때문에 결핍은 잘 일어나지 않는다. 한국인의 1일 비타민 K 충분섭취량(성인남자 75μg과 여자 65μg)은 식사와 소장에서의 합성량으로 쉽게 섭취된다.

표 9-6 비타민 K의 함유식품

(μg/100g)

식품명	함량	식품명	함량
녹두	16	미강유	36
노랑콩	18	올리브기름	42
브로콜리	160	유채유	120
양배추	78	콩기름	210
난황	40	가루녹차	4,000

자료 : 농촌자원개발연구소, "식품성분표" 제7차 개정

5 비타민 K의 결핍증

비타민 K는 식물성 식품에 많이 들어 있고 장내 세균에 의하여 합성된 K가 흡수 이용되기 때문에 건강한 성인에서는 잘 일어나지 않는다. 하지만 항생제나 약물 복용으로 소장 박테리아가 죽어서 비타민 생성이 어려운 경우에 결핍이 일어날 수 있고 그 주된 증상은 혈액응고 부진과 용혈(溶血)이다.

또한, 비타민 K 결핍은 골다공증성 뼈골절 위험의 증가와도 관계가 있다고 한다. 신생아는 비타민 K를 합성할 시간적 여유가 없으므로 출생 시 외상을 입는다면 출혈이 계속될 수 있다. 그 밖에 담즙결핍이나 간 질환에 의해 결핍증이 생길 수도 있다.

6 비타민 K의 다량섭취와 건강

최근 '비타민 K의 다량섭취는 뼈 건강에 긍정적 효과를 보여주는가'의 연구가 진행되고 있다. 일부 인체 연구에서는 뼈의 건강에 비타민 D와 함께 비타민 K_1을 추가 투여하였을 때에 좋은 효과를 보였다. 하루 150~250μg 섭취, 또는 한 달 동안 하루 10mg 추가 섭취로 운동하는 여성의 뼈 형성 표지지수가 증가하였다고 한다.

미국 과학아카데미는 비타민 A · D와는 달리 K는 필로퀴논으로 다량섭취 시에 독성이 없음을 발표했다. 그러나 메나퀴논과 유사 물질들은 다량섭취 시에 독성을 띤다.

신생아나 출산 직전의 임산부에게 주사하는 수용성 메나디온은 혈중 글루타티온(glutathione) 수준을 감소시키고 적혈구의 산화환원계와 반응하여 메트헤모글로빈(methemoglobin)을 형성함으로써 적혈구 용혈을 초래하고 고빌리루빈 혈증(hyperbilirubinemia)을 일으키기도 한다. 그러므로 비타민 K의 다량섭취는 의사의 처방이 없으면 권하지 않는다.

Chapter 10

수용성 비타민

제1절 티아민(thiamin, 비타민 B_1)

티아민은 수용성이고 항 각기성 · 항 신경염성 비타민으로 알려졌다. 이것은 처음 발견된 비타민 중 하나이고, 과거에 도정된 쌀을 주식으로 하는 아시아 지역에서 결핍증이 나타났다.

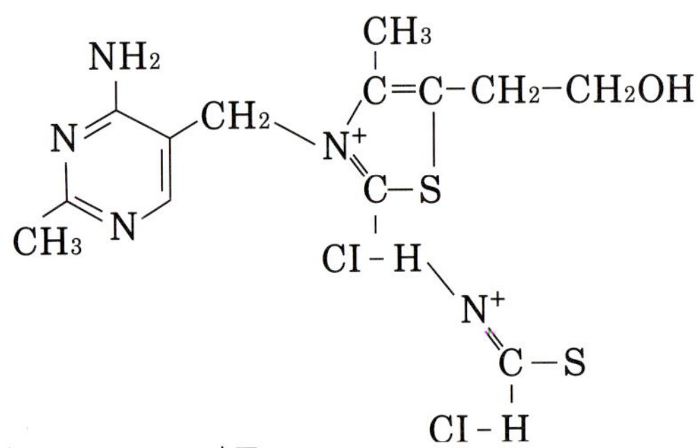

그림 10-1 thiamin의 구조

1 티아민의 화학적 성질

티아민은 피리미딘(pyrimidine)과 티아졸 환(thiazole ring)으로 연결된 비교적 간단한 물질이다. 건조된 티아민은 비교적 고온에 강한 편이나 수용액에서는 불안정하여 100℃ 이상 가열하면 쉽게 파괴되므로 조리과정 중에 티아민 손실이 크다. 또한, 산성 용액에서는 강하나 알칼리 용액에서는 매우 약하다. 그러므로 채소를 삶을 때에 중조를 넣으면 채소 빛깔은 선명하지만 티아민이 모두 파괴되어 영양적으로는 손실이 크다.

2 티아민의 흡수와 대사

티아민은 적당량을 섭취하면 소장에서 흡수되어 능동적 운반에 의하여 완전히 흡수된다. 장의 점막세포에서 바로 인산화 반응을 일으킴으로써 활성조효소 형태(TPP)로 전환되면 간 문맥을 통하여 간으로 운반된다.

티아민은 체내에 30mg 정도가 저장되어 있으며 주로 근육 · 심장 · 간 · 뇌 · 신장 등에 있다. 식사로 섭취하지 않을 때에는 각 조직의 티아민 저장량은 빠르게 감소되므로 매일 섭취하는 것이 중요하다. 그러나 다량 섭취했을 때는 소변으로 배설된다.

3 티아민의 생리적 기능

티아민은 포도당 대사에 중심적 기능을 한다. 조효소로서 티아민 이인산(thiamin pyrophosphate, TPP)의 한 부분이며 이는 피루브산(pyruvic acid)이 TCA 회로로 들어가기 위하여 acetyl CoA로 전환하는 데 필요하다. 티아민은 신경계의 정상 기능과 근육 내의 글리코겐에서 에너지를 내는 데에 필요하다.

그 주요 반응은 다음과 같다.

① α - keto acid의 산화적 탈탄산 반응이다.

pyruvate → acetyl CoA

α - ketoglutarate → succinyl CoA

② Pentose phosphate(HMP) 회로에서 트랜스케톨라아제(transketolase)의 조효소로 작용한다.

③ 티아민은 말초신경의 신경자극 전달에 관여한다.

TPP는 신경세포와 신경세포 사이에서 신경자극을 전달하는 화학물질인 아세틸콜린(acetylcholine)의 합성과정에 필요하다.

4 티아민의 급원식품 및 섭취기준

티아민은 에너지 대사에서 중심적인 기능을 하므로 필요량은 에너지 섭취량에 따라 달라진다. 탄수화물 위주의 식사는 티아민 필요량을 높이며, 단백질과 지방은 필요량을 감소시킨다. 티아민은 동물성 · 식물성 식품에 널리 분포되어 있다.

특히 티아민이 풍부한 식품으로는 돼지고기 · 효모 · 콩류 · 곡류의 배아 등이며 가장 우수한 급원은 콩류 및 돼지고기로서 다진 돼지고기 살을 200g 섭취하면 신체 필요량을 초과한다(돼지고기 200g에 티아민 1.8mg 함유).

돼지고기 효모 배아 쌀 팥

그림 10-2 티아민 함유식품

표 10-1 티아민을 함유한 식품과 함량 (mg/100g)

식품명	함 량	식품명	함량
배아미	0.30	아몬드	0.24
현미	0.54	마늘	0.21
녹두	0.40	삼겹살	0.68
노란콩	0.53	돼지고기	1.36
리마콩	0.51	가루녹차	1.47
팥	0.54	청국장분말	0.32
땅콩	0.36	건조효모	2.30

자료 : 농촌자원개발연구소, "식품성분표" 제7차 개정

한국인의 하루 평균 티아민 필요량이 성인 남자는 1.0mg이고, 성인 여자는 0.9mg이다. 권장섭취량은 평균필요량의 120% 수준으로 성인 남자 하루 1.2mg, 성인 여자 1.1mg으로 정하였다. 티아민은 열량섭취량이 감소하더라도 하루 1.0mg 이상을 섭취하도록 한다.

몇 가지 강화 즉석곡류에는 티아민 필요량을 100% 공급하고 다른 비타민B군까지 모두 포함되어 있으므로 외피에 다량 함유되어 있는 통곡류를 가공한 아침용 시리얼을 먹으면 도움이 된다. 패류 및 고사리 등에는 티아민을 분해하는 아뉴리나아제(aneurinase)라는 효소가 들어 있다.

5 티아민의 결핍증

티아민이 결핍된 식사 후에는 몇 주 이내에 결핍 증상이 나타나는데 주로 알코올 중독자에게서 발생한다. 티아민이 부족하면 피루브산이 산화되지 않아 조직 내에 젖산이 축적되고 가벼운 결핍 증세로서 식욕감퇴 · 피로감 · 불면증 등의 증상이 나타난다. 증상이 악화되면 사지의 마비 · 경련 · 부종 · 심장장애를 수반하는 다발성 신경염을 일으키는데 이것을 각기(beriberi)라고 하며, 신경 · 심장 · 소화기 계통에 이상 증상이 나타난다.

또한, 습성각기병은 다리나 몸통 및 얼굴 부분에 부종이 있고 심장 비대증 · 심계항진 · 호흡곤란이 나타난다. 건성각기병은 부종은 없으나 팔과 다리에 따끔따끔한 감각이 오며 잘 걷지 못한다. 증세로는 피로감, 팔다리 무력감, 다리 무감각증이 있다.

운동선수에게 티아민이 중요한 점은 두 가지 요인을 들 수 있다. 하나는 탄수화물을 많이 섭취하기에 에너지 대사를 위한 티아민 요구량이 증가하는 것이며, 다른 하나는 티아민 결핍과 운동 수행력 증진에는 티아민과 함께 리보플라빈과 니아신 등 비타민B군 복합체가 필수적이라는 점이다. 이러한 비타민의 결핍 상태가 되면 지구력을 요하는 운동선

수의 경우에 운동과정에서 호기성 에너지 생산이 활발해야 할 때에 치명적인 결과를 가져올 수 있기 때문이다.

식사를 잘 하는 사람들에게는 티아민의 다량 섭취로 인한 건강에 대한 이점이 보이지 않는다. 구강 섭취의 경우에 티아민 독성을 보이지 않았고 소변으로 배설되기 때문에 상한섭취량은 설정되지 않고 있다.

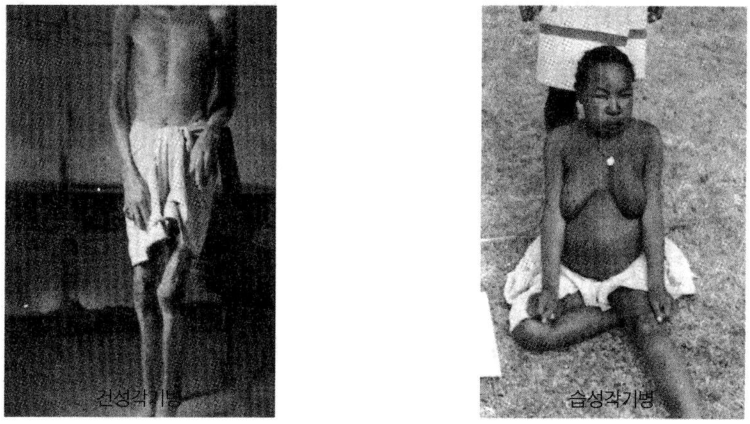

그림 10-3 티아민 결핍증

제2절 리보플라빈(riboflavin, 비타민 B_2)

리보플라빈이란 이름은 라틴어에서 노란색을 뜻하는 flavus와 결사슬로써 ribose를 함유하고 있기 때문에 명명되었으며, 처음에는 달걀흰자로부터 분리가 되었으므로 오보플라빈(ovoflavin)이라고 불렀으며, 후에 우유와 간에서 분리되어서 락토플라빈(lactoflavin) 또는 헤파토플라빈(hepatoflavin)이라고 하였다.

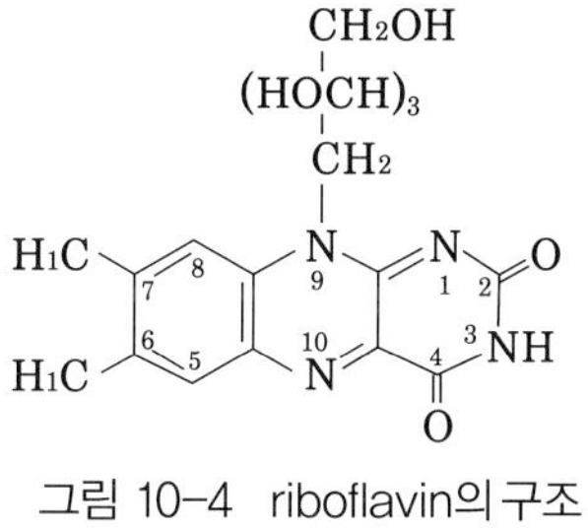

그림 10-4 riboflavin의 구조

1 리보플라빈의 화학적 성질

리보플라빈은 등황색 결정체이며 수용액은 황녹색의 형광성을 나타낸다. 비교적 열에 안정하고 산에 강하며 알칼리에서는 분해되기 쉽고 분해되면 루미플라빈(lumiflavin)이 된다.

리보플라빈은 건조상태에서는 광선의 영향을 많이 받지 않으나 수용액에서는 가시광선 또는 자외선에 의하여 쉽게 파괴된다.

2 리보플라빈의 흡수와 대사

리보플라빈은 소장상부에서 흡수되어 인산화반응으로 보조효소인 플라빈 모노 뉴클레오티드(flavin mono nucleotide, FMN)를 형성한 다음에 문맥을 통하여 간으로 운반된다. 간에서는 ATP와 작용하여 보조효소인 플라빈 아데닌 디뉴클레오티드(flavin adenine dinucleotide, FAD)로 전환된다. 다른 기관에 비하여 간, 신장, 심장에 비교적 많은 양을 저장하고 있다. 주로 소변을 통해 배설되며 대변을 통해 배설되는 것은 흡수되지 않은 식품 중의 리보플라빈이다.

3 리보플라빈의 생리적 기능

리보플라빈은 몇 가지 산화효소의 형성에 중요하다. 즉, 플라보 단백질 종류인데 체세포 안의 탄수화물과 지방에서 에너지 생산에 작용한다. 또한, 단백질 대사와 건강한 피부 조직 유지에 관여한다.

리보플라빈은 체내에서 활성형 조효소 형태인 FMN과 FAD 형태로 전환된 후 여러 종류의 단백질과 결합하여 산화 · 환원 반응에 참여한다. FAD와 FMN은 수소이온을 쉽게 받아들일 수도 있고 쉽게 분리시킬 수도 있기 때문에 산화 · 환원 효소의 조효소로써 생체 내의 여러 가지 산화작용에 관여한다.

주된 작용으로는 해당작용, 지방산의 β-산화과정과 아미노산의 탈아미노 반응으로, 생성되는 수소를 전자 전달계로 전달해 줌으로써 열량원으로부터의 에너지 방출과 ATP 생성에 관여한다.

이와 같이 탄수화물 · 지방 · 단백질 대사에 리보플라빈이 관여하기 때문에 부족하면 체내 열량소의 산화과정이 전반적으로 영향을 받게 될 것이다.

4 리보플라빈의 급원식품 및 섭취기준

리보플라빈은 식품에 널리 분포한다. 주요 급원은 우유와 유제품이며 우유 1컵은 리보플라빈 하루 필요량의 20%를 함유한다. 또 다른 급원은 간, 달걀, 짙은 녹색 잎채소, 밀배아, 효모, 전곡가공식품, 강화된 빵, 곡류 등이다. 한국인의 평균필요량은 하루에 성인 남자 1.3mg, 여자 1.0mg, 권장섭취량은 성인 남자 1.5mg, 성인 여자 1.2mg 이다.

우유 달걀 간 강화빵 김

그림 10-4 리보플라빈 함유식품

표 10-2 리보플라빈을 함유한 식품과 함량

(mg/100g)

식품명	함 량	식품명	함 량
아몬드	0.92	고등어	0.46
풋고추	0.34	정어리	0.35
양송이	0.57	김(구운)	5.63
삼겹살	0.30	치즈(가공)	0.30
돼지고기	0.48	가루녹차	1.68
돼지간	2.20	낫두(일본식)	0.56
난황	0.40	건조효모	4.70

농촌자원개발연구소, "식품성분표" 제7차 개정

5 리보플라빈의 결핍증

결핍증은 거의 드물지만 알코올 중독이나 균형식을 섭취하지 않는 경우에 생기며 저소득층의 어린이에게서 볼 수 있다. 초기 결핍 증상은 혀에 염증이 생기는 구순염을 비롯하여 입가가 갈라지는 구각염과 코 주변이 마르고 비늘 같은 피부를 나타낸다.

리보플라빈의 단독 결핍보다는 니아신(niacin), 비타민 B_6, 판토텐산 등 다른 비타민이 동시에 결핍되는 경우가 많다.

흰쥐실험에서는 성장부진 · 탈모 · 피부염 · 결막염을 일으켰고, 사람에게서는 구순구각염(cheilosis) · 피부건조 등의 증세가 나타나며 심하게 결핍되면 비타민 B_6 영양에 장애가 오고 비타민 B_6 결핍증도 아울러 수반된다.

제3절 니아신(niacin)

니아신은 일명 항 펠라그라 인자로 불리는 비타민이다.

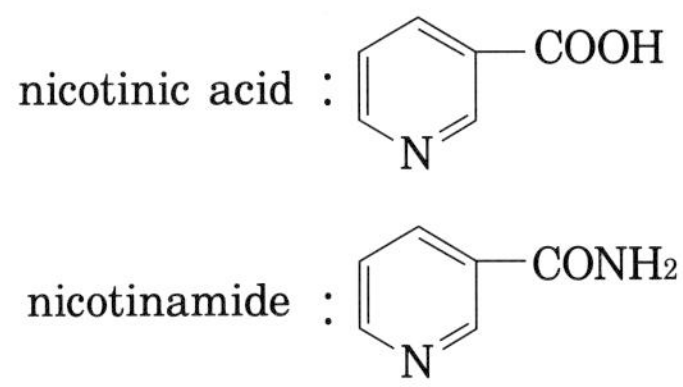

그림 10-5 Niacin의 구조

1 니아신의 화학적 성질

니아신은 니코틴산(nicotinic acid)과 니코틴 아미드(nicotinamide)를 포함하는 명칭이다. 니아신은 물에 녹는 흰색의 결정성 분말로 신맛을 내고 산 · 알칼리 · 빛 · 열 · 산소에 비교적 강하며 비타민 B 복합체 중에서 가장 안정하다. 니코틴산은 니코틴 아미드로 전환되며 ATP와 작용하여 생리적 활성을 띤 조효소인 NAD와 NADP로 전환된다.

2 니아신의 흡수와 대사

소장 내에 니아신 농도가 높으며, 소장 상부에서 수동적 확산에 의해 흡수된 후 문맥을 거쳐 간으로 가서 NAD와 NADP로 전환되고 세포 내의 여러 가지 효소반응에 조효소로 이용된다. 극히 소량이 체내에 저장되며 과다하게 섭취된 것은 소변으로 배설된다.

니아신은 아미노산인 트립토판으로부터 합성할 수 있는 대사상의 특성을 가지고 있는데, 이때 티아민 · 리보플라빈 · 비타민 B_6 등이 필요하다. 인체 대상 실험에 의하면 약 60 mg의 트립토판이 1mg의 니아신으로 전환된다고 한다.

3 니아신의 생리적 기능

니아신은 NAD와 NADP라는 조효소의 구성 성분으로 세포 내의 에너지 과정에 관여한다. NAD의 구조는 니아신과 아데노신을 비롯하여 두 분자의 인산으로 되어 있고, NADP는 NAD와 거의 같은 구조인데 리보오스에 인산이 하나 더 첨가되어 있다. NAD와 NADP의 기능은 조효소인 FAD나 FMN처럼 수소 원자 운반작용에 관여한다.

이들 조효소는 당분해 과정에서 중요하여 호기적 또는 혐기적으로 근육 글리코겐이 에너지로 생성되는 데 작용한다. 다른 조효소는 체내에서 지방 합성을 촉진하는 지방대사에 관여한다.

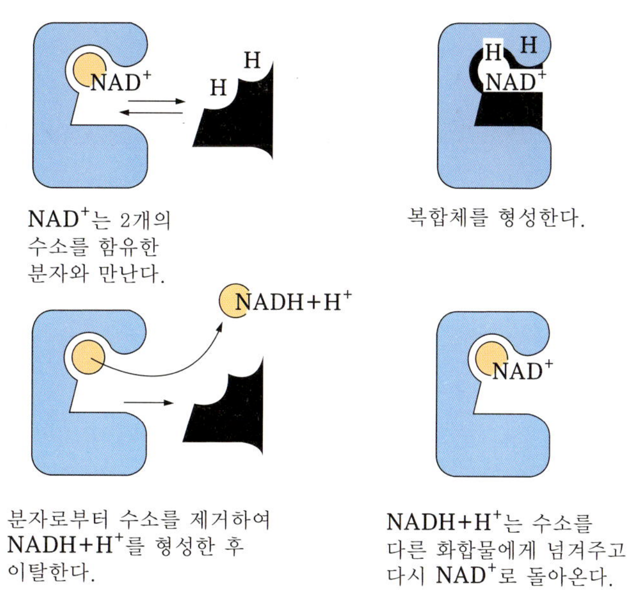

그림 10-6 NAD의 수소원자 반응

NAD가 해당작용과 구연산 회로에서 당질 · 아미노산 · 지질의 대사 과정에 중요한 역할을 하여 NADP는 5탄당 인산 경로 (pentose phosphate shunt, HMP shunt)에서 수소를 받아 NADPH를 형성함으로써 지방산 · 콜레스테롤 · 뉴클레오티드(nucleotide) 생성에 중요한 역할을 하면서 환원력을 가진 고에너지 화합물이 된다.

4 니아신의 급원식품 및 섭취기준

단백질 함량이 높은 식품에 니아신이 많이 포함된다. 대부분의 살코기와 내장육에 풍부하고, 생선 가금류 · 통곡식 생산품 · 콩과 땅콩 등이 니아신이 풍부한 식품이다. 우유와 달걀에는 니아신은 적은 양이 들어 있으나 트립토판이 충분히 들어 있다.

닭고기 가슴살의 반은 니아신 필요량의 60%를 함유한다[한국인 성인 남자의 하루 니아신 평균필요량은 12mgNE(Niacin Equivalent)이고 성인 여자는 11mgNE이며, 권장섭취량은 성인 남자 하루 16mgNE, 여자의 경우 14mgNE이다]. 한편, 커피가 니아신의 좋은 급원이 된다는 것은 흥미로운 일이다.

그림 10-7 니아신 함유식품

표 10-3 니아신을 함유한 식품과 함량

(mg/100g)

식품명	함 량	식품명	함 량
현미	4.5	가다랭이	15.3
땅콩	16.7	고등어	8.2
아몬드	3.5	꽁치	6.4
양송이	4.8	참치	11.2
닭고기	12.7	연어	7.5
돼지간	8.4	정어리	8.1
한우쇠고기	5.4	인스턴트커피	31.0
쇠간	10.7	건조효모	35.0

농촌자원개발연구소, "식품성분표" 제 7차 개정

5 니아신의 결핍증

과거에는 옥수수를 주식으로 하는 지역에서 니아신 결핍증이 흔했으나 지금은 강화식품을 섭취함으로써 많이 줄었다.

결핍 증상은 식욕 상실, 피부염, 정신 혼란, 에너지 부족, 근육 허약으로 나타난다.

심각한 결핍인 경우에 펠라그라(pellagra)라는 독특한 증상이 나타난다. 이는 피부와 소화기관 및 중추신경에 장해를 일으킴으로써 피부염(**d**ermatitis) · 설사(**d**iarrhea) · 우울증(**d**epression) 등이 나타나고 끝내는 사망(**d**eath)에 이르게 한다.

그러므로 펠라그라를 3D' s disease 또는 4D' s disease라고도 한다. 펠라그라는 니아신 결핍뿐만 아니라 티아민 · 리보플라빈 · 피리독신이 부족할 때도 생기는데, 그 이유는 트립토판으로부터 니아신이 전환될 때에 이런 비타민이 필요하기 때문이다.

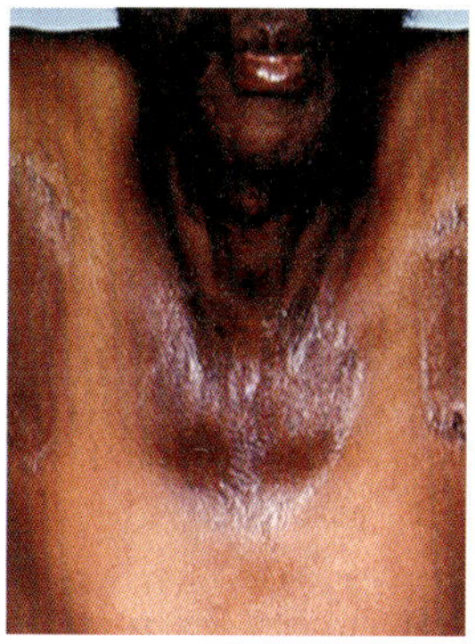

목걸이를 한 듯한
펠라그라 환자의 목

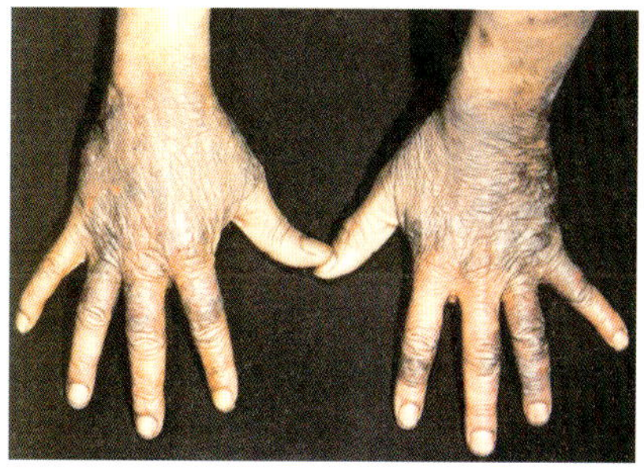

펠라그라 환자의 손

그림 10-8 니아신 결핍증

6 니아신의 다량섭취

니아신의 다량섭취는 정신질환을 처방할 때에 고혈청 지질 수준을 낮추기 위한 방법으로, 혹은 그 밖에 몇 가지 건강 문제를 처방하는 데 시도되기도 한다.

비록 일반적으로 니아신이 독성이 없는 편이지만 니코틴산으로 다량 섭취할 때 염증이나 타는 듯한 감각과 따끔한 감각이 얼굴 · 목 · 손에서 일어난다. 이러한 증상은 섭취 15~20분 후에 나타나는데 히스타민 작용과 유사하다.

오랜 기간 다량 섭취하면 간염에 걸릴 위험이 증가하고 위궤양을 일으킬 수 있으므로 의사의 처방이 없으면 혈청 콜레스테롤을 낮추기 위한 섭취는 하지 말아야 한다.

니아신이 에너지 대사에 기여하기 때문에 신체적 수행 능력을 높이기 위하여 다량섭취하는 경우가 있는데, 건강하고 식사를 잘하는 운동선수에게는 니아신을 추가로 다량섭취하도록 하여도 운동능력 증진제로서는 효과가 없음을 보여주고 있다. 오히려 지구력을 요하는 마라톤 선수에게 니아신을 다량 (하루 3~9g) 섭취시키면 지방 대사에 영향을 주게 되는데 지방 조직에서 유리 지방산의 분리를 막는 작용을 하여 근육으로 유리지방산의 공급이 줄어 에너지 급원으로서 탄수화물 의존도가 높고 근육 글리코겐을 더 빨리 고갈시켜 지구력 운동의 효과를 줄인다고 한다.

과다한 니아신의 섭취는 특정 운동 수행능력을 부진하게 할 수 있고 특수한 운동의 경우는 건강에 오히려 역효과가 우려된다.

제4절 비타민 B_6 (피리독신, pyridoxine)

비타민 B_6는 피리독신 · 피리독살 · 피리독사민에 대한 총체적인 용어이나 피리독신은 이에 대하여 일반용어로 사용하며 수용성 비타민이다.

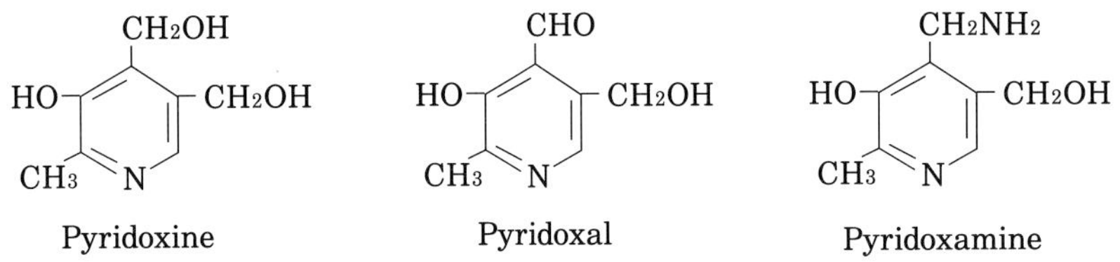

그림 10-9 비타민 B_6의 구조

1 비타민 B_6의 화학적 성질

체내에서 피리독신(pyridoxine), 피리독살(pyridoxal), 피리독사민(pyridoxamine)의 세 형태는 서로 쉽게 전환된다. 이들 화합물의 생물 활성은 같으며 모두 조효소 형태(pyridoxal-5-phosphate : PLP)로 전환이 가능하다.

피리독신은 물에 쉽게 용해되지만 알코올과 아세톤에서는 약간 용해된다. 또한, 산성 용액에서는 열에 안정하나 알칼리성 용액에서는 불안정하여 파괴되며, 자외선 조사로 곧 분해한다.

세 가지 물질 중에서 피리독신은 대부분 식물성 식품에 들어 있으며, 피리독살과 피리독사민은 주로 동물성 식품에 들어 있다.

2 비타민 B_6의 흡수와 대사

비타민 B_6는 소장상부에서 쉽게 흡수된 후 바로 PLP로 전환된다. 혈액 중에는 피리독살과 PLP로 존재하며 간에서의 비타민 B_6는 상호 전환이 일어난다. 비타민 B_6는 대부분의 동물 조직에 분포되어 있으나 특별한 저장고는 없고 간에서의 농도가 가장 높다. 비타민 B_6는 생물 활성이 없는 피리독신산(pyridoxic acid)으로 전환되어 소변을 통해 배설된다.

3 비타민 B_6의 생리적 기능

피리독신의 활성형은 조효소 형태인 인산 피리독살(pyridoxal phosphate, PLP)로 체내 여러 가지 대사에 관여한다. PLP가 관여하는 반응은 다음과 같다.

(1) 단백질 대사

① 아미노기 전이(transamination)

$$\underset{\text{amino acid}_1}{R_1CHNH_2COOH} + \underset{\text{keto acid}_2}{R_2COCOOH} \rightleftarrows \underset{\text{amino acid}_2}{R_2CHNH_2COOH} + \underset{\text{keto acid}_1}{R_1COCOOH}$$

동물 체내에서 비필수 아미노산을 생합성할 때 인산 피리독살은 한 아미노산에 있는 아미노기를 탈 아미노화하여 케토산(keto acid)에 전달하고 새 아미노산을 합성하는 대사에 관여하여 아미노기 전달효소(transaminase)를 활성화한다.

② 탈탄산 반응(decarboxylation)

아미노산에서 카르복실기를 이탈시키는 데 인산 피리독살이 필요하다.

히스티딘(histidine)으로부터 히스타민(histamine)의 합성, 글루타메이트(glutamate)로부터 GABA(γ-amino butyric acid)의 합성, 트립토판에서 세로토닌(serotonin)의 합성 등 신경전달물질을 합성하는 데 필요하다.

③ 유황 전이 반응(transulfuration)

함황 아미노산인 메치오닌(methionine)으로부터 시스테인(cysteine)을 합성하는 데 PLP가 관여한다.

④ 기타 반응

트립토판에서 니아신으로 전환되는 과정과 헴(heme)의 전구물질인 아미노레불린산(aminolevulinic acid)의 합성에 PLP가 쓰이므로 비타민 B_6가 부족하면 헤모글로빈의 생성이 어려워져서 빈혈이 된다. 또한, 미오글로빈과 각종 산화효소의 합성에 관여한다.

(2) 당질과 지방대사

① 글리코겐(glycogen) 분해

인산 피리독살은 글리코겐이 glucose-1-phosphate로 전환하는 데 관여하는 글리코겐 인산화효소(glycogenphosporylase)에 작용한다. 그 밖에 간에서의 당신생에서도 PLP의 효소기능이 필요하다.

② 지방산 대사

필수 지방산인 리놀레산 (linoleic acid)으로부터 아라키돈산(arachidonic acid)으로 전환하는 데 필요하다.

쇠고기 정어리 닭고기 달걀 배아미

그림 10-10 비타민 B_6가 풍부한 식품

표 10-4 비타민 B_6를 함유한 식품과 함량 (mg/100g)

식품명	함 량	식품명	함 량
녹두	0.52	연어	0.64
노란콩	0.53	참다랑어	0.64
마늘	1.50	구운김	0.59
닭간	0.65	가루녹차	0.69
쇠간	0.89	효모	1.28
가다랭이	0.86		

농촌자원개발연구소, "식품성분표" 제7차 개정

4 비타민 B_6의 급원식품 및 섭취기준

식품에 널리 분포하며 대부분 단백질 식품이 주요 급원이다. 육류, 가금류, 생선, 밀배아, 전곡, 달걀 등을 들 수 있다. 반 개의 닭 가슴살 섭취는 필요량의 25%에 해당한다(한국인 비타민 B_6 하루 평균필요량은 성인 남자 1.3mg, 여자 1.2mg이고, 권장섭취량은 성인 남자 1.5mg, 여자 1.4mg이다). 그러나 채소, 과일, 우유 등에는 적게 함유되어 있다.

5 비타민 B_6의 결핍증

경구피임약을 복용하는 여성은 비타민 B_6의 필요량이 증가한다는 설도 있고 과량의 비타민 B_6가 우울증에 치료 효과가 있다는 임상실험도 있는데, 이는 비타민 B_6가 세로토닌(serotonin) 합성에 조효소로 쓰이기 때문이다.

피리독신 대사에 영향을 미치는 여러 가지 약물 중 특히 결핵 치료에 사용되는 이소니코틴산히드라지드(isonicotinic acid hydrazide, INH)나 항생물질 등은 피리독신과 결합하여 흡수를 방해하므로, INH 복용자가 비타민 B_6를 같이 섭취하지 않으면 결핍증세를 초래한다.

육류섭취가 많은 서양에서는 피리독신 결핍이 주요 건강 문제가 되지 않으나 이뇨제나 경구피임약을 사용하는 경우는 결핍 가능성이 있다. 대부분의 연구에서 남성 운동선수는 비타민 B_6를 적절하게 섭취하고 있지만, 여성의 경우에 특히 에너지 섭취가 낮은 때에는 비타민 B_6 섭취도 낮다. 결핍될 경우에는 오심(nausea), 면역기능 부전, 피부 이상, 입안이 쓰림, 허약, 정신적 우울, 빈혈, 간질(epileptic) 유사 경련이 일어날 수 있다.

헤모글로빈과 같은 산화 과정에 필수적인 단백질 화합물의 형성에 관여하기 때문에 근육 글리코겐을 사용하는 경우에 지구력을 키우는 운동선수에게 중요하고 신경전달 물질 형성에 대한 역할 때문에 섬세한 운동조절이 필요한 양궁이나 사격선수에게도 중요할 것으로 본다. 단백질을 적게 섭취하는 운동선수에게는 부진이 나타날 수 있지만, 일반적인 운동은 신체에서 비타민 B_6의 손실을 크게 하지 않으므로 운동 중에 비타민 B_6의 손실량은 식사로 쉽게 회복된다.

6 비타민 B_6의 다량섭취

피리독신의 다량섭취는 임신 시에 오심(nausea, 구역질)을 처방하는 데에 사용되며 정신적 우울이나 월경 전 증상(premenstrual syndrome PMS)에도 다량 처방되고 있다. 하루 100mg(상한섭취량과 같은 양)을 주었을 때 PMS 증상의 호전이 있었다고 한다. 비교적 낮은 수준의 비타민 B_6(하루 1.6mg) 추가섭취는 혈중 호모시스테인(homocysteine) 감소 효과가 있으며 특히 노인에게서 효과가 있었다.

신체적 수행 능력과 관련되어 다량섭취로 독성이 보이지 않았으나 아주 많은 양을 섭취하면 말초 신경 손상의 원인이 될 수 있고 사지의 감각 특성 상실과 걷기 부진 등의 문제가 발생하여 독성이 증명되고 있다.

그러므로 피리독신의 다량섭취는 활발한 신체적 활동을 하는 사람에게 효과는 별로 없으며 지속적으로 다량섭취할 경우는 오히려 건강에 위험 요소가 된다.

제5절 엽 산(folic acid, folacin)

엽산은 수용성 비타민으로 비타민 B군에 속한다. 녹색 잎을 가진 식물에 널리 분포되어 있으므로 잎을 뜻하는 라틴어 folium에서부터 그 이름이 유래되고 폴라신 (folacin)이란 말은 엽산과 같은 생리적 활성을 나타내는 모든 물질에 대한 총칭이다.

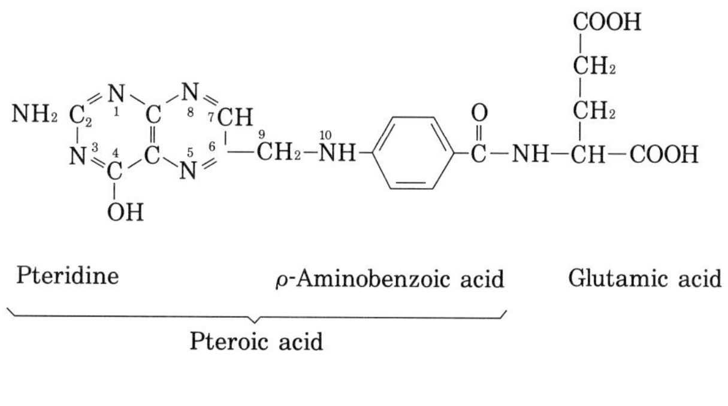

그림 10-11 엽산의 구조

1 엽산의 화학적 성질

엽산의 화학명은 프테로일 글루탐산(pteroylglutamic acid)이며 프테리딘(pteridine) 고리와 파라아미노벤조산(paraaminobenzoic acid, PABA), 그리고 글루탐산의 복합체이다. 엽산은 황색 분말로 중성 또는 알칼리성에는 잘 녹으며 열에 안정하나 산성 용액 중에서는 불안정하여 열에 의해 쉽게 파괴된다.

2 엽산의 흡수와 대사

엽산은 소장 상부에서 능동적 운반에 의하여 흡수되며, 흡수되기 직전에 소장 점막에 존재하는 folate conjugase에 의해 글루탐산 잔기가 가수분해되어 단 하나의 모노글루탐산(monoglutamate) 형태로 되어야 흡수되며 글루탐산 잔기가 많이 달린 엽산은 소화 흡수율이 떨어진다.

알코올 섭취는 엽산의 흡수와 대사를 방해하며 여러 종류의 약제 복용, 특히 아스피린 · 경구피임제 · 항경련제 · 결핵치료제 등의 과다한 복용은 엽산의 흡수와 대사를 방해한다. 엽산이 흡수된 후 엽산 결합 단백질(folate binding protein)과 결합하여 수송되며 메틸기가 첨가된 형태로 간에 저장되고 또 신체의 모든 세포에서 발견된다. 그러나 간에서의 함량이 총 신체 저장량의 약 절반을 차지한다. 엽산의 대사 물질은 소변으로 배설된다.

3 엽산의 생리적 기능

엽산은 필수아미노산인 메티오닌의 대사에 결정적인 역할을 하는 조효소 기능을 한다. 엽산은 DNA의 생성에 중요하며 세포분열을 조절하는 유전 물질이다. 우리 몸에서 가장 빠른 세포 분열이 일어나는 조직 중의 하나인 적혈구의 생성 · 유지에 필수적이다. 엽산은 임신 초기에 중요한데 이때는 태아세포의 분열이 가장 빠른 시기로 DNA를 생성하기 위하여 가장 많은 엽산이 세포 분열에 쓰이는 시기이기 때문이다.

엽산은 조효소 THF(tetra hydrofolate)를 형성하여서 단일 탄소 단위(single carbon units), 즉 메틸($-CH_3$) · 메틸렌($-CH_2$) · 히드록시 메틸($-CH_2OH$)기를 떼어 내어 또 다른 화합물로 운반함으로써 중요한 화합물을 합성하게 한다.

THF를 조효소로 요구하는 중요한 생체 내 반응은 다음과 같다.

① 핵산의 구성 성분인 퓨린(purine)과 피리미딘(pyrimidine)의 합성
② 에탄올아민(ethanolamine)으로부터 콜린(choline)의 합성
③ 여러 아미노산들의 상호전환, 세린(serine)과 글리신의 상호전환
④ 호모시스테인(homocysteine)으로부터 메치오닌(methionine) 합성
⑤ 헤모글로빈의 구성 성분이 되는 헴(heme)의 형성

4 엽산의 급원식품 및 섭취기준

엽산 유도체는 시금치와 같은 푸른 잎 채소에서 발견되기 때문에 엽산군(foliage)이라고 부른다. 다른 좋은 급원은 내장육(간, 신장 등), 전곡, 오렌지와 바나나 등의 과일류이다.

검은색 또는 푸른색의 익힌 콩은 엽산의 하루 평균필요량 [한국인 성인 남녀의 평균필요량은 320㎍DFE(Dietary Folate Equivalent), 권장섭취량은 400㎍DFE]의 60~75%를 함유하며 바나나 한 개는 필요량의 10%를 제공한다.

미국에서는 모든 곡류와 씨리얼 제품에 엽산을 강화하여 신경관 손상(neural tube defect: NTD)의 발생을 낮추려는 노력을 하고 있다. 평균 강화량은 식품 100g당 140mg이며 이 양은 하루 식사로 충분히 먹을 수 있음을 제시하고 있다.

시금치 검정콩 바나나

그림 10-12 엽산이 풍부한 식품

표 10-5 엽산을 함유한 식품과 함량 (㎍/100g)

식품명	함 량	식품명	함 량
녹두	460.0	쇠간	1000.0
노란콩	230.0	가다랭이	(370.0)
브로콜리	210.0	구운김	1900.0
시금치	210.0	가루녹차	1000.0
닭간	1300.0	효모	3800.0
돼지 간	810.0		

농촌자원개발연구소, "식품성분표" 제 7차 개정

5 엽산의 결핍증

알코올을 다량으로 섭취하는 사람이나 엽산 결핍 경험이 있는 경구피임약 복용 여성의 경우에는 약물로 인하여 엽산의 흡수가 나빠진다.

엽산이 결핍되면 DNA 형성이 부진하게 되거나 메티오닌 대사의 대사 산물인 호모시스테인 함량이 증가한다. 혈장의 호모시스테인 수준 증가는 혈관벽 세포의 손상을 일으킬 수 있다.

엽산의 결핍은 임신초에 흔히 발생하는데, 이때에는 엽산 요구량이 증가할 뿐만 아니라 배설량이 증가하므로 엽산 결핍이 발생하기 쉽다.

엽산 결핍증의 여성이 임신한 경우에는 태아의 척추 이생성(spina bifida) 또는 척수 둘레조직(tissue surrounding the spinal cord) 불완전 봉쇄(incomplete closure) 등을 보이는 신경관 손상(NTD) 위험이 있다. 엽산이 부족한 식사를 하거나 과량의 알코올을 섭취할 경우뿐만 아니라 항경련제나 경구피임약 등 약물에 의해 결핍이 생길 수 있다.

엽산이 결핍되면 초기에는 무력감 · 우울증 · 건망증의 증세가 나타나고 결핍상태가 더욱 진행되면 거대적아구성 빈혈(megaloblastic anemia) · 소화기 장애 · 성장 부진 등이 발생한다.

원래 적혈구가 처음 생겼을 때는 크기가 크지만 성숙되면서 크기가 작아진다. 엽산이 부족하게 되면 적혈구의 수가 적은 동시에 미숙하여 작아지지 않고 큰 적혈구가 많아지며 헤모글로빈 양도 적어지게 되어서 핵을 소유한 대형 적혈구가 혈류에 나타나는 거대적아구성 빈혈이 발생한다.

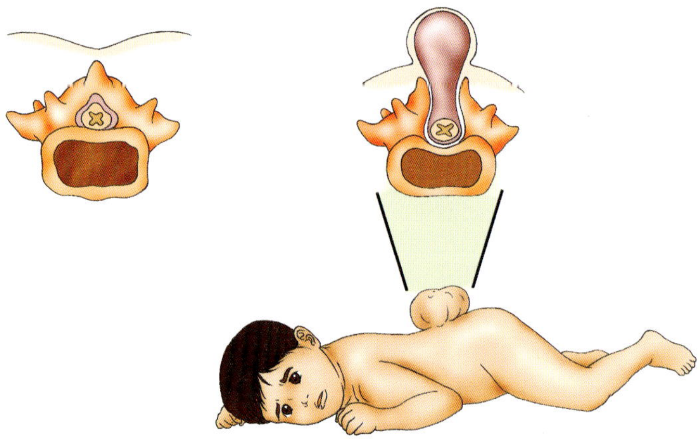

그림 10-13 태아의 신경관 손상(NTD)으로 오는 태아 척추 이생성(spina bifida)

또 DNA와 염색체 손상이 엽산 결핍으로 일어날 수 있는데, 이는 암 발생 위험 증가로 나타난다. 실제로 엽산 섭취가 낮을 때 대장암의 위험 증가와 관련성이 있다고 하며, 알코올 섭취가 많은 여성의 체내 엽산 상태는 매우 낮고 유방암 발생 위험이 매우 높음을 보인다고 하는 보고도 있다.

6 엽산의 다량섭취

엽산의 과잉증이나 독성에 대하여는 알려진 바 없으며 다량 섭취함으로써 신경관 손상 예방에 도움을 준다는 사실이 증명되었다. 모든 여성은 잠재적인 임신 가능성이 있으므로 하루에 합성품인 엽산으로 400 ㎍DFE을 먹어야 한다고 볼 때에 이 양은 식품 강화로써 섭취하거나 정상적인 식품 섭취 외에 추가로 더 먹어야 한다.

엽산의 다량섭취에 의하여 혈중 호모시스테인 농도를 낮추는 데 도움을 줄 수 있다는 증거가 여러 연구자들에 의해 발표되고 있으며, 혈장 호모시스테인 농도가 낮아지지 않더라도 관상심장 질환 감소 또는 혈관질환 감소를 제시하고 있다.

여러 가지 연구의 결과로서 하루 1,000 ㎍DFE의 상한섭취량은 강화식품 또는 다량섭취량으로 설정되었다. 임신 중의 여성은 추가 공급이나 자연적 식사급원으로서 하루에 400 ㎍DFE (우리나라의 권장섭취량)를 섭취하여야 한다.

제6절 판토텐산 (pantothenic acid)

판토텐산은 everywhere라는 뜻의 그리스어인 'panthos' 에서 유래되었는데, 이는 동식물성 자연 식품에 널리 분포되어 있기 때문에 붙여진 이름이다.

1 판토텐산의 화학적 성질

판토텐산은 판토산(pantoic acid)과 β-alanine의 amide가 결합된 노란색의 액체이다. 산 · 알칼리 용액 중에서는 가열에 의해 분해되나 중성 용액에서는 안정하다.

2 판토텐산의 흡수와 대사

판토텐산은 소장의 점막을 통하여 흡수되어 문맥으로 들어간다. 체내 대부분의 판토텐산은 보조효소인 코엔자임 A를 합성하는 데 사용된다. 판토텐산은 모든 조직에 들어 있고 간 · 콩팥 · 부신 · 뇌 · 심장 등에 비교적 많이 있으며 소변을 통하여 배설된다.

3 판토텐산의 생리적 기능

판토텐산은 조효소인 코엔자임 A(CoA)의 구성 성분이며 이 조효소는 에너지 대사에 중심 역할을 한다. 아세틸 CoA는 탄수화물, 지방, 단백질 대사에서 TCA 회로에 들어가는 기본 물질이다. 판토텐산은 당신생 과정에 작용하고 지방산의 분해와 합성에 기여하며 단백질의 형태 변화 및 근육 수축을 시작하게 하는 신경 전달과정에서 분비되는 화학 물질인 아세틸콜린의 합성에 관여한다.

① CoA(coenzyme A)는 아세트산염(acetate)과 결합하여 활성초산(active acetate)인 아세틸 CoA를 형성하여 여러 가지 중요한 대사과정에 참여한다. 즉, 탄수화물 · 지방 · 단백질에서 생성된 아세트산염을 정상적인 과정을 밟아 계속 분해할 수 있도록 한다.

② CoA는 TCA 회로 중 숙신산(succinate)과 결합하여 활성숙신산(active succinate)인 숙시닐(succinyl) CoA를 형성한다.

③ CoA는 지질대사에 중요한 역할을 하며 지방 산화의 첫 단계로 지방산과 결합하여 acyl CoA가 된 후에 여러 단계의 화학반응을 거쳐서 acetyl CoA를 형성한다.

④ 세포 내에 존재하는 판토텐산은 단백질과 결합하여 아실기 운반단백질(acyl carrier protein, ACP)을 형성하고 지방산의 생합성에 관여한다.

4 판토텐산의 급원식품 및 섭취기준

판토텐산은 동 · 식물 식품에 널리 분포하며 정제된 가공 식품에는 거의 없다. 주로 효모 · 간 · 달걀 · 두류 · 곡류에 많이 함유되지만 과일 · 채소 · 정제된 식품에는 소량 함유되어 있다. 한국인의 판토텐산 충분섭취량은 성인 남녀의 경우에 하루 5mg이다. 육류의 간을 50g만 먹어도 3mg 이상을 섭취할 수 있으며, 우유 한 컵에도 0.6~0.8mg이 함유되어 있다.

효모 간 달걀 콩

그림 10-14 판토텐산이 풍부한 식품

표 10-6 판토텐산을 함유한 식품과 그 함량 (mg/100g)

식품명	함 량	식품명	함 량
녹두	1.66	쇠간	6.40
땅콩	2.19	난황	4.33
닭간	10.10	가루녹차	4.10
돼지 간	7.19	마른효모	5.73

농촌자원개발연구소, "식품성분표" 제 7차 개정

5 판토텐산의 결핍증

판토텐산은 동 · 식물성 식품에 널리 분포되어 있고 세균에 의해 합성되므로 사람에게 결핍증이 거의 나타나지 않는다. 그러나 실험적으로 이 비타민의 항비타민제를 먹여 결핍증을 유발시켰더니 피로 · 두통 · 불면증 · 식욕부진 · 소화기장애 · 근육경련 등이 나타났으며, 판토텐산을 먹음으로써 치료되었다.

동물에 따라 그 증세가 각각 달라서 닭의 결핍증세는 눈 가장자리에 피부염이 생기고 성장을 못하며 3~4주 후에는 죽는 것으로 나타났다. 다른 동물에서는 성장부진과 생식불능 현상이 나타난다.

판토텐산은 에너지 대사 경로의 중심에서 중요한 기능을 하기 때문에 활동적인 운동선수에게는 영향력이 있을 것으로 생각되지만, 판토텐산의 결핍이 아직 관찰되지 않았기 때문에 신체적 수행능력에 주는 효과는 연구되지 못하였다.

판토텐산의 다량섭취는 식사를 잘하는 건강한 사람은 특별한 건강상의 이점이 보이지 않고 그 효과도 불분명하다. 독성이 없어 보이지만 하루 10~20g 정도의 다량 섭취는 설사의 원인으로 알려져 있다. 균형잡힌 식사로 건강과 활발한 운동 수행에 적절한 판토텐산을 공급한다.

제7절 비타민 B_{12}(cyanocobalamin)

악성빈혈 치료 인자로 알려진 비타민 B_{12}는 구조에 포함된 물질에 따라 다양한 이름으로 불리운다. 그 중에서도 가장 자주 불리는 이름이 시안기(CN)를 포함한 시아노코발라민(cyanocobalamin)이다.

1 비타민 B_{12}의 화학적 성질

비타민 B_{12}는 분자 내부에 코발트(Co)를 함유하고 있는 매우 거대하고 복잡한 물질로, 헤모글로빈과 클로로필 구조와 유사하다.

비타민 B_{12}는 적색의 침상 결정형 물질이며 물에 약간 녹고 열에는 안정하나 광선에는 약하며 산과 알칼리 용액에서는 안정하다. 그러므로 보편적인 조리 과정에서는 별로 손실이 없다.

2 비타민 B_{12}의 흡수와 대사

비타민 B_{12}가 흡수되려면 칼슘과 내인성인자(intrinsic factor; IF)가 필요하다. IF는 위장점막의 세포에서 분비되는 당 단백질(mucoprotein)의 일종으로 비타민 B_{12}는 내인성인자와 결합(B_{12}-IF complex)한 후에야 소장의 끝부분인 회장에서 비타민 B_{12}의 수용체와 결합한다. 이때 칼슘이 결합하여 복합체를 형성한 후 비타민 B_{12}가 소장세포 내로 흡수된다. 소장점막으로 흡수된 비타민 B_{12}는 운반 단백질과 결합하여 각 조직으로 운반된다.

비타민 B_{12}는 다른 수용성 비타민과는 달리 간에 상당량 저장되는데, 저장 능력 이상으로 섭취된 비타민 B_{12}는 담즙과 신장을 통하여 배설된다.

철분과 비타민 B_{12}가 결핍된 경우와 위염이 있는 경우 또는 유전적으로 내인성 인자가 결핍된 경우 등에는 비타민 B_{12}의 흡수가 저하되며, 연령이 증가할수록 비타민 B_{12} 흡수율이 낮아진다.

3 비타민 B_{12}의 생리적 기능

비타민 B_{12}는 모든 체세포에 존재하는 조효소의 구성 요소이며 DNA의 합성에 필수적이다. 엽산과 밀접한 관련이 있어 비타민 B_{12}와 엽산이 적혈구 세포의 발달에 중요한 역할을 한다. 비타민 B_{12}는 신경섬유를 둘러싼 보호물질(myelin sheeth)을 형성하는 데 필수적이며 호모시스테인의 대사에 유용하다.

동물 체내에서 비타민 B_{12}는 두 가지 조효소 형태로 전환되는데, 하나는 비타민 B_{12}에 아데노실기가 첨가된 아데노실코발라민(adenosylcobalamine)으로서 체세포에서 수소 운반체로 작용하며 또 하나는 메틸기가 첨가된 메틸 코발라민(methyl cobalamine)으로 메틸기($-CH_3$)의 운반체로서 작용한다.

비타민 B_{12} 조효소의 생체 내 반응은 다음과 같다.

① **DNA 합성에 관여하여 악성빈혈 방지－메틸기 제공** : B_{12}가 부족하면 세포분열에 지장이 오므로 거대적아구성 빈혈이 생긴다. 이때 적혈구가 성숙되려면 B_{12} 외에 엽산이나 철 등의 도움이 필요하다.

② **신경계의 정상 유지** : 신경세포의 축삭(axon)을 보호하는 수초(myelin) 형성

③ **지방과 당질 대사** : 메틸말로닐(methylmalonyl) CoA가 숙시닐 CoA로 전환되는 데 필요

④ **단백질 대사 및 엽산의 대사** : 호모시스테인(homocysteine)으로부터 메티오닌을 합성하는 기능

4 비타민 B_{12}의 급원식품 및 섭취기준

비타민 B_{12}는 동물성 식품만이 좋은 급원이다. 간과 내장 기관, 어패류, 가금류, 난류, 우유 및 유제품 등을 들 수 있다. 우유 한 컵은 한국인 성인 남녀의 하루 평균필요량 (2μg, 권장섭취량은 2.4μg)의 30%를 제공한다. 과일 · 채소 · 콩류 · 곡류 등 식물성 식품에는 발견되지 않지만 박테리아와 효모 등 미생물이 존재하면 식물성 식품에서도 발견되지만 생물적 유용성은 불확실하다. 비록 비타민 B_{12}가 인체에서 대장 미생물에 의해 합성된다고 하더라도 흡수의 관점에서 보면 유용성은 낮다.

간　　조개　　가다랭이　　김

그림 10-15　비타민 B_{12} 급원 식품

표 10-7　비타민 B_{12}를 함유한 식품

(μg/100g)

식품명	함 량	식품명	함 량
닭간	44.4	청어	17.4
돼지간	25.2	굴	28.1
쇠간	52.8	대합	28.4
가다랭이	94.4	구운김	57.6
꽁치	17.7		

농촌자원개발연구소, "식품성분표" 제7차 개정

5 비타민 B_{12}의 결핍증과 과다섭취

결핍증은 드물지만 부적절한 식이 섭취로 올 수 있다. 엄격한 채식을 하는 경우에 비타민 B_{12}를 섭취하기가 부족하지만 강화식품을 통하여 얻을 수 있으며 신체는 또한 적절한 양을 간에 저장하고 있다.

결핍증은 소화관의 내인성 인자 부족이나 흡수불량과 식이섭취 부족 및 위장 질환으로 인해 발생할 수 있다. 결핍 증상의 주요 형태는 혈액과 신경계의 이상이다.

엽산이 결핍되었을 때와 마찬가지로 혈액을 구성하는 적혈구의 크기가 커지고 숫자가 감소하는 거대적아구성 빈혈, 즉 악성 빈혈이 생긴다.

악성빈혈의 특징은 헤모글로빈 양의 감소로 창백한 피부 · 기력부진 · 체중감소 · 설염 · 신경장애 · 우울증 등이다. 신경계에 나타나는 증상은 수초(myelin sheeth) 생성 장애가 오며 이러한 신경 손상으로 인해 마비가 나타나기도 한다.

특히 채식위주의 임신여성에서 결핍상태가 신경의 수초 형성을 잘못하게 되어 신생아에게 선천성 결함을 발생시킬 수 있으므로 적절한 비타민 B_{12}를 섭취하도록 한다.

비타민 B_{12}가 적혈구 생성에 주요 역할을 하기 때문에 결핍은 악성빈혈로 나타나지만 악성빈혈의 증상은 비타민 B_{12}를 매일 10~15μg씩 주사하면 치유된다.

동물성 식품을 섭취하는 사람에게는 추가 섭취가 필요하지 않으며, 운동선수인 경우에 다량섭취로써 운동 수행능력이 높아진다는 보고는 없다.

채식을 하는 경우, 식품으로 섭취할 때는 이 비타민이 강화된 것을 선택하여야 한다. 경우에 따라 50세 이상이 되면 내인성 인자의 부족이 오고 자연식품 섭취만으로는 한정된 흡수율을 보이기 때문에 곡류 등 강화 식품으로 2.4μg 정도를 섭취하도록 한다.

제8절 비오틴 (biotin)

비오틴도 판토텐산과 같이 이스트의 성장 촉진에 필요한 것이라는 사실에서부터 알려지기 시작하였다.

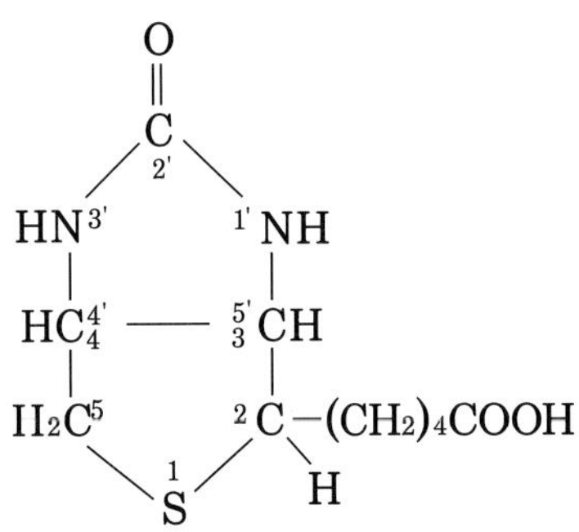

그림 10-16 비오틴의 구조

1 비오틴의 화학적 성질

비오틴은 티아민과 같이 유황을 함유하고 있다. 이 물질은 흰색의 결정체로서 메타놀 · 에탄올 · 아세톤 등에는 잘 용해되나 물에는 잘 용해되지 않는다. 또한, 알칼리에는 비교적 불안정하지만 광선 · 열 · 산에는 안정하다.

2 비오틴의 흡수와 대사

비오틴은 장관에서 흡수되어 문맥으로 들어간다. 그러나 비오틴이 날달걀 흰자 속에 들어 있는 아비딘(avidin)이라는 물질과 결합하여 복합체를 만들므로 흡수에 방해를 받기도 한다. 그러나 아비딘 단백질은 열에 약하여 가열하면 불활성화하기 때문에 익혀서 먹으면 흡수에 방해를 받지 않는다.

비오틴의 배설은 신장과 대변을 통하여 이루어지며, 인체 실험에서 많은 경우에 섭취량보다 배설량이 많다고 보고되었다. 이 사실은 장내 박테리아에 의하여 합성된 비오틴 양이 많음을 나타낸다.

3 비오틴의 생리적 기능

최근에 비오틴이 유전자 표현을 조절하는 기능을 일부 수행하는 것으로 추정하고 있다. 이는 비오틴이 아미노산의 대사를 포함한 다양한 조효소의 역할과 관련이 있음을 의미한다. 비오틴은 포도당과 지방산의 합성에 관계하고 당신생의 조효소 역할도 한다.

지금까지 알려진 비오틴의 기능은 조효소의 구성 성분이 되어 어떤 화합물에 이산화탄소(CO_2)를 첨가하는 카르복실화 반응(carboxylation)에 관여하는 것이다.

이때의 반응은 다음과 같다.

① pyruvate → 옥살로아세트산(oxaloacetate)으로 전환
   옥살로아세트산은 TCA 회로의 출발점이 되기 때문에 매우 중요하다.
   특히 지방의 분해가 증가할수록 이 반응이 촉진되어 비오틴이 더욱 필요하다.

② acetyl CoA → malonyl CoA : 지방산 합성의 첫 단계
   이때 비오틴은 ATP와 마그네슘의 도움을 받아 카르복시화 효소(carboxylase)의 조효소로 작용한다.

③ propionyl CoA → methylmalonyl CoA → succinate
   프로피오닐(propionyl) CoA는 이소류신(isoleucine)의 분해와 홀수 개의 탄소수를 가진 지방산의 산화 반응에서 생성되므로 대사되기 위한 과정은 숙신산으로 전환하게 된다.

④ 그 밖에도 아미노산의 탈아미노화(deamination)에 관여하며 췌장 아밀라아제 합성이나 면역체 형성에도 필요하다.

4 비오틴의 급원식품 및 섭취기준

비오틴의 좋은 급원은 간 등의 내장육과 달걀노른자, 그리고 강낭콩과 콩 등의 두류, 짙은 녹색 잎채소 등이다. 비오틴은 장내 박테리아에 의해서도 합성된다. 한국인의 비오틴 충분섭취량은 성인의 경우에 하루 30μg으로서 소 간 30g만으로도 얻을 수 있으며, 닭고기는 250g 한 마리로 충분섭취량이 된다.

그림 10-16 비오틴이 풍부한 식품

표 10-8 비오틴을 함유한 식품

(μg/100g)

식품명	함 량	식품명	함 량
소간	96	땅콩	33.8
소고기	2.6	시금치	6.9
닭고기(흰살)	11.3	바나나	4.4
연어(통조림)	15.1	치즈	3.6
정어리(통조림)	23.8	사과	0.9

농식품종합정보시스템, "식품성분표" 제7차 개정

5 비오틴의 결핍증과 과잉증

비오틴은 식품 중에 널리 분포되어 있을 뿐만 아니라 장내 미생물에 의해 합성되므로 결핍증은 잘 발생하지 않는다. 하지만 장기적인 항생제 복용이나 생난백을 다량 섭취하는 경우에 일어날 수 있다.

결핍증상은 식욕상실, 정신적 우울, 피부염, 근육 통증 등이다. 단백질원으로 달걀 단백질을 섭취하는 경우에 꼭 익혀서 섭취하는 것이 중요하다.

쥐에서의 결핍 증세는 주로 피부에 변화를 일으켜서 피부에 지방이 축적되며 탈모 현상, 즉 눈의 가장자리 털이 빠져 안경을 쓴 눈(spectacled eye) 같은 형태가 된다.

사람에게는 섭취열량의 약 30%에 해당하는 생난백을 먹었을 때 결핍증상으로 권태 · 근육통 · 과민성 · 식욕감퇴 등이 나타났으나 비오틴 투여 후에는 곧 사라졌다.

비오틴을 하루 20.5μmol(5,000μg)씩 10일 이상 구강 또는 근육 내로 공급하면 피부의 상처 치유가 가능하며 90%의 어린이에서 효과가 있었다. 소년에게는 2,000~4,000μg의 정맥 주입 또는 구강섭취로 비정상적인 대사에서 오는 피부 이상이 없어지고 머리도 자라기 시작했으며 propionyl CoA carboxylase 활성이 정상으로 돌아왔다고 한다.

그러나 비오틴의 다량섭취가 건강에 미치는 영향을 연구한 보고는 없으며, 건강과 운동 수행에 더 많은 양을 섭취할 필요는 없는 것으로 보인다.

제9절 비타민 C (ascorbic acid)

수용성 비타민이며, 건강과 운동 수행에 대한 효과에 관해서는 논란이 있지만, 신체 내에 부족할 때 고대로부터 알려진 출혈성 잇몸 질환과 다리 통증의 증세를 보이는 괴혈병을 일으킨다.

1 비타민 C의 화학적 성질

비타민 C는 흰색 결정체로 물에 잘 녹고 화학 구조가 포도당과 매우 유사하다.

생체에서 활성을 나타내는 형태는 환원형인 아스코르브산(ascorbic acid)과 산화형인 탈수소 아스코르브산(dehydro ascorbic acid) 두 가지가 있다. 이 물질들은 생체 내에서는 상호 전환되며, 산화형은 환원형의 약 80%에 해당하는 활성을 나타낸다.

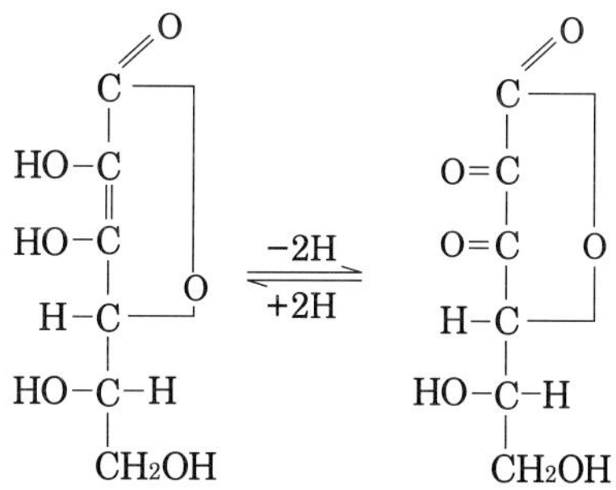

아스코르브산 탈수소 아스코르브산

그림 10-17 아스코르브산과 탈수소 아스코르브산의 구조

2 비타민 C의 흡수와 대사

비타민 C는 소장점막으로부터 쉽게 흡수되어 문맥을 통해 간으로 가서 전신의 조직으로 운반된다. 그러므로 대부분의 조직에서 비타민 C가 발견되나 부신 · 안구의 수정체 · 뇌하수체 · 뇌 · 비장 · 췌장 등에 많은 양이 함유되어 있다.

체내 저장량은 체중 1kg당 약 20mg이 되며 혈청 100mL당 비타민 C 양이 0.6mg이면 조직 내 비타민 C가 포화 상태가 되었음을 의미한다. 성인의 체내 저장량은 1,500mg으로 알려져 있다.

비타민 C는 신장을 통하여 배설되며 그 형태는 비타민 C 자체와 옥살산(oxalic acid) 또는 아스코르브산 황산염(ascorbic acid sulfate) 등의 대사 산물로 이루어져 있다.

3 비타민 C의 생리적 기능

비타민 C는 콜라겐의 합성에 필요하다. 콜라겐은 우리 몸의 힘줄이나 뼈 및 연골 등 결체조직을 형성·유지하는 데 필요한 것이다. 또한 비타민 C 자체가 신체 내에서 산화·환원되면서 다른 물질을 환원 또는 산화시킬 수 있으므로 산화를 방지하는 역할을 한다. 몇 가지 중요한 비타민 C의 기능은 다음과 같다.

(1) 항산화작용

비타민 A와 E, 그리고 불포화 지방산이 지나치게 산화하는 것을 막는 역할을 한다.

(2) 콜라겐 합성

콜라겐은 일종의 단백질로서 결체조직, 연골, 피부, 뼈의 세포 간질 등 세포와 세포 사이를 결합시키는 시멘트 같은 역할을 한다. 콜라겐은 아미노산인 히드록시프롤린(hydroxyproline)과 히드록시리신(hydroxylysine)을 함유하고 있으며, 비타민 C는 프롤린과 리신을 히드록시프롤린과 히드록시리신으로 전환시키는 데 필요하다.

(3) 페닐알라닌(phenylalanine)과 티로신(tyrosine) 대사에 관여

비타민 C가 티로신과 페닐알라닌 대사의 효소계에 관여하므로 비타민C가 결핍된 기니피그나 미숙아에게 다량의 티로신과 페닐알라닌을 섭취시켰더니 소변 중에 이들 대사의 중간산물 배설이 입증되었다.

또한, 특정 호르몬과 신경전달물질의 형성에도 필요하다. 여기에는 에피네프린이 포함되는데 운동과 같은 스트레스 상황에 분비된다. 즉, 티로신으로부터 노르에피네프린(norepinephrine)이 합성되거나 또는 트립토판에서 세로토닌(serotonin)이 합성되는 과정에서 비타민 C가 필요하다.

(4) 엽산의 이용

불활성인 엽산(folic acid)을 활성인 폴린산[folinic acid(THF : tetrahydrofolate)]으로 전환시키는 데 비타민 C가 필요하다.

(5) 그 밖의 기능

비타민 C는 장관에서 산화형의 Fe(ferric iron)가 환원형의 Fe(ferrous iron)로 전환되는 것을 도와줌으로써 흡수를 높여주고 또한 칼슘이 불용성 염을 형성하여 흡수를 방해하는 것을 방지하는 역할을 한다. 그 밖에 히스타민을 비효소적으로 파괴하여 아스파르트산(aspartate)으로 전환시켜 히스타민의 해독작용을 하며 외상이나 화상 등의 치료에 효과를 나타내고 세균 감염에 대한 저항력도 높여 준다.

또한, 엽산과 콜레스테롤 및 아미노산의 대사 조절에 도움을 준다. 게다가 손상된 흉터 조직을 정상조직으로 만들어 주므로 상처회복에 중요하다.

4 비타민 C의 급원식품 및 섭취기준

우리 몸은 비타민류 중에서 비타민 C를 가장 많이 요구하는데, 여러 가지 스트레스로 인하여 비타민 C가 다량 필요하기 때문이다. 비타민 C는 감기, 호흡계 질환, 수술 전후, 마취 후의 회복, 상처 회복 등에도 효과가 크다.

풋 고추   딸기   레몬   오렌지   시금치

그림 10-18 비타민 C가 풍부한 식품

가장 좋은 급원식품은 과일과 채소이며, 특히 감귤류와 푸른 잎채소의 잎 부분이다. 우수한 급원은 오렌지 · 자몽 · 브로콜리이다. 다른 좋은 급원은 풋고추 · 토마토 · 딸기 · 감자이며, 한 개의 오렌지는 한국인의 하루 비타민 C 평균필요량(성인 남녀 75mg, 권장섭취량은 100mg)을 함유한다. 우유와 육류 및 곡식은 함량이 적지만 비타민 C 강화제품도 있다.

비타민 C를 효과적으로 섭취하는 방법은 날것을 먹는 것이다. 비타민 C는 수용성이므로 조리 시 물을 사용할 때는 소량만 사용하고 삶는 것보다는 증기에 찌는 것이 비타민 C의 손실을 줄이는 방법이다.

5 비타민 C의 결핍증

신선하거나 냉동한 과일 및 채소에 풍부하기 때문에 결핍증이 거의 드물다. 다만, 흡연 · 아스피린 · 구강 피임약 · 스트레스 등은 이 비타민의 요구량을 높인다. 주요 결핍 증상은 괴혈병인데, 비타민 C가 없는 식사로 인해 일어난다. 주요 증상은 잇몸, 피부, 힘줄, 연골 등 연결 조직인 콜라겐의 붕괴로 오는 잇몸의 출혈, 피부 혈관의 파괴, 상처 회복의 지연, 근육 경련, 허약 등이다.

표 10-9 비타민 C를 함유한 식품과 그 함량 (mg/100g)

식품명	함 량	식품명	함 량
고구마	25	애호박	8
풋고추	92	늙은호박	15
당근	8	딸기	99
마늘	31	오렌지	43
브로콜리	64	돼지간	24
상추	19	베이컨	27
시금치	40	구운김	106
양배추	36	가루녹차	135
토마토	11		

농촌자원개발연구소, "식품성분표" 제 7차 개정

콜라겐 형성이 저하되면 세포 간질의 접합물질 형성이 부족하게 되며 외상 회복이 지연되고, 지주 뼈의 세포 간질도 콜라겐에 의해 주로 형성되므로 비타민 C가 부족하면 골격 형성에도 지장을 초래한다. 또한, 빈혈도 진행된다.

적절한 비타민 C의 섭취는 혈청 HDL-콜레스테롤의 수준을 높이고 혈청 중성 지방을 낮추며 혈압도 낮춘다고 한다. 또한, 항산화기능을 유지하는 데 필요하다. 비타민 C가 부족할 때 여러 가지 만성 질환의 위험이 증가한다는 사실은 여러 연구에서 증명되고 있다.

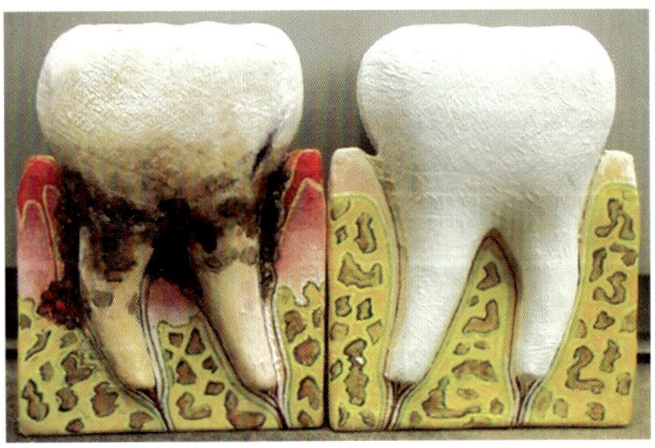

그림 10-19 비타민 C 결핍증

6 비타민 C의 다량섭취

비타민 C의 다량 섭취는 건강에 이익을 준다고 주장하고 있는데, 특히 관상 심장질환과 암의 예방에 주목하고 있다. 이런 이유는 비타민 C가 항산화제이고 다른 항산화 비타민인 β – 카로틴 및 비타민 E와 함께 작용한다고 생각하기 때문이다.

비타민 C의 다량섭취에 대한 안전성은 아직 논란이 되고 있다. 일부에서는 하루 5~10g의 섭취는 설사, 식사에서의 비타민 B_{12} 파괴, 과다한 비타민 B_6의 배설, 구리의 유용성 감소, 통풍(gout)의 경향, 관절의 통증 증가, 그리고 비타민 C의 분해산물 중 하나인 옥살산염으로 인한 신장 결석의 형성 등과 같은 부작용이 있다고 한다.

비타민 C와 철을 함께 다량섭취한 경우에 DNA의 산화적 손상을 나타내는 표지(marker)가 증가한다고 보고되고 있으며, 과다한 비타민 C 섭취는 혈액과 소변 검사에서 정확한 검사를 어렵게 하고 지속적으로 다량 섭취를 하지 않으면 괴혈병이 다시 일어나게 됨을 보여 준다.

그 반대로 다른 연구자들은 다량 섭취가 상대적으로 해로운 점이 적다고 말하는데, 이는 다량 섭취된 양은 신장을 통하여 배설되기 때문이다.

그러므로 문제를 일으킬 경향이 있는 경우, 즉 신장 결석의 가족력이 있는 사람에서는 소변에 옥살산 함량이 높아짐을 보였고 결석 형성으로 진행될 가능성이 있어 위험하므로 우리나라에서는 상한섭취량을 성인 남녀 모두 2,000mg으로 정하고 있다.

적절한 비타민 C의 섭취는 건강에 매우 이로우며 권장하는 수준은 성인 남녀에서 100mg이고 이러한 양은 하루 식사로써 쉽게 섭취된다. 5~9개의 과일과 채소를 섭취하면 약 200~350mg을 얻을 수 있다. 이 양은 활동이 적거나 많은 사람 모두에게 해당되는 권장 수준이다.

부 록

부록 1 영양에서 사용되는 측정단위

Metric prefixes

Prefix	Abbreviation	Value
micro -	μ	one-millionth
milli -	m	one-thousandth
centi -	c	one-hundredth
deci -	d	one-tenth
deka -	da	ten
hecto -	h	one-hundred
kilo -	k	one-thousand

Abbreviation

cal = calorie	cc = cubic centimeter
kcal = kilocalorie	qt = quart
kg = kilogram	pt = pint
g = gram	c = cup
mg = miligram	tbsp(T) = tablespoon
μg(mcg) = microgram	tsp(t) = teaspoon
1b = pound	m = meter
oz = ounce	cm = centimeter
L = liter	ft = foot
mL = mililiter	in = inch

Metric and U.S. Equivalents

Metric Unit	U.S. Equivalent
Mass and Weight	
1 microgram(μg)	0.00000004 ounce(oz)
1 milligram(mg)	0.00004 ounce
1 gram(g)	0.04 ounce
28.35 grams*	1 ounce
1 kilogram(kg)	2.2 pounds(1b)
0.454 kilogram	1 pound
Liquid capacity	
1 milliliter(mL)	0.035 fluid ounce
29.6 milliliters	1 fiuid ounce
1 liter(L)	1.06 quarts(qt)
0.946 liter	1 fluid quart
Heat	
1 kilojoule	0.239 kilocalorie(kcal)
4.18 kilojoules	1 kilocalorie

* 정확성이 요구되지 않는 경우, 1 once는 30 gram으로 한다.

U.S Household Measurements and Equivalents

1 quart = 4 cups(c)
1 cup = 8 fluid ounces = 16 tablespoons(T)
1 T= 3 teaspoons(t)
1 t= 5 grams dry weight(such as sugar or salt)

부록 2 식품별 질소단백질 계수

식 품 명	질소계수	식 품 명	질소계수
곡 류		**두 류**	
• 귀리, 기장, 밀, 보리, 호밀	5.83	• 콩, 콩제품	5.71
• 메 밀	6.31	**종 실 류**	
• 밀가루	5.70	• 아몬드	5.18
• 밀배아	5.80	• 땅콩	5.46
• 쌀	5.95	• 참깨, 호박씨 등 기타 종실류	5.30
• 국수, 마카로니	5.70	**유 류**	6.38
		• 우유, 유제품, 마가린	

• 표 이외의 식품은 질소계수 6.25를 적용함.

보건복지부, 한국영양학회 한국인 영양소 섭취기준 (개정판, 2020)

2020 한국인 영양소 섭취기준 – 에너지와 다량영양소

보건복지부, 2020

성별	연령	에너지(kcal/일)				탄수화물(g/일)				식이섬유(g/일)			
		필요추정량	권장섭취량	충분섭취량	상한섭취량	평균필요량	권장섭취량	충분섭취량	상한섭취량	평균필요량	권장섭취량	충분섭취량	상한섭취량
영아	0-5(개월)	500						60					
	6-11	600						90					
유아	1-2(세)	900				100	130					15	
	3-5	1,400				100	130					20	
남자	6-8(세)	1,700				100	130					25	
	9-11	2,000				100	130					25	
	12-14	2,500				100	130					30	
	15-18	2,700				100	130					30	
	19-29	2,600				100	130					30	
	30-49	2,500				100	130					30	
	50-64	2,200				100	130					30	
	65-74	2,000				100	130					25	
	75 이상	1,900				100	130					25	
여자	6-8(세)	1,500				100	130					20	
	9-11	1,800				100	130					25	
	12-14	2,000				100	130					25	
	15-18	2,000				100	130					25	
	19-29	2,000				100	130					20	
	30-49	1,900				100	130					20	
	50-64	1,700				100	130					20	
	65-74	1,600				100	130					20	
	75 이상	1,500				100	130					20	
임신부[1]		+0 +340 +450				+35	+45					+5	
수유부		+340				+60	+80					+5	

성별	연령	지방(g/일)				리놀레산(g/일)				알파-리놀렌산(g/일)				EPA+DHA(mg/일)			
		평균필요량	권장섭취량	충분섭취량	상한섭취량	평균필요량	권장섭취량	충분섭취량	상한섭취량	평균필요량	권장섭취량	충분섭취량	상한섭취량	평균필요량	권장섭취량	충분섭취량	상한섭취량
영아	0-5(개월)			25				5.0				0.6				200[2]	
	6-11			25				7.0				0.8				300[2]	
유아	1-2(세)							4.5				0.6					
	3-5							7.0				0.9					
남자	6-8(세)							9.0				1.1				200	
	9-11							9.5				1.3				220	
	12-14							12.0				1.5				230	
	15-18							14.0				1.7				230	
	19-29							13.0				1.6				210	
	30-49							11.5				1.4				400	
	50-64							9.0				1.4				500	
	65-74							7.0				1.2				310	
	75 이상							5.0				0.9				280	
여자	6-8(세)							7.0				0.8				200	
	9-11							9.0				1.1				150	
	12-14							9.0				1.2				210	
	15-18							10.0				1.1				100	
	19-29							10.0				1.2				150	
	30-49							8.5				1.2				260	
	50-64							7.0				1.2				240	
	65-74							4.5				1.0				150	
	75 이상							3.0				0.4				140	
임신부								+0				+0				+0	
수유부								+0				+0				+0	

1) 1,2,3 분기별 부가량

2) DHA

보건복지부, 2020

성별	연령	단백질(g/일)				메티오닌(g/일)				류신(g/일)			
		평균 필요량	권장 섭취량	충분 섭취량	상한 섭취량	평균 필요량	권장 섭취량	충분 섭취량	상한 섭취량	평균 필요량	권장 섭취량	충분 섭취량	상한 섭취량
영아	0-5(개월)			10				0.4				1.0	
	6-11	12	15			0.3	0.4			0.6	0.8		
유아	1-2(세)	15	20			0.3	0.4			0.6	0.8		
	3-5	20	25			0.3	0.4			0.7	1.0		
남자	6-8(세)	30	35			0.5	0.6			1.1	1.3		
	9-11	40	50			0.7	0.8			1.5	1.9		
	12-14	50	60			1.0	1.2			2.2	2.7		
	15-18	55	65			1.2	1.4			2.6	3.2		
	19-29	50	65			1.0	1.4			2.4	3.1		
	30-49	50	65			1.1	1.3			2.4	3.1		
	50-64	50	60			1.1	1.3			2.3	2.8		
	65-74	50	60			1.0	1.3			2.2	2.8		
	75 이상	50	60			0.9	1.1			2.1	2.7		
여자	6-8(세)	30	35			0.5	0.6			1.0	1.3		
	9-11	40	45			0.6	0.7			1.5	1.8		
	12-14	45	55			0.8	1.0			1.9	2.4		
	15-18	45	55			0.8	1.1			2.0	2.4		
	19-29	45	55			0.8	1.0			2.0	2.5		
	30-49	40	50			0.8	1.0			1.9	2.4		
	50-64	40	50			0.8	1.1			1.9	2.3		
	65-74	40	50			0.7	0.9			1.8	2.2		
	75 이상	40	50			0.7	0.9			1.7	2.1		
임신부[1]		+12 +25	+15 +30			1.1	1.4			2.5	3.1		
수유부		+20	+25			1.1	1.5			2.8	3.5		

성별	연령	이소류신(g/일)				발린(g/일)				라이신(g/일)			
		평균 필요량	권장 섭취량	충분 섭취량	상한 섭취량	평균 필요량	권장 섭취량	충분 섭취량	상한 섭취량	평균 필요량	권장 섭취량	충분 섭취량	상한 섭취량
영아	0-5(개월)			0.6				0.6				0.7	
	6-11	0.3	0.4			0.3	0.5			0.6	0.8		
유아	1-2(세)	0.3	0.4			0.4	0.5			0.6	0.7		
	3-5	0.3	0.4			0.4	0.5			0.6	0.8		
남자	6-8(세)	0.5	0.6			0.6	0.7			1.0	1.2		
	9-11	0.7	0.8			0.9	1.1			1.4	1.8		
	12-14	1.0	1.2			1.2	1.6			2.1	2.5		
	15-18	1.2	1.4			1.5	1.8			2.3	2.9		
	19-29	1.0	1.4			1.4	1.7			2.5	3.1		
	30-49	1.1	1.4			1.4	1.7			2.4	3.1		
	50-64	1.1	1.3			1.3	1.6			2.3	2.9		
	65-74	1.0	1.3			1.3	1.6			2.2	2.9		
	75 이상	0.9	1.1			1.1	1.5			2.2	2.7		
여자	6-8(세)	0.5	0.6			0.6	0.7			0.9	1.3		
	9-11	0.6	0.7			0.9	1.1			1.3	1.6		
	12-14	0.8	1.0			1.2	1.4			1.8	2.2		
	15-18	0.8	1.1			1.2	1.4			1.8	2.2		
	19-29	0.8	1.1			1.1	1.3			2.1	2.6		
	30-49	0.8	1.0			1.0	1.4			2.0	2.5		
	50-64	0.8	1.1			1.1	1.3			1.9	2.4		
	65-74	0.7	0.9			0.9	1.3			1.8	2.3		
	75 이상	0.7	0.9			0.9	1.1			1.7	2.1		
임신부		1.1	1.4			1.4	1.7			2.3	2.9		
수유부		1.3	1.7			1.6	1.9			2.5	3.1		

[1] 2,3 분기별 부가량

보건복지부, 2020

성별	연령	페닐알라닌+티로신(g/일)				트레오닌(g/일)				트립토판(g/일)			
		평균 필요량	권장 섭취량	충분 섭취량	상한 섭취량	평균 필요량	권장 섭취량	충분 섭취량	상한 섭취량	평균 필요량	권장 섭취량	충분 섭취량	상한 섭취량
영아	0-5(개월)			0.9				0.5				0.2	
	6-11	0.5	0.7			0.3	0.4			0.1	0.1		
유아	1-2(세)	0.5	0.7			0.3	0.4			0.1	0.1		
	3-5	0.6	0.7			0.3	0.4			0.1	0.1		
남자	6-8(세)	0.9	1.0			0.5	0.6			0.1	0.2		
	9-11	1.3	1.6			0.7	0.9			0.2	0.2		
	12-14	1.8	2.3			1.0	1.3			0.3	0.3		
	15-18	2.1	2.6			1.2	1.5			0.3	0.4		
	19-29	2.8	3.6			1.1	1.5			0.3	0.3		
	30-49	2.9	3.5			1.2	1.5			0.3	0.3		
	50-64	2.7	3.4			1.1	1.4			0.3	0.3		
	65-74	2.5	3.3			1.1	1.3			0.2	0.3		
	75 이상	2.5	3.1			1.0	1.3			0.2	0.3		
여자	6-8(세)	0.8	1.0			0.5	0.6			0.1	0.2		
	9-11	1.2	1.5			0.6	0.9			0.2	0.2		
	12-14	1.6	1.9			0.9	1.2			0.2	0.3		
	15-18	1.6	2.0			0.9	1.2			0.2	0.3		
	19-29	2.3	2.9			0.9	1.1			0.2	0.3		
	30-49	2.3	2.8			0.9	1.2			0.2	0.3		
	50-64	2.2	2.7			0.8	1.1			0.2	0.3		
	65-74	2.1	2.6			0.8	1.0			0.2	0.2		
	75 이상	2.0	2.4			0.7	0.9			0.2	0.2		
임신부		0.8	1.0			3.0	3.8			0.3	0.4		
수유부		0.8	1.1			3.7	4.7			0.4	0.5		

성별	연령	히스티딘(g/일)				수분(mL/일)					
		평균 필요량	권장 섭취량	충분 섭취량	상한 섭취량	음식	물	음료	충분섭취량		상한 섭취량
									액체	총수분	
영아	0-5(개월)			0.1					700	700	
	6-11	0.2	0.3			300			500	800	
유아	1-2(세)	0.2	0.3			300	362	0	700	1,000	
	3-5	0.2	0.3			400	491	0	1,100	1,500	
남자	6-8(세)	0.3	0.4			900	589	0	800	1,700	
	9-11	0.5	0.6			1,100	686	1.2	900	2,000	
	12-14	0.7	0.9			1,300	911	1.9	1,100	2,400	
	15-18	0.9	1.0			1,400	920	6.4	1,200	2,600	
	19-29	0.8	1.0			1,400	981	262	1,200	2,600	
	30-49	0.7	1.0			1,300	957	289	1,200	2,500	
	50-64	0.7	0.9			1,200	940	75	1,000	2,200	
	65-74	0.7	1.0			1,100	904	20	1,000	2,100	
	75 이상	0.7	0.8			1,000	662	12	1,100	2,100	
여자	6-8(세)	0.3	0.4			800	514	0	800	1,600	
	9-11	0.4	0.5			1,000	643	0	900	1,900	
	12-14	0.6	0.7			1,100	610	0	900	2,000	
	15-18	0.6	0.7			1,100	659	7.3	900	2,000	
	19-29	0.6	0.8			1,100	709	126	1,000	2,100	
	30-49	0.6	0.8			1,000	772	124	1,000	2,000	
	50-64	0.6	0.7			900	784	27	1,000	1,900	
	65-74	0.5	0.7			900	624	9	900	1,800	
	75 이상	0.5	0.7			800	552	5	1,000	1,800	
임신부		1.2	1.5							+200	
수유부		1.3	1.7						+500	+700	

2020 한국인 영양소 섭취기준 – 지용성비타민

보건복지부, 2020

성별	연령	비타민 A(μg RAE/일) 평균 필요량	비타민 A 권장 섭취량	비타민 A 충분 섭취량	비타민 A 상한 섭취량	비타민 D(μg/일) 평균 필요량	비타민 D 권장 섭취량	비타민 D 충분 섭취량	비타민 D 상한 섭취량
영아	0-5(개월)			350	600			5	25
	6-11			450	600			5	25
유아	1-2(세)	190	250		600			5	30
	3-5	230	300		750			5	35
남자	6-8(세)	310	450		1,100			5	40
	9-11	410	600		1,600			5	60
	12-14	530	750		2,300			10	100
	15-18	620	850		2,800			10	100
	19-29	570	800		3,000			10	100
	30-49	560	800		3,000			10	100
	50-64	530	750		3,000			10	100
	65-74	510	700		3,000			15	100
	75 이상	500	700		3,000			15	100
여자	6-8(세)	290	400		1,100			5	40
	9-11	390	550		1,600			5	60
	12-14	480	650		2,300			10	100
	15-18	450	650		2,800			10	100
	19-29	460	650		3,000			10	100
	30-49	450	650		3,000			10	100
	50-64	430	600		3,000			10	100
	65-74	410	600		3,000			15	100
	75 이상	410	600		3,000			15	100
임신부		+50	+70		3,000			+0	100
수유부		+350	+490		3,000			+0	100

성별	연령	비타민 E(mg α-TE/일) 평균 필요량	비타민 E 권장 섭취량	비타민 E 충분 섭취량	비타민 E 상한 섭취량	비타민 K(μg/일) 평균 필요량	비타민 K 권장 섭취량	비타민 K 충분 섭취량	비타민 K 상한 섭취량
영아	0-5(개월)			3				4	
	6-11			4				6	
유아	1-2(세)			5	100			25	
	3-5			6	150			30	
남자	6-8(세)			7	200			40	
	9-11			9	300			55	
	12-14			11	400			70	
	15-18			12	500			80	
	19-29			12	540			75	
	30-49			12	540			75	
	50-64			12	540			75	
	65-74			12	540			75	
	75 이상			12	540			75	
여자	6-8(세)			7	200			40	
	9-11			9	300			55	
	12-14			11	400			65	
	15-18			12	500			65	
	19-29			12	540			65	
	30-49			12	540			65	
	50-64			12	540			65	
	65-74			12	540			65	
	75 이상			12	540			65	
임신부				+0	540			+0	
수유부				+3	540			+0	

2020 한국인 영양소 섭취기준 – 수용성비타민

보건복지부, 2020

성별	연령	비타민 C(mg/일)				티아민(mg/일)			
		평균 필요량	권장 섭취량	충분 섭취량	상한 섭취량	평균 필요량	권장 섭취량	충분 섭취량	상한 섭취량
영아	0-5(개월)			40				0.2	
	6-11			55				0.3	
유아	1-2(세)	30	40		340	0.4	0.4		
	3-5	35	45		510	0.4	0.5		
남자	6-8(세)	40	50		750	0.5	0.7		
	9-11	55	70		1,100	0.7	0.9		
	12-14	70	90		1,400	0.9	1.1		
	15-18	80	100		1,600	1.1	1.3		
	19-29	75	100		2,000	1.0	1.2		
	30-49	75	100		2,000	1.0	1.2		
	50-64	75	100		2,000	1.0	1.2		
	65-74	75	100		2,000	0.9	1.1		
	75 이상	75	100		2,000	0.9	1.1		
여자	6-8(세)	40	50		750	0.6	0.7		
	9-11	55	70		1,100	0.8	0.9		
	12-14	70	90		1,400	0.9	1.1		
	15-18	80	100		1,600	0.9	1.1		
	19-29	75	100		2,000	0.9	1.1		
	30-49	75	100		2,000	0.9	1.1		
	50-64	75	100		2,000	0.9	1.1		
	65-74	75	100		2,000	0.8	1.0		
	75 이상	75	100		2,000	0.7	0.8		
임신부		+10	+10		2,000	+0.4	+0.4		
수유부		+35	+40		2,000	+0.3	+0.4		

성별	연령	리보플라빈(mg/일)				니아신(mg NE/일)[1]			
		평균 필요량	권장 섭취량	충분 섭취량	상한 섭취량	평균 필요량	권장 섭취량	충분 섭취량	상한섭취량 니코틴산/니코틴아미드
영아	0-5(개월)			0.3				2	
	6-11			0.4				3	
유아	1-2(세)	0.4	0.5			4	6		10/180
	3-5	0.5	0.6			5	7		10/250
남자	6-8(세)	0.7	0.9			7	9		15/350
	9-11	0.9	1.1			9	11		20/500
	12-14	1.2	1.5			11	15		25/700
	15-18	1.4	1.7			13	17		30/800
	19-29	1.3	1.5			12	16		35/1000
	30-49	1.3	1.5			12	16		35/1000
	50-64	1.3	1.5			12	16		35/1000
	65-74	1.2	1.4			11	14		35/1000
	75 이상	1.1	1.3			10	13		35/1000
여자	6-8(세)	0.6	0.8			7	9		15/350
	9-11	0.8	1.0			9	12		20/500
	12-14	1.0	1.2			11	15		25/700
	15-18	1.0	1.2			11	14		30/800
	19-29	1.0	1.2			11	14		35/1000
	30-49	1.0	1.2			11	14		35/1000
	50-64	1.0	1.2			11	14		35/1000
	65-74	0.9	1.1			10	13		35/1000
	75 이상	0.8	1.0			9	12		35/1000
임신부		+0.3	+0.4			+3	+4		35/1000
수유부		+0.4	+0.5			+2	+3		35/1000

[1] 1 mg NE(니아신 당량)=1 mg 니아신=60 mg 트립토판

보건복지부, 2020

성별	연령	비타민 B_6(mg/일)				엽산(μg DFE/일)[1]			
		평균 필요량	권장 섭취량	충분 섭취량	상한 섭취량	평균 필요량	권장 섭취량	충분 섭취량	상한 섭취량[2]
영아	0-5(개월)			0.1				65	
	6-11			0.3				90	
유아	1-2(세)	0.5	0.6		20	120	150		300
	3-5	0.6	0.7		30	150	180		400
남자	6-8(세)	0.7	0.9		45	180	220		500
	9-11	0.9	1.1		60	250	300		600
	12-14	1.3	1.5		80	300	360		800
	15-18	1.3	1.5		95	330	400		900
	19-29	1.3	1.5		100	320	400		1,000
	30-49	1.3	1.5		100	320	400		1,000
	50-64	1.3	1.5		100	320	400		1,000
	65-74	1.3	1.5		100	320	400		1,000
	75 이상	1.3	1.5		100	320	400		1,000
여자	6-8(세)	0.7	0.9		45	180	220		500
	9-11	0.9	1.1		60	250	300		600
	12-14	1.2	1.4		80	300	360		800
	15-18	1.2	1.4		95	330	400		900
	19-29	1.2	1.4		100	320	400		1,000
	30-49	1.2	1.4		100	320	400		1,000
	50-64	1.2	1.4		100	320	400		1,000
	65-74	1.2	1.4		100	320	400		1,000
	75 이상	1.2	1.4		100	320	400		1,000
임신부		+0.7	+0.8		100	+200	+220		1,000
수유부		+0.7	+0.8		100	+130	+150		1,000

성별	연령	비타민 B_{12}(μg/일)				판토텐산(mg/일)				비오틴(μg/일)			
		평균 필요량	권장 섭취량	충분 섭취량	상한 섭취량	평균 필요량	권장 섭취량	충분 섭취량	상한 섭취량	평균 필요량	권장 섭취량	충분 섭취량	상한 섭취량
영아	0-5(개월)			0.3				1.7				5	
	6-11			0.5				1.9				7	
유아	1-2(세)	0.8	0.9					2				9	
	3-5	0.9	1.1					2				12	
남자	6-8(세)	1.1	1.3					3				15	
	9-11	1.5	1.7					4				20	
	12-14	1.9	2.3					5				25	
	15-18	2.0	2.4					5				30	
	19-29	2.0	2.4					5				30	
	30-49	2.0	2.4					5				30	
	50-64	2.0	2.4					5				30	
	65-74	2.0	2.4					5				30	
	75 이상	2.0	2.4					5				30	
여자	6-8(세)	1.1	1.3					3				15	
	9-11	1.5	1.7					4				20	
	12-14	1.9	2.3					5				25	
	15-18	2.0	2.4					5				30	
	19-29	2.0	2.4					5				30	
	30-49	2.0	2.4					5				30	
	50-64	2.0	2.4					5				30	
	65-74	2.0	2.4					5				30	
	75 이상	2.0	2.4					5				30	
임신부		+0.2	+0.2					+1.0				+0	
수유부		+0.3	+0.4					+2.0				+5	

1) Dietary Folate Equivalents, 가임기 여성의 경우 400 μg/일의 엽산보충제 섭취를 권장함.

2) 엽산의 상한섭취량은 보충제 또는 강화식품의 형태로 섭취한 μg/일에 해당됨.

2020 한국인 영양소 섭취기준 – 다량무기질

보건복지부, 2020

성별	연령	칼슘(mg/일)				인(mg/일)				나트륨(mg/일)			
		평균필요량	권장섭취량	충분섭취량	상한섭취량	평균필요량	권장섭취량	충분섭취량	상한섭취량	필요추정량	권장섭취량	충분섭취량	만성질환위험감소섭취량
영아	0-5(개월)			250	1,000			100				110	
	6-11			300	1,500			300				370	
유아	1-2(세)	400	500		2,500	380	450		3,000			810	1,200
	3-5	500	600		2,500	480	550		3,000			1,000	1,600
남자	6-8(세)	600	700		2,500	500	600		3,000			1,200	1,900
	9-11	650	800		3,000	1,000	1,200		3,500			1,500	2,300
	12-14	800	1,000		3,000	1,000	1,200		3,500			1,500	2,300
	15-18	750	900		3,000	1,000	1,200		3,500			1,500	2,300
	19-29	650	800		2,500	580	700		3,500			1,500	2,300
	30-49	650	800		2,500	580	700		3,500			1,500	2,300
	50-64	600	750		2,000	580	700		3,500			1,500	2,300
	65-74	600	700		2,000	580	700		3,500			1,300	2,100
	75 이상	600	700		2,000	580	700		3,000			1,100	1,700
여자	6-8(세)	600	700		2,500	480	550		3,000			1,200	1,900
	9-11	650	800		3,000	1,000	1,200		3,500			1,500	2,300
	12-14	750	900		3,000	1,000	1,200		3,500			1,500	2,300
	15-18	700	800		3,000	1,000	1,200		3,500			1,500	2,300
	19-29	550	700		2,500	580	700		3,500			1,500	2,300
	30-49	550	700		2,500	580	700		3,500			1,500	2,300
	50-64	600	800		2,000	580	700		3,500			1,500	2,300
	65-74	600	800		2,000	580	700		3,500			1,300	2,100
	75 이상	600	800		2,000	580	700		3,000			1,100	1,700
임신부		+0	+0		2,500	+0	+0		3,000			1,500	2,300
수유부		+0	+0		2,500	+0	+0		3,500			1,500	2,300

성별	연령	염소(mg/일)				칼륨(mg/일)				마그네슘(mg/일)			
		평균필요량	권장섭취량	충분섭취량	상한섭취량	평균필요량	권장섭취량	충분섭취량	상한섭취량	평균필요량	권장섭취량	충분섭취량	상한섭취량[1]
영아	0-5(개월)			170				400				25	
	6-11			560				700				55	
유아	1-2(세)			1,200				1,900		60	70		60
	3-5			1,600				2,400		90	110		90
남자	6-8(세)			1,900				2,900		130	150		130
	9-11			2,300				3,400		190	220		190
	12-14			2,300				3,500		260	320		270
	15-18			2,300				3,500		340	410		350
	19-29			2,300				3,500		300	360		350
	30-49			2,300				3,500		310	370		350
	50-64			2,300				3,500		310	370		350
	65-74			2,100				3,500		310	370		350
	75 이상			1,700				3,500		310	370		350
여자	6-8(세)			1,900				2,900		130	150		130
	9-11			2,300				3,400		180	220		190
	12-14			2,300				3,500		240	290		270
	15-18			2,300				3,500		290	340		350
	19-29			2,300				3,500		230	280		350
	30-49			2,300				3,500		240	280		350
	50-64			2,300				3,500		240	280		350
	65-74			2,100				3,500		240	280		350
	75 이상			1,700				3,500		240	280		350
임신부				2,300				+0		+30	+40		350
수유부				2,300				+400		+0	+0		350

[1] 식품외 급원의 마그네슘에만 해당

2020 한국인 영양소 섭취기준 – 미량무기질

보건복지부, 2020

성별	연령	철(mg/일)				아연(mg/일)				구리(μg/일)			
		평균필요량	권장섭취량	충분섭취량	상한섭취량	평균필요량	권장섭취량	충분섭취량	상한섭취량	평균필요량	권장섭취량	충분섭취량	상한섭취량
영아	0-5(개월)			0.3	40			2				240	
	6-11	4	6		40	2	3					330	
유아	1-2(세)	4.5	6		40	2	3		6	220	290		1,700
	3-5	5	7		40	3	4		9	270	350		2,600
남자	6-8(세)	7	9		40	5	5		13	360	470		3,700
	9-11	8	11		40	7	8		19	470	600		5,500
	12-14	11	14		40	7	8		27	600	800		7,500
	15-18	11	14		45	8	10		33	700	900		9,500
	19-29	8	10		45	9	10		35	650	850		10,000
	30-49	8	10		45	8	10		35	650	850		10,000
	50-64	8	10		45	8	10		35	650	850		10,000
	65-74	7	9		45	8	9		35	600	800		10,000
	75 이상	7	9		45	7	9		35	600	800		10,000
여자	6-8(세)	7	9		40	4	5		13	310	400		3,700
	9-11	8	10		40	7	8		19	420	550		5,500
	12-14	12	16		40	6	8		27	500	650		7,500
	15-18	11	14		45	7	9		33	550	700		9,500
	19-29	11	14		45	7	8		35	500	650		10,000
	30-49	11	14		45	7	8		35	500	650		10,000
	50-64	6	8		45	6	8		35	500	650		10,000
	65-74	6	8		45	6	7		35	460	600		10,000
	75 이상	5	7		45	6	7		35	460	600		10,000
임신부		+8	+10		45	+2.0	+2.5		35	+100	+130		10,000
수유부		+0	+0		45	+4.0	+5.0		35	+370	+480		10,000

성별	연령	불소(mg/일)				망간(mg/일)				요오드(μg/일)			
		평균필요량	권장섭취량	충분섭취량	상한섭취량	평균필요량	권장섭취량	충분섭취량	상한섭취량	평균필요량	권장섭취량	충분섭취량	상한섭취량
영아	0-5(개월)			0.01	0.6			0.01				130	250
	6-11			0.4	0.8			0.8				180	250
유아	1-2(세)			0.6	1.2			1.5	2.0	55	80		300
	3-5			0.9	1.8			2.0	3.0	65	90		300
남자	6-8(세)			1.3	2.6			2.5	4.0	75	100		500
	9-11			1.9	10.0			3.0	6.0	85	110		500
	12-14			2.6	10.0			4.0	8.0	90	130		1,900
	15-18			3.2	10.0			4.0	10.0	95	130		2,200
	19-29			3.4	10.0			4.0	11.0	95	150		2,400
	30-49			3.4	10.0			4.0	11.0	95	150		2,400
	50-64			3.2	10.0			4.0	11.0	95	150		2,400
	65-74			3.1	10.0			4.0	11.0	95	150		2,400
	75 이상			3.0	10.0			4.0	11.0	95	150		2,400
여자	6-8(세)			1.3	2.5			2.5	4.0	75	100		500
	9-11			1.8	10.0			3.0	6.0	80	110		500
	12-14			2.4	10.0			3.5	8.0	90	130		1,900
	15-18			2.7	10.0			3.5	10.0	95	130		2,200
	19-29			2.8	10.0			3.5	11.0	95	150		2,400
	30-49			2.7	10.0			3.5	11.0	95	150		2,400
	50-64			2.6	10.0			3.5	11.0	95	150		2,400
	65-74			2.5	10.0			3.5	11.0	95	150		2,400
	75 이상			2.3	10.0			3.5	11.0	95	150		2,400
임신부				+0	10.0			+0	11.0	+65	+90		
수유부				+0	10.0			+0	11.0	+130	+190		

보건복지부, 2020

성별	연령	셀레늄(μg/일)				몰리브덴(μg/일)				크롬(μg/일)			
		평균 필요량	권장 섭취량	충분 섭취량	상한 섭취량	평균 필요량	권장 섭취량	충분 섭취량	상한 섭취량	평균 필요량	권장 섭취량	충분 섭취량	상한 섭취량
영아	0-5(개월)			9	40							0.2	
	6-11			12	65							4.0	
유아	1-2(세)	19	23		70	8	10		100			10	
	3-5	22	25		100	10	12		150			10	
남자	6-8(세)	30	35		150	15	18		200			15	
	9-11	40	45		200	15	18		300			20	
	12-14	50	60		300	25	30		450			30	
	15-18	55	65		300	25	30		550			35	
	19-29	50	60		400	25	30		600			30	
	30-49	50	60		400	25	30		600			30	
	50-64	50	60		400	25	30		550			30	
	65-74	50	60		400	23	28		550			25	
	75 이상	50	60		400	23	28		550			25	
여자	6-8(세)	30	35		150	15	18		200			15	
	9-11	40	45		200	15	18		300			20	
	12-14	50	60		300	20	25		400			20	
	15-18	55	65		300	20	25		500			20	
	19-29	50	60		400	20	25		500			20	
	30-49	50	60		400	20	25		500			20	
	50-64	50	60		400	20	25		450			20	
	65-74	50	60		400	18	22		450			20	
	75 이상	50	60		400	18	22		450			20	
임신부		+3	+4		400	+0	+0		500			+5	
수유부		+9	+10		400	+3	+3		500			+20	

부록 4 영양소별 한국인 영양섭취기준 설정 현황

영양소		영양섭취기준			
		평균필요량	권장섭취량	충분섭취량	상한섭취량
에너지	에너지	○[1]			
다량 영양소	단백질	○	○		
	아미노산	○	○		
	식이섬유			○	
	수분			○	
지용성 비타민	비타민 A	○	○		○
	비타민 D			○	○
	비타민 E			○	○
	비타민 K			○	
수용성 비타민	비타민 C	○	○		○
	티아민	○	○		
	리보플라빈	○	○		
	니아신	○	○		○
	비타민 B_6	○	○		○
	엽산	○	○		○
	비타민 B_{12}	○	○		
	판토텐산			○	
	비오틴			○	
다량 무기질	칼슘	○	○		○
	인	○	○		○
	나트륨			○	○[2]
	염소			○	
	칼륨			○	
	마그네슘	○	○		○
미량 무기질	철	○	○		○
	아연	○	○		○
	구리	○	○		○
	불소			○	○
	망간			○	○
	요오드	○	○		○
	셀레늄	○	○		○
	몰리브덴	○	○		○
	크롬			○	

1) 에너지 필요추정량(EER)
2) 목표섭취량

부록 5 일본의 영양섭취기준(2015)

1. 다량영양소 에너지 비율 %

(18세 이상)

성별	탄수화물	단백질	지질	(포화지방산)
남자	50~70	20 미만	20~30	(4.5 ~7.0)
여자	50~70	20 미만	20~30	(4.5 ~7.0)

2. 지질

성별	연령	n-6계 지방산	n-3계 지방산[1]	콜레스테롤
		목표량(g/day)	목표량(g/day)	목표량(mg/day)
남자	0~5(개월)	4	0.9	
	6~11	4	0.8	
	1~2(세)	5	0.7	
	3~5	7	1.3	
	6~7	7	1.4	
	8~9	9	1.7	
	10~11	9	1.7	
	12~14	12	2.1	
	15~17	13	2.3	
	18~29	11	2.0	750 미만
	30~49	10	2.1	750 미만
	50~69	10	2.4	750 미만
	70 이상	8	2.2	750 미만
여자	0~5(개월)	4	0.9	
	6~11	4	0.8	
	1~2(세)	5	0.8	
	3~5	6	1.1	
	6~7	7	1.3	
	8~9	7	1.4	
	10~11	8	1.5	
	12~14	10	1.8	
	15~17	10	1.7	
	18~29	8	1.6	600 미만
	30~49	8	1.6	600 미만
	50~69	8	2.0	600 미만
	70 이상	7	1.9	600 미만
임신부		9	1.8	
수유부		9	1.8	

[1]목표량에서는 EPA 및 DHA를 1g/일 이상 섭취하는 것이 바람직하다.

3. 단백질

(g/day)

성별	연령	평균필요량	권장섭취량	충분섭취량	목표량(중앙치)
남자	0~5(개월)			10	
	6~8			15	
	9~11			25	
	1~2(세)	15	20		13~20(16.5)
	3~5	20	25		13~20(16.5)
	6~7	25	35		13~20(16.5)
	8~9	35	40		13~20(16.5)
	10~11	40	50		13~20(16.5)
	12~14	50	60		13~20(16.5)
	15~17	50	65		13~20(16.5)
	18~29	50	60		13~20(16.5)
	30~49	50	60		13~20(16.5)
	50~69	50	60		13~20(16.5)
	70 이상	50	60		13~20(16.5)
여자	0~5(개월)			10	
	6~8			15	
	9~11			25	
	1~2(세)	15	20		13~20(16.5)
	3~5	20	25		13~20(16.5)
	6~7	25	30		13~20(16.5)
	8~9	30	40		13~20(16.5)
	10~11	40	50		13~20(16.5)
	12~14	45	55		13~20(16.5)
	15~17	45	55		13~20(16.5)
	18~29	40	50		13~20(16.5)
	30~49	40	50		13~20(16.5)
	50~69	40	50		13~20(16.5)
	70 이상	40	50		13~20(16.5)
임신부(부가량)					
	1분기	+0	+0	−	−
	2분기	+5	+5		
	3분기	+20	+25		
수유부(부가량)		+15	+20		

4. 지용성 비타민

성별	연령	비타민 A(μg RAE/day)[1]				비타민 E(mg/day)[4]		비타민 D(μg/day)		비타민 K(μg/day)
		평균 필요량[2]	권장 섭취량[2]	충분 섭취량[3]	상한 섭취량[3]	충분 섭취량	상한 섭취량	충분 섭취량	상한 섭취량	충분 섭취량
남자	0~5(개월)			300	600	3.0	-	2.5(5.0)[5]	25[5]	4
	6~11			400	600	4.0	-	5.0(5.0)[5]	25[5]	7
	1~2(세)	300	400		600	3.5	150	2.5	25	60
	3~5	300	500		700	4.5	200	2.5	30	70
	6~7	300	450		900	5.0	300	2.5	30	85
	8~9	350	500		1,200	5.5	350	3.0	35	100
	10~11	450	600		1,500	5.5	450	3.5	35	120
	12~14	550	800		2,100	7.5	600	3.5	45	150
	15~17	650	900		2,600	7.5	750	4.5	50	160
	18~29	600	850		2,700	6.5	800	5.5	50	150
	30~49	600	900		2,700	6.5	900	5.5	50	150
	50~69	600	850		2,700	6.5	850	5.5	50	150
	70 이상	550	800		2,700	6.5	750	5.5	50	150
여자	0~5(개월)			300	600	3.0		2.5(5.0)	25	4
	6~11(세)			400	600	4.0		5.0(5.0)	25	7
	1~2(세)	250	350		600	3.5	150	2.5	25	60
	3~5	300	400		700	4.5	200	2.5	30	70
	6~7	300	400		900	5.0	300	2.5	30	85
	8~9	350	500		1,200	5.5	350	3.0	35	100
	10~11	400	600		1,500	5.5	450	3.5	35	120
	12~14	500	700		2,100	6.0	600	3.5	45	150
	15~17	450	650		2,600	6.0	650	4.5	50	160
	18~29	450	650		2,700	6.0	650	5.5	50	150
	30~49	500	700		2,700	6.0	700	5.5	50	150
	50~69	500	700		2,700	6.0	700	5.5	50	150
	70 이상	450	650		2,700	6.0	650	5.5	50	150
임신부(부가량)	초기	+0	+0			6.5		1.5		150
	중기	+0	+0					1.5		150
	후기	+60	+80					1.5		150
수유부(부가량)		+300	+450			7.0		2.5		150

1) 레티놀 활성 당량(μgRAE)=레티놀(μg)+β-카로틴(μg)×/12+α-카로틴(μg)×1/24+β-크립토크산틴(μg)×1/24+기타 프로비타민 A 카로테노이드(μg)×1/24

2) 프로비타민 A 카로테노이드를 포함한다.

3) 프로비타민 A 카로테노이드를 포함하지 않는다.

4) α-토코페롤에 대해 산정하였다. α-토코페롤 이외의 비타민 E는 포함하지 않는다.

5. 수용성 비타민

성별	연령	비타민 C(μg RE/day)			리보플라빈(mg/day)			티아민(μg/day)			니아신(μg/day)			
		평균 필요량	권장 섭취량	충분 섭취량	평균 필요량	권장 섭취량	충분 섭취량	평균 필요량	권장 섭취량	충분 섭취량	평균 필요량	권장 섭취량	충분 섭취량	상한 섭취량[4]
남자	0~5(개월)			40			0.3			0.1			2[5]	
	6~11			40			0.4			0.2			3	
	1~2(세)	30	35		0.5	0.6		0.4	0.5		5	5		60(15)
	3~5	35	40		0.7	0.8		0.6	0.7		6	7		80(20)
	6~7	45	55		0.8	0.9		0.7	0.8		7	9		100(30)
	8~9	50	60		0.9	1.1		0.8	1.0		9	11		150(35)
	10~11	60	75		1.1	1.4		1.0	1.2		11	13		200(45)
	12~14	80	95		1.3	1.6		1.2	1.4		12	15		250(60)
	15~17	85	100		1.4	1.7		1.3	1.5		14	16		300(75)
	18~29	85	100		1.3	1.6		1.2	1.4		13	15		300(80)
	30~49	85	100		1.3	1.6		1.2	1.4		13	15		350(85)
	50~69	85	100		1.2	1.5		1.1	1.3		12	14		350(80)
	70 이상	85	100		1.1	1.3		1.0	1.2		11	13		300(75)
여자	0~5(개월)			40			0.3			0.1			2[5]	
	6~11			40			0.4			0.2			3	
	1~2(세)	30	35		0.5	0.5		0.4	0.5		4	5		60(15)
	3~5	35	40		0.6	0.8		0.6	0.7		6	7		80(20)
	6~7	45	55		0.7	0.9		0.7	0.8		7	8		100(25)
	8~9	50	60		0.9	1.0		0.8	0.9		8	10		150(35)
	10~11	60	75		1.1	1.3		0.9	1.1		10	12		150(45)
	12~14	80	95		1.2	1.4		1.0	1.3		11	13		250(60)
	15~17	85	100		1.2	1.4		1.0	1.2		11	13		250(65)
	18~29	85	100		1.0	1.2		0.9	1.1		9	11		250(65)
	30~49	85	100		1.0	1.2		0.9	1.1		10	12		250(65)
	50~69	85	100		1.0	1.2		0.9	1.0		9	11		250(65)
	70 이상	85	100		0.9	1.1		0.8	0.9		8	10		250(60)
임신부(부가량)														
	초기										0	0		
	중기	+10	+10		+0.2	+0.3		+0.2	+0.2		0	0		
	후기										0	0		
수유부(부가량)		40	50		+0.5	+0.6		+0.2	+0.2		+3	+3		

성별	연령	비타민 B_6(μg/day)[6]				엽산(μg/day)[8]				비타민 B_{12}(μg/day)			비오틴(μg/day)	판토텐산(μg/day)
		평균 필요량	권장 섭취량	충분 섭취량	상한 섭취량[7]	평균 필요량	권장 섭취량	충분 섭취량	상한 섭취량[9]	평균 필요량	권장 섭취량	충분 섭취량	충분섭취량	충분섭취량
남자	0~5(개월)			0.2				40				0.4	4	4
	6~11			0.3				60				0.6	10	3
	1~2(세)	0.4	0.5		10	70	90		200	0.7	0.9		20	3
	3~5	0.5	0.6		15	80	100		300	0.8	1.0		20	4
	6~7	0.7	0.8		20	100	130		400	1.0	1.3		25	5
	8~9	0.8	0.9		25	120	150		500	1.2	1.8		30	5
	10~11	1.0	1.2		30	150	180		700	1.5	1.8		35	6
	12~14	1.2	1.4		40	190	230		900	1.9	2.3		50	7
	15~17	1.2	1.5		50	220	250		900	2.1	2.5		50	7
	18~29	1.2	1.4		55	200	240		900	2.0	2.4		50	5
	30~49	1.2	1.4		60	200	240		1,000	2.0	2.4		50	5
	50~69	1.2	1.4		55	200	240		1,000	2.0	2.4		50	5
	70 이상	1.2	1.4		50	200	240		1,000	2.0	2.4		50	5
여자	0~5(개월)			0.2				40				0.4	4	4
	6~11			0.3				60				0.6	10	3
	1~2(세)	0.4	0.5		10	70	90		200	0.7	0.9		20	3
	3~5	0.5	0.6		15	80	100		300	0.8	1.0		20	4
	6~7	0.6	0.7		20	100	130		400	1.0	1.3		25	5
	8~9	0.8	0.9		25	120	150		500	1.2	1.5		30	5
	10~11	1.0	1.2		30	150	180		700	1.5	1.8		35	6
	12~14	1.1	1.3		40	190	230		900	1.9	2.3		50	6
	15~17	1.1	1.3		45	220	250		900	2.1	2.5		50	5
	18~29	1.0	1.2		45	200	240		900	2.0	2.4		50	4
	30~49	1.0	1.2		45	200	240		1,000	2.0	2.4		50	4
	50~69	1.0	1.2		45	200	240		1,000	2.0	2.4		50	5
	70 이상	1.0	1.2		40	200	240		900	2.0	2.4		50	5
임신부(부가량) 초기 중기 후기		+0.2	+0.2			+200	+240			+0.3	+0.4		+0	+0
수유부(부가량)		+0.3	+0.3			80	100			+0.7	+0.8		+0	+0

[1] 신체활동수준 Ⅱ의 에너지필요추정량을 이용하여 산정하였다.
[2] 신체활동수준 Ⅱ의 에너지필요추정량을 이용하여 산정하였다.
[3] E=니아신 당량=니아신+1/60 트립토판, 신체활동수준 Ⅱ의 추정에너지필요량을 이용하여 산정하였다.
[4] 상한섭취량은 니코틴아미드의 mg량, ( ) 안은 니코틴산의 mg량, 기준 체중을 이용하여 산정하였다.
[5] 단위는 mg/일
[6] 단백질 영양섭취기준의 영양권장량을 이용하여 산정하였다(임산부 및 수유부의 부가량은 제외).
[7] 식사성 비타민 B_6의 양이 아니라 피리독신의 양이다.
[8] 임신을 계획하고 있는 여성 또는 임신 가능성이 있는 여성은 신경관 폐쇄장애 리스크를 줄이기 위해 부가적으로 400μg/일 프테로일글루탐산의 섭취가 요구된다.
[9] 상한섭취량은 프테로일글루탐산의 양으로 산정하였다.

6. 다량무기질

성별	연령	마그네슘(㎍/day) 평균필요량	권장섭취량	충분섭취량	상한섭취량[1)]	칼슘(㎍/day) 평균필요량	권장섭취량	충분섭취량	상한섭취량	인(㎍/day) 충분섭취량	상한섭취량	나트륨(㎍/day) 평균필요량	충분섭취량	목표섭취량	칼륨(㎍/day) 충분섭취량[2)]	목표섭취량[3)]
남자	0~5(개월)			20				200		120			100(0.3)		400	
	6~11			60				250		260			600(1.5)		700	
	1~2(세)	60	70			350	400			500				(3.0 미만)	900	
	3~5	80	100			500	600			800				(4.0 미만)	1,100	
	6~7(세)	110	130			500	600			900				(5.0 미만)	1,300	1,800이상
	8~9	140	170			550	650			1,000				(5.5 미만)	1,600	2,000이상
	10~11	180	210			600	700			1,100				(6.5 미만)	1,900	2,200이상
	12~14	250	290			800	1,000			1,200				(8.0 미만)	2,400	2,600이상
	15~17	300	360			650	800			1,200				(8.0 미만)	2,800	3,000이상
	18~29	280	340			650	800		2,500	1,000	3,000	600(1.5)		(8.0 미만)	2,500	3,000이상
	30~49	310	370			550	650		2,500	1,000	3,000	600(1.5)		(8.0 미만)	2,500	3,000이상
	50~69	290	350			600	700		2,500	1,000	3,000	600(1.5)		(8.0 미만)	2,500	3,000이상
	70 이상	270	320			600	700		2,500	1,000	3,000	600(1.5)		(8.0 미만)	2,500	3,000이상
여자	0~5(개월)			20				200		120			100(0.3)		400	
	6~11(세)			60				250		260			600(1.5)		700	
	1~2(세)	60	70			350	400			500				(3.5 미만)	800	
	3~5	80	100			450	550			600				(4.5 미만)	1,000	
	6~7(세)	110	130			450	550			900				(5.5 미만)	1,200	
	8~9	140	160			600	750			9000				(6.0 미만)	1,500	1,800이상
	10~11	180	220			600	750			1,000				(7.0 미만)	1,800	2,000이상
	12~14	240	290			700	800			1,100				(7.0 미만)	2,200	2,000이상
	15~17	260	310			550	650			900				(7.0 미만)	2,100	2,400이상
	18~29	230	270			550	650		2,500	800	3,000	600(1.5)		(7.0 미만)	2,000	2,600이상
	30~49	240	290			550	650		2,500	800	3,000	600(1.5)		(7.0 미만)	2,000	2,600이상
	50~69	240	290			550	650		2,500	800	3,000	600(1.5)		(4.5 미만)	2,000	2,600이상
	70 이상	220	290			500	650		2,500	800	3,000	600(1.5)		(7.0 미만)	2,000	2,600이상
임신부(부가량)												*( )은 식염상당량(g/일)				
	초기									0						
	중기	+30	+40							0					0	
	후기									0						
수유부(부가량)		0	0			80	100			0					+2000	

[1)]일반식품을 통한 섭취의 경우 상한섭취량은 설정하지 않는다. 일반식품 이외의 것을 통한 섭취량의 상한섭취량은 성인의 경우 350mg/일, 소아는 5mg/kg체중/일로 한다.
[2)] 체내의 칼륨 평형을 유지하기 위해 적정하다고 판단되는 값과 현재 일본인의 섭취량을 고려하여 충분섭취량으로 설정했다.
[3)] 고혈압의 일차예방을 적극적으로 추진해 나간다는 관점에서 설정했다.

7. 미량무기질

성별	연령	몰리브덴(μg/day) 평균필요량	몰리브덴 권장섭취량	몰리브덴 충분섭취량	몰리브덴 상한섭취량	망간(mg/day) 충분섭취량	망간 상한섭취량	철(μg/day)[1] 평균필요량	철 권장섭취량	철 충분섭취량	철 상한섭취량	구리(μg/day) 평균필요량	구리 권장섭취량	구리 충분섭취량	구리 상한섭취량
남자	0~5(개월)			2		0.01				0.5				0.3	
	6~11			10		0.5		3.5	5.0					0.4	
	1~2(세)					1.5		3.0	4.5		25	0.2	0.3		
	3~5					1.5		4.0	5.5		25	0.3	0.4		
	6~7					2.0		4.5	6.5		30	0.4	0.5		
	8~9					2.5		6.0	8.0		35	0.4	0.6		
	10~11					3.0		7.0	10.0		35	0.5	0.7		
	12~14					4.0		8.5	11.5		50	0.7	0.8		
	15~17					4.5		8.0	9.5		50	0.8	1.0		
	18~29	20	25		550	4.0	11	6.0	7.0		50	0.7	0.9		10
	30~49	25	30		550	4.0	11	6.5	7.5		55	0.7	1.0		10
	50~69	20	25		650	4.0	11	6.0	7.5		50	0.7	0.9		10
	70 이상	20	25		550	4.0	11	6.0	7.0		50	0.7	0.8		10

성별	연령	몰리브덴 평균필요량	몰리브덴 권장섭취량	몰리브덴 충분섭취량	몰리브덴 상한섭취량	망간 충분섭취량	망간 상한섭취량	철 평균필요량 (월경 무)	철 평균필요량 (월경 유)	철 권장섭취량 (월경 무)	철 권장섭취량 (월경 유)	철 충분섭취량	철 상한섭취량	구리 평균필요량	구리 권장섭취량	구리 충분섭취량	구리 상한섭취량
여자	0~5(개월)			2		0.01						0.5				0.3	
	6~11			10		0.5		3.5		4.5						0.4	
	1~2(세)					1.5		3.0		4.5				0.2	0.3		
	3~5					1.5		3.5		5.0				0.3	0.4		
	6~7					2.0		4.5		6.5				0.4	0.5		
	8~9					2.5		6.0		8.5				0.4	0.5		
	10~11					3.0		7.0	10.0	10.0	14.0			0.5	0.7		
	12~14					4.0		7.0	10.0	10.0	14.0			0.6	0.8		
	15~17					3.5		5.5	8.5	7.0	10.5			0.6	0.8		
	18~29	20	20		450	3.5	11	5.0	8.5	6.0	10.5			0.6	0.8		10
	30~49	20	25		450	3.5	11	5.5	9.0	6.5	10.5			0.6	0.8		10
	50~69	20	25		450	3.5	11	5.5	9.0	6.5	10.5			0.6	0.8		10
	70 이상	20	20		450	3.5	11	5.0	-	6.0	-			0.6	0.7		10
임신부(부가량)						3.5								+0.1	+0.1		
	초기							+2.0		+2.5							
	중기							+12.5		+15.0							
	후기							+12.5		+15.0							
수유부(부가량)		+3	+3			3.5		+2.0		+2.5				+0.5	+0.5		

성별	연령	아연(μg/day)				셀레늄(mg/day)				요오드(μg/day)				크롬(μg/day)[2]		
		평균 필요량	권장 섭취량	충분 섭취량	상한 섭취량[1]	평균 필요량	권장 섭취량	충분 섭취량	상한 섭취량	평균 필요량	권장 섭취량	충분 섭취량	상한 섭취량	평균 필요량	권장 섭취량	충분 섭취량
남자	0~5(개월)			2				15				100	250			
	6~11			3				15				130	250		0.8	
	1~2(세)	3	3			10	10		80	35	50		250		1.0	
	3~5	3	4			10	15		110	45	60		350			
	6~7	4	5			15	15		150	55	75		500			
	8~9	5	6			15	20		190	65	90		500			
	10~11	6	7			20	25		240	80	110		500			
	12~14	8	9			25	30		330	100	140		1,200			
	15~17	9	10			30	35		400	100	140		2,000			
	18~29	8	10		40	25	30		420	95	130		3,000		10	
	30~49	8	10		45	25	30		460	95	130		3,000		10	
	50~69	8	10		45	25	30		440	95	130		3,000		10	
	70 이상	8	9		40	25	30		400	95	130		3,000		10	
여자	0~5(개월)			2				15				100	250		0.8	
	6~11			3				15				130	250		1.0	
	1~2(세)	3	3			10	10		70	35	50		250			
	3~5	3	4			10	10		110	45	60		350			
	6~7	4	5			15	15		150	55	75		500			
	8~9	5	5			15	20		180	65	90		500			
	10~11	6	7			20	25		240	80	110		500			
	12~14	8	8			25	30		320	100	140		1,200			
	15~17	6	8			20	25		350	100	140		2,000			
	18~29	6	8		35	20	25		330	95	130		3,000	25	10	
	30~49	6	8		35	20	25		350	95	130		3,000	25	10	
	50~69	6	8		35	20	25		350	95	130		3,000	25	10	
	70 이상	6	7		35	20	25		330	95	130		3,000	20	10	
임신부(부가량)		+1	+2			+5	+5			+75	+110				10	
수유부(부가량)		+3	+3			+15	+20			+100	+140				10	

[1] 과다 월경(월경 출혈량이 80mL/회 이상)인 사람을 제외하고 책정하였다.
[2] 신체 활동수준Ⅱ의 에너지필요추정량을 이용해 산정하였다.

부록 6 미국의 영양섭취기준(DRIs)

1. 에너지

Estimated Energy Requirements(EER) for Men and Women 30 Years Old

Food and Nutrition Board, Institute of Medicine, National Academies

Height (m[in])	PAL[b]	Weight for BMI[c] of 18.5kg/m^2 (kg[Ib])	Weight for BMI of 24.99kg/m^2 (kg[Ib])	EER, Men[d] (kcal/day)		EER, Women[d] (kcal/day)	
				BMIof 18.5kg/m^2	BMIof 24.99kg/m^2	BMIof 18.5kg/m^2	BMIof 24.99 kg/m^2
1.50 (59)	Sedentary	41.6 (92)	56.2 (124)	1,848	2,080	1,625	1,762
	Low active			2,009	2,267	1,803	1,956
	Active			2,215	2,506	2,025	2,198
	Very active			2,554	2,898	2,291	2,489
1.65 (65)	Sedentary	50.4 (111)	68.0 (150)	2,068	2,349	1,816	1,982
	Low active			2,254	2,566	2,016	2,202
	Active			2,490	2,842	2,267	2,477
	Very active			2,880	3,296	2,567	2,807
1.80 (71)	Sedentary	59.9 (132)	81.0 (178)	2,301	2,635	2,015	2,211
	Low active			2,513	2,884	2,239	2,459
	Active			2,782	3,200	2,519	2,769
	Very active			3,225	3,720	2,855	3,141

[a] For each year below 30, add 7 kcal/day for women and 10 kcal/day for men. For each year above 30, subtract 7 kcal/day for women and 10 kcal/day for men.

[b] PAL = physical activity level.

[c] BMI = body mass index.

[d] Derived from the following regression equations based on doubly labeled water data :

Adult man : EER = 662 - 9.53 × age(y) + PA × (15.91 × wt[kg] + 539.6 × ht[m])

Adult woman : EER = 354 - 6.91 age(y) + PA × (9.36 × wt[kg] + 726 ht[m])

Where PA refers to coefficient for PAL

PAL = total energy expenditure ÷ basal energy expenditure

PA = 1.0 if PAL ≥ 1.0 ∠ 1.4(sedentary)

PA = 1.12 if PAL ≥ 1.4 ∠ 1.6(low active)

PA = 1.27 if PAL ≥ 1.6 ∠ 1.9(active)

PA = 1.45 if PAL ≥ 1.9 ∠ 2.5(very active)

2. 에너지 적정비율

Dietary Reference Intakes(DRIs) : Acceptable Macronutrient Distribution Ranges

Food and Nutrition Board, Institute of Medicine, National Academies

Macronutrient	Range(Percent of energy)		
	children, 1-3y	children 4-18y	Adults
Fat	30 - 40	25 - 35	20 - 35
n-6 polyunsaturated fatty acids[a](linileic acid)	5 - 10	5 -10	5 - 10
n-3 polyunsaturated fatty acids[a](α-linolenic acid)	0.6 - 1.2	0.6 - 1.2	0.6 - 1.2
Carbohydrate	45 - 65	45 - 65	45 - 65
Protein	5 - 20	10 - 30	10 - 35

[a] Approximately 10% of the total can come from longer-chain n-3 or n-6 fatty acids.

SOURCE : *Dietary Reference Intakes for Energy, Carbohydrate, Fiber, Fat, Fatty Acids, Cholesterol, Protein, and Amino Acids*(2002).

3. 다량영양소

Dietary Reference Intakes(DRIs) : Recommended Intakes for Individuals, Macronutrients

Food and Nutrition Board, Institute of Medicine, National Academies

Life Stage Group	Total Water[a] (L/d)	Carbohydrate (g/d)	Total Feber (g/d)	Fat (g/d)	Linoleic Acid (g/d)	α-Linolenic Acid (g/d)	Protein[b] (g/d)
Infants							
0-6 mo	0.7*	60*	ND	31*	4.4*	0.5*	9.1*
7-12 mo	0.8*	95*	ND	30*	4.6*	0.5*	11.0*
Children							
1-3 y	1.3*	**130**	19*	ND	7*	0.7*	**13**
4-8 y	1.7*	**130**	25*	ND	10*	0.9*	**19**
Males							
9-13 y	2.4*	**130**	31*	ND	12*	1.2*	**34**
14-18 y	3.3*	**130**	38*	ND	16*	1.6*	**52**
19-30 y	3.7*	**130**	38*	ND	17*	1.6*	**56**
31-50 y	3.7*	**130**	38*	ND	17*	1.6*	**56**
51-70 y	3.7*	**130**	30*	ND	14*	1.6*	**56**
> 70 y	3.7*	**130**	30*	ND	14*	1.6*	**56**
Females							
9-13 y	2.1*	**130**	26*	ND	10*	1.0*	**34**
14-18 y	2.3*	**130**	26*	ND	11*	1.1*	**46**
19-30 y	2.7*	**130**	25*	ND	12*	1.1*	**46**
31-50 y	2.7*	**130**	25*	ND	12*	1.1*	**46**
51-70 y	2.7*	**130**	21*	ND	11*	1.1*	**46**
> 70 y	2.7*	**130**	21*	ND	11*	1.1*	**46**
Pregnancy							
14-18 y	3.0*	**175**	28*	ND	13*	1.4*	**71**
19-30 y	3.0*	**175**	28*	ND	13*	1.4*	**71**
31-50 y	3.0*	**175**	28*	ND	13*	1.4*	**71**
Lactation							
14-18 y	3.8*	**210**	29*	ND	13*	1.3*	**71**
19-30 y	3.8*	**210**	29*	ND	13*	1.3*	**71**
31-50 y	3.8*	**210**	29*	ND	13*	1.3*	**71**

NOTE : This table presents Recommended Dietary Allowances(RDAs) in bold type and Adequate Intakes (AIs) in ordinary type followed by an asterisk(*). RDAs and AIs may both be used as goals for individual intake. RDAs are set to meet the needs of almost all(97 to 98 percent) individuals in a group.

For healthy infants fed human milk, the AI is the mean intake. the AI for other life stage and gender groups is believed to cover the needs of all individuds in the group, but lack of data or uncertaning in the data prevernt being able to specify with confidence the percentage of individuals cobered by this intake.

[a] Total water includes all water contained in food, beverages, and drinking water.

[b] Based on 0.8g/kg body weight for the reference body weight.

[c] Change from 13.5 in prepublication copy due to calculation error.

4. 다량영양소 지침

Dietary Reference Intakes(DRIs) : Additional Macronutrient Recommendations

Food and Nutrition Board, Institute of Medicine, National Academies

Macronutrient	Recommendation
Dietary cholesterol	As low as possible while consuming a nutritionally adequate diet
Trans fatty acids	As low as possible while consuming a nutritionally adequate diet
Saturated fatty acids	As low as possible while consuming a nutritionally adequate diet
Added sugars	Limit to no more than 25% of total energy

SOURCE : *Dietary reference intakes for Energy, Carbohydrate, Fiber, Fat, Fatty Acids, Cholesterol, Protein, and Amino Acids*(2002).

Dietary Reference Intakes(DRIs) : Recommended Intakes for Individuals, Macronutrients

Food and Nutrition Board, Institute of Medicine, National Academies

Life Stage Group	Vit .A (μg/d)[a]	Vit. C (μg/d)	Vit. D (μg/d)[b,c]	Vit. E (μg/d)[d]	Vit. K (μg/d)	Thia-min (μg/d)	Ribo-flavin (μg/d)	Niacin (μg/d)[e]	Vit. B_6 (μg/d)	Folate (μg/d)[f]	Vit. B_{12} (μg/d)	Panto-thenic Acid(μg/d)	Biotin (μg/d)	Choline (μg/d)[g]
Infants														
0-6 mo	400*	40*	5*	4*	2.0*	0.2*	0.3*	2*	0.1*	65*	0.4*	1.7*	5*	125*
7-12 mo	500*	50*	5*	5*	2.5*	0.3*	0.4*	4*	0.3*	80*	0.5*	1.8*	6*	150*
Children														
1-3 y	300	15	5*	6	30*	0.5	0.5	6	0.5	150	0.9	2*	8*	200*
4-8 y	400	25	5*	7	55*	0.6	0.6	8	0.6	200	1.2	3*	12*	250*
Males														
9-13 y	600	45	5*	11	60*	0.9	0.9	12	1.0	300	1.8	4*	20*	375*
14-18 y	900	75	5*	15	75*	1.2	1.3	16	1.3	400	2.4	5*	25*	550*
19-30 y	900	90	5*	15	120*	1.2	1.3	16	1.3	400	2.4	5*	30*	550*
31-50 y	900	90	5*	15	120*	1.2	1.3	16	1.3	400	2.4	5*	30*	550*
51-70 y	900	90	10*	15	120*	1.2	1.3	16	1.7	400	2.4[i]	5*	30*	550*
> 70 y	900	90	15*	15	120*	1.2	1.3	16	1.7	400	2.4[i]	5*	30*	550*
Females														
9-13 y	600	45	5*	11	60*	0.9	0.9	12	1.0	300	1.8	4*	20*	375*
14-18 y	700	65	5*	15	75*	1.0	1.0	14	1.2	400[i]	2.4	5*	25*	400*
19-30 y	700	75	5*	15	90*	1.1	1.1	14	1.3	400[i]	2.4	5*	30*	425*
31-50 y	700	75	5*	15	90*	1.1	1.1	14	1.3	400[i]	2.4	5*	30*	425*
51-70 y	700	75	10*	15	90*	1.1	1.1	14	1.5	400	2.4[h]	5*	30*	425*
> 70 y	700	75	15*	15	90*	1.1	1.1	14	1.5	400	2.4[h]	5*	30*	425*
Pregnancy														
14-18 y	750	80	5*	15	75*	1.4	1.4	18	1.9	600[j]	2.6	6*	30*	450*
19-30 y	770	85	5*	15	90*	1.4	1.4	18	1.9	600[j]	2.6	6*	30*	450*
31-50 y	770	85	5*	15	90*	1.4	1.4	18	1.9	600[j]	2.6	6*	30*	450*
Lactation														
14-18 y	1,200	115	5*	19	75*	1.4	1.6	17	2.0	500	2.8	7*	35*	550*
19-30 y	1,300	120	5*	19	90*	1.4	1.6	17	2.0	500	2.8	7*	35*	550*
31-50 y	1,300	120	5*	19	90*	1.4	1.6	17	2.0	500	2.8	7*	35*	550*

NOTE : This table(taken from the DRI reports, see www.nap. edu) presents Recommended Dietary Allowances(RDAs) in bold type and Adequate Intakes(AIs) in ordiary type followed by an asterisk(*). RDAs and AIs may both be used as goals for individual intake. RDAs are set to meet the needs of almost all(97 to 98 percent) individuals in a group. For healthy breastfed infants, the AI is the mean intake. The AI for other life stage and gender groups is believed to cover needs of all in dividuals in group, but lack of data or uncertainty in the data prevent being able to specify with confidence the percentage of individuals covered by this intake.

[a] As retinol activity equivalents(RAEs). 1 RAE = 1μg retinol, 12μg β-carotene, 24μg α-cryptoxanthin. The RAE for dietary provitamin A carotenoids is twofolds is twofold greater than retinol equivalents(RE), whereas the RAE for preformed vitamin A is the same as RE.

[b] As cholecalciferol 1μg cholecalciferol = 40IU vitamin D.

[c] In the absence of adequate exposure to sunlight.

[d] As α-tocopgerol. α-Tocopgerol includes RRR-α−tocopgerol, the only from of α-tocopgerol that occurs naturally in foods, and the 2R-stereoisomeric forms of α-tocopgerol(RRR-, RSR-, RRS-, and Rss-α−tocopherol) that occur in fortified foods and supplements. It does not include the 2S-stereoisomeric forms of α-tocopherol(SRR-. SSR-, SRS-, and SSS-α-tocopherol), also found in fortified foods and supplements.

[e] As niacin equivalents(NE). 1mg of niacin = 60 mh of tryptophan; 0-6 months = preformed niacin(not NE).

[f] As dietary folate equivalents(DFE). 1 DFE = 1μg food folate = 0.6μg of folic acid from fortified food or as a supplement consumed with food = 0.5μg of a supplement taken on an empty stomach.

[g] Although AIs have been set for choline, there are few data to assess whether a dietary supply of choline is needed at all stages of the life cycle, and it may be that the choline requirement can be met by endogenous synthesis at some of these stages.

[h] Because 10 to 30 percent of older people may malabsorb food-bound B_{12}, it is advisable for those older than 50 years to meet their RDA mainly by consuming foods fortified with B_{12} or a supplement containing B_{12}.

[I] In view of evidence linking folate intake with neural tube defects in the fetus, it is recommended that all women capable of becoming pregnant consume 400μg from supplements or fortified foods in addition to intake of food folate from a varied diet.

[j] It is assumed that women will continue consuming 400μg from supplements or fortified food until their pregnancy is confirmed and they enter prenatal care, which ordinarily occurs after the end of the periconceptional period-the critical time for formation of the neurd tube.

Dietary Reference Intakes(DRIs) : Recommended Intakes for Individuals, Elements

Food and Nutrition Board, Institute of Medicine, National Academies

Life Stage Group	Calcium (μg/d)	Chromium (μg/d)	Copper (μg/d)	Fluoride (μg/d)	Iodine (μg/d)	Iron (μg/d)	Magnesium (μg/d)	Manganese (μg/d)	Molybdenum (μg/d)	Phosphorus (μg/d)	Selenium (μg/d)	Zinc (μg/d)	Potassium (μg/d)	Sodium (μg/d)	Chloride (μg/d)
Infants															
0-6 mo	210*	0.2*	200*	0.01*	110*	0.27*	30*	0.003*	2*	100*	15*	2*	0.4*	0.12*	0.18*
7-12 mo	270*	5.5*	220*	0.5*	130*	11	75*	0.6*	3*	275*	20*	3*	0.7*	0.37*	0.57*
Children															
1-3 y	500*	11*	340	0.7*	90	7	80	1.2*	17	460	20	3	3.0*	1.0*	1.5*
4-8 y	800*	15*	440	1*	90	10	130	1.5*	22	500	30	5	3.8*	1.2*	1.9*
Males															
9-13 y	1,300*	25*	700	2*	120	8	240	1.9*	34	1,250	40	8	4.5*	1.5*	2.3*
14-18 y	1,300*	35*	890	3*	150	11	410	2.2*	43	1,250	55	11	4.7*	1.5*	2.3*
19-30 y	1,000*	35*	900	4*	150	8	400	2.3*	45	700	55	11	4.7*	1.5*	2.3*
31-50 y	1,000*	35*	900	4*	150	8	420	2.3*	45	700	55	11	4.7*	1.5*	2.3*
51-70 y	1,200*	30*	900	4*	150	8	420	2.3*	45	700	55	11	4.7*	1.3*	2.0*
> 70 y	1,200*	30*	900	4*	150	8	420	2.3*	45	700	55	11	4.7*	1.2*	1.8*
Females															
9-13 y	1,300*	21*	700	2*	120	8	240	1.6*	34	1,250	40	8	4.5*	1.5*	2.3*
14-18 y	1,300*	24*	890	3*	150	15	360	1.6*	43	1,250	55	9	4.7*	1.5*	2.3*
19-30 y	1,000*	25*	900	3*	150	18	310	1.8*	45	700	55	8	4.7*	1.5*	2.3*
31-50 y	1,000*	25*	900	3*	150	18	320	1.8*	45	700	55	8	4.7*	1.5*	2.3*
51-70 y	1,200*	20*	900	3*	150	8	320	1.8*	45	700	55	8	4.7*	1.3*	2.0*
> 70 y	1,200*	20*	900	3*	150	8	320	1.8*	45	700	55	8	4.7*	1.2*	1.8*
Pregnancy															
14-18 y	1,300*	29*	1,000	3*	220	27	400	2.0*	50	1,250	60	12	4.7*	1.5*	2.3*
19-30 y	1,000*	30*	1,000	3*	220	27	350	2.0*	50	700	60	11	4.7*	1.5*	2.3*
31-50 y	1,000*	30*	1,000	3*	220	27	360	2.0*	50	700	60	11	4.7*	1.5*	2.3*
Lactation															
14-18 y	1,300*	44*	1,300	3*	290	10	360	2.6*	50	1,250	70	13	5.1*	1.5*	2.3*
19-30 y	1,000*	45*	1,300	3*	290	9	310	2.6*	50	700	70	12	5.1*	1.5*	2.3*
31-50 y	1,000*	45*	1,300	3*	290	9	320	2.6*	50	700	70	12	5.1*	1.5*	2.3*

NOTE : This table presents Recommended Dietary Allowances(RDAs) in bold type and Adequate Intakes(AIs) in ordinary type followed by an asterisk(*), RDAs and AIs may both be used as goals for individual intake. RDAs are set to meet the needs of almost all(97 to 98 percent) individuals in a group. For healthy breastfed infants, the AI is the mean intake. The AI for other life stage and gender groups is believed to cover needs of all individuals in the group, but lack of data or uncertainty in the data pervent being able to specify with confidence the percentage of individuals covered by this intake.

SOURCES: *Dietary Reference Intakes for Calclum, Phosphorous, Magnesium, vitamin D and Fluoride*(1997); *Dietary Reference Intakes for Thiamin, Riboflavin, Niacin, Vitamin* B_6, *Folate, Vitamin* B_{12}, *Pantothenic Acid, Biotin, and Choline*(1998); *Dietary Reference Intakes for Vitamin C, Vitamin E, Selenium, and Carotenoids*(2000); *Dietary Reference Intakes for Vitamin A Vitamin K, Arsenic, Boron, Chromium, Copper, Iodine, Iron, Manganese, Molybdenum, Nickel, Silicon, Vanadium, and Zinc*(2001);*and Dietary Reference Intakes for Water, Potassium, Sodium, Chloride, and Sulfate*(2004). These reports may be accessed via http://www.nap.edu.

Dietary Reference Intakes(DRIs) : Tolerable Upper Intake Levels(UL[a]) Vitamins

Food and Nutrition Board, Institute of Medicine, National Academies

Life Stage Group	Vit. A (μg/d)[b]	Vit. C (μg/d)	Vit. D (μg/d)	Vit. E (μg/d)[c,d]	Vit. K (μg/d)	Thiamin (μg/d)	Riboflavin (μg/d)	Niacin (μg/d)[d]	Vit. B_6 (μg/d)	Folate (μg/d)[d]	Vit. B_{12} (μg/d)	Pantothenic Acid(μg/d)	Bictin (μg/d)	Choline (μg/d)	Carotenoide[e]
Infants															
0-6 mo	600	ND[f]	25	ND	ND	ND	ND	ND	ND	ND	ND	ND	ND	ND	ND
7-12 mo	600	ND	25	ND	ND	ND	ND	ND	ND	ND	ND	ND	ND	ND	ND
Children															
1-3 y	600	400	50	200	ND	ND	ND	10	30	300	ND	ND	ND	1.0	ND
4-8 y	900	650	50	300	ND	ND	ND	15	40	400	ND	ND	ND	1.0	ND
Males,Females															
9-13 y	1,700	1,200	50	600	ND	ND	ND	20	60	600	ND	ND	ND	2.0	ND
14-18 y	2,800	1,800	50	800	ND	ND	ND	30	80	800	ND	ND	ND	3.0	ND
19-70 y	3,000	2,000	50	1,000	ND	ND	ND	35	100	1,000	ND	ND	ND	3.5	ND
>70 y	3,000	2,000	50	1,000	ND	ND	ND	35	100	1,000	ND	ND	ND	3.5	ND
Pregnancy															
14-18 y	2,800	1,800	50	800	ND	ND	ND	30	80	800	ND	ND	ND	3.0	ND
19-50 y	3,000	2,000	50	1,000	ND	ND	ND	35	100	1,000	ND	ND	ND	3.5	ND
Lactation															
14-18 y	2,800	1,800	50	800	ND	ND	ND	30	80	800	ND	ND	ND	3.0	ND
19-50 y	3,000	2,000	50	1,000	ND	ND	ND	35	100	1,000	ND	ND	ND	3.5	ND

[a] UL = The maximum level of daily nutrient intake that is likely to pose no risk of adverse effects. Unless otherwise specified, the UL represents total intake from food, water, and supplements. Due to lack of suitable data, ULs could not be established for vitamin K, thiamin, riboflavin, vitamin B_{12}, pantothenic acid, biotin, carotenoids. In the absence of ULs, extra caution may be warranted in consuming levels above recommended intakes.

[b] As preformed vitamin A only.

[c] As α-tocopherol; applies to any form of supplemental α-tocopherol.

[d] The ULs for vitamin E, niacin, and folate apply to synthetic forms obtained froms obtained from supplements, fortified foods, or a combination of the two.

[e] β-Carotene supplements are advised only to serve as a provitamin A source for individuals at risk of vitamin A deficiency.

[f] ND = Not determinable due to lack of data of adverse effects in this age group and concern with regard to lack of ability to handle excess amounts. Source of intake should be from food only to prevent high levels of intake.

SOURCES : *Dietary Reference Intakes for Calcium, Phosphorous, Magnesium, Vitamin D, and Fluoride*(1997);*Dietary Reference Intakes for Thiamin, Riboflavin, Niacin, Vitamin B_6, Folate, Vitamin B_{12}, Pantothenic Acid, Biotin, and Choline*(1998); *Dietary Reference Intakes for Vitamin C, Vitamin E, Selenium and Carotenoids* (2000) *and Dietary Reference Intakes for Vitamin A Vitamin K, Arsenic, Boron, Chromium, Copper, Iodine, Iron, Manganese, Molybdenum, Nickel, Silicon, Vanadium, and Zinc*(2001). These reports may be accessed via http://www.nap.edu.

Dietary Reference Intakes(DRIs) : Tolerable Upper Intake Levels(UL[a]), Elements

Food and Nutrition Board, Institute of Medicine, National Academies

Life Stage Group	Arsenic[b]	Boron (μg/d)	Calcium (g/d)	Chromium	Copper (μg/d)	Fluoride (μg/d)	Iodine (μg/d)	Iron (μg/d)	Magnesium (μg/d)[c]	Manganese (μg/d)	Molybdenum (μg/d)	Nickel (μg/d)	Phosphorus (g/d)	Potassium	Selenium (μg/d)	Silicon[d]	Sulfate	vanadium (μg/d)[e]	Zinc (μg/d)	Sodium (g/d)	Chloride (μg/d)
Infants																					
0-6 mo	ND	ND	ND	ND	ND	0.7	ND	40	ND	ND	ND	ND	ND	ND	45	ND	ND	ND	4	ND	ND
7-12 mo	ND	ND	ND	ND	ND	0.9	ND	40	ND	ND	ND	ND	ND	ND	60	ND	ND	ND	5	ND	ND
Children																					
1-3 y	ND	3	2.5	ND	1,000	1.3	200	40	65	2	300	0.2	3	ND	90	ND	ND	ND	7	1.5	2.3
4-8 y	ND	6	2.5	ND	3,000	2.2	300	40	110	3	600	0.3	3	ND	150	ND	ND	ND	12	1.9	2.9
Males, Females																					
9-13 y	ND	11	2.5	ND	5,000	10	600	40	350	6	1,100	0.6	4	ND	280	ND	ND	ND	23	2.2	3.4
14-18 y	ND	17	2.5	ND	8,000	10	900	45	350	9	1,700	1.0	4	ND	400	ND	ND	ND	34	2.3	3.6
19-70 y	ND	20	2.5	ND	10,000	10	1,100	45	350	11	2,000	1.0	4	ND	400	ND	ND	1.8	40	2.3	3.6
> 70 y	ND	20	2.5	ND	10,000	10	1,100	45	350	11	2,000	1.0	3	ND	400	ND	ND	1.8	40	2.3	3.6
Pregnancy																					
14-18 y	ND	17	2.5	ND	8,000	10	900	45	350	9	1,700	1.0	3.5	ND	400	ND	ND	ND	34	2.3	3.6
19-50 y	ND	20	2.5	ND	10,000	10	1,100	45	350	11	2,000	1.0	3.5	ND	400	ND	ND	ND	40	2.3	3.6
Lactation																					
14-18 y	ND	17	2.5	ND	8,000	10	900	45	350	9	1,700	1.0	4	ND	400	ND	ND	ND	34	2.3	3.6
19-50 y	ND	20	2.5	ND	10,000	10	1,100	45	350	11	2,000	1.0	4	ND	400	ND	ND	ND	40	2.3	3.6

[a] UL = The maximum level of daily nutrient intake that is likely to pose no risk of adverse effects. Unless otherwise specified, the UL represents total intake from food, water, and supplements. Due to lack of suitable data, ULs could not be established for arsenic, chromium, silicon, potassium, and sulfate. In the absence of ULs, extra caution may be warranted in consuming levels above recommended intakes.

[b] Although the Ul was not determined for arsenic, there is no justification for adding arsenic to food or supplements.

[c] The ULs for magnesium represent intake from a pharmacological agent only and do not include intake from food and water.

[d] Although silicon has not been shown to cause adverse effects in humans, there is no justification for adding silicon to supplements.

[e] Although vanadium in food has not been shown to cause adverse effects in humans, there is no justification for adding vanadium to food and vanadium supplements should be used with caution. The UL is based on adverse effects in laboratory animals and this data could be used to set a UL for adults but not children and adolescents.

[f] ND = Not determinable Due to lack of data of adverse effects in this age group and concern with regard to lack of ability to handle excess amounts. Source of intake should be from food only to prevent high levels of intake.

SOUCES : *Dietary Reference Intakes for Calcium, Phosphorous, Magnesium, Vitamin D and Fluoride*(1997); *Dietary Reference Intakes for Thiamin, Riboflavin Niacin, Vitamin B_6, Folate, Vitamin B_{12}, Pantothenic Acid, Biotin, and Choline*(1998); *Dietary Reference Intakes for Vitamin C, Vitamin E, Selenium, and Carotenoids* (2000); *Dietary Reference Intakes for Vitamin A, Vitamin K, Arsenic, Boron, Chromium, Copper, Iodine, Iron, Manganese, Molybdenum, Nickel, Silicon, Vanadium, and Zinc* (2001); *and Dietary Reference Intakes for Water, Potassium, Chloride, and Sulfate* (2004). These reports may be a accessed via http://www.nap.edu.

참고 문헌

한국영양학회 (2015), 한국인 영양섭취기준
한국보건산업진흥원 (2004), 식품의약품안전청
보건복지부 (2003), 한국인을 위한 식생활 지침보고서
김숙희 외 (2001), 개정영양학, 신광출판사
김숙희 외 (2005), 고급영양학, 라이프사이언스
이기열, 문수재 (1997), 최신영양학, 수학사
박태선, 김은정 (2005), 현대인의 생활영양, 교문사
최혜미 외 (2006), 21세기 영양학, 제2개정판, 교문사
기초영양학 (2002), 한국식품영양관련학과 교수협의회, 도서출판 효일
장유경 외 (2005), 기초영양학, 교문사
서정숙 외 (2003), 기초영양학, 제 4개정판, 지구문화사
이혜수 (1999), 기초영양학, 교문사
성낙응 (1989), 임상영양학, 중앙문화사
서정숙 외 (2005), 임상영양학, 지구문화사
김화영 외 (2006), 영양 그리고 건강, 교문사
김숙희 외 (2001), 개정영양학, 신광출판사
구재옥 외 (2005), 영양학, 한국방송통신대학교출판부
김숙희 (1993), 한국인의 칼슘영양과 골다공증, 한국영양학회지, 26(2): 203~212
김을상 (1997), 한국인의 식염섭취 추이와 현황, 국민영양, 1,2월호
계승희, 백희영 (1993), 우리나라 젊은 성인 여성의 철분 영양상태와 이에 영향을 미치는 식이 요인 분석 (1), 한국영양학회지 26(6): 692~702
구재옥, 최혜미 (1988), 한국 여성의 단백질 및 칼슘섭취가 칼슘대사에 미치는 영향, 한국영양학회지 21(2): 99~112
이영남, 노성윤 (2001), 우리나라의 식품교환표, 식품의 서빙분량, 식사지침에 대한 영양사들의 인지도 및 실천에 관한 조사연구, 대한영양사회학술지 7(1): 9
김우겸 체액 수분균형, 전해질 균형의 생리, 병태생리, 수액요법. 생명의 이치 서울 1990.
김우겸 산염기 균형 완충작용, 체내완충작용, 산염기균형장해의 이론과 실제. 생명의 이치 서울 1990.
五明紀春, 渡邊早苗, 少原郁夫, 山田哲雄 (2005), 基礎 營養學, 朝倉書店
林淳三, 高橋徹三, (2005) , 營養學總論, 建泉社
Albert B, Bray D, Lewis J, Raff M, Roberts K, Waltson JD (1999), Molecular Biology of the cell, Garland Science Publishing
Sareen G (2000), Biochemistry of Human Nutrition, Wadsworth
Aggett PJ, Comerford JG (1995), Zinc and human health, Nutr. Rev. 53(9): s16~22
Whitening SJ, Vatanparast H, Baxter Jones A, Faulkner RA, Mirwald R, Bailey DA (2004), Factors that affect bone mineral accural in the adolescent gross spurt, J. Nutr. 134: 696s~700s
Cecie starr, Beverly McMillian, Human Biology 6th, Thomson Books/cole
Rebecca J. donatelle, Access to Health 7th ed.
Bowman BA, Russell RM (2001), Present Knowledge in Nutrition, 8th Ed. ILSI Press
Ellie Whitney, Sharon rady rolfes, Understanding Nutrition, 10th 250~272, 394~472
Raise LG, Dempster SW et al, Mechanism of Disease in New England Journal of Medicine, 218(13) : 818, Massachusetts Medical society.
Rebeca J. donatelle Access to health, 7th
Wardlaw GM, Insel PM Perspectives in Nutrition. 2nd ed. Mosby 1997
Siezer FS, Whitney EN Nutrition Concepts and Controversies. 7th ed. West/Wadsworth International Thomson 1997.
Groff JL, Gropper SS, hunt SM Advanced Nutrition and Human Metabolism. 2nd ed. West publishing Co. 1995
Christian JL, Greger JL Nutrition for Living. The benjamin/Cummings publishing Co. INC 1997
Machlin LJ Handbook of Vitamins. nutritional, Biochemical and Clinical Aspects. Marcel Dekker INC NY and Basel 1984.
Sadler MJ, Strain JJ, Caballero B Encyclopedia of Human Nutrition. Vol 1-3 Academic Press Harcourt Brace & Co. 1999.
Dulbecco R (editor in chief) Encylopedia of Human Biology. Vol 1-8 Academic Press 1991

Institute of Medicine of the National Academies. Dietary Reference Intakes for Energy, Carbohydrate, Fiber, Fat, Fatty Acids, Cholesterol, Protein and Amino Acids. The National Academies Press. 2002
World Health Organization. Diet, Nutrition and the prevention of chronic diseases. Technical report series 916, Geneva WHO, 2003
FAO/WHO/UNU. Energy and Protein Requirements. Report of a joint FAO/WHO/UNU Expert Consultation. Technical Report Series No.724. Geneva, Switzerland : World Health Organization, 1985
JOM. Nutrition During Lactation. Washington DC : National Academy Press, 1991
IOM(Institute of Medicine). Dietary Reference Intakes : Proposed definition of dietary fiber. Washington, DC : National Academy Press, 2001
Wolever TMS, Jenkins DJA. Effect of fiber and foods on carbohydrate metabolism. In : Spiller GA, ed. Dietary fiber in human nutrition, 2nd ed. Boca Raton, FL : CRC Press, 1993
Food and Nutrition Board, Institute of Medicine, Dietary Reference Intakes for water, potassium, sodium, chloride and sulfate (the US/Canada), Panel on Dietary Reference Intakes for Electrolytes and Water, Washington D.C. 2004
Boileau TW, Moore AC, Erdman JWJr. Carotenoids and vitamin A. In : Papas AM, ed. Antioxidant Status, Diet, Nutrition and Health. CRC Press : Boca Raton, FL, 1999
Farrell PM, Robert RJ, Vitamin E in Shils ME, Olson JA, Shike M, eds. Modern Nutrition in Health and Disease, Lea & Febiger, Philadelphia, 1994
Food and Nutrition Board. Institute of Medicine. Dietary reference intakes for vitamin C, vitamin E, selenium and carotenoids. National Academy Press, Washington DC, 2000
Scientific Committee on Food. Opinion of the Scientific Committee on Food on the tolerable upper intake level of vitamin E. European Commission. SCF/CS/NUT/UPPLEV/31 Final, Brussels, 2003
Sokol RJ. Vitamin E deficiency and neurological disorders. In Packer L, Fuchs J, eds. Vitamin E in Health and disease. Marcel Dekker. New York, 1993
American Academy of Pediatrics, Pediatric Nutrition Handbook. AAP, Elk Grove, IL. 1993
FAO/WHO/UNA (Food and Agriculture Organization of the United Nations/World Health Organization/United Nations). Energy and Protein Requirements. Report of a Joint FAO/WHO/UNA Expeort Consultation. Technical Report Series, No. 724, World Health Organization, Geneva 1985
Schrijver J. Biochemical markers for micronutrient status and their interpretation. In : Pietzik K, ed. Modern lifestyles. Lower energy intaker and micronutrient status. Springer-Verlag. London, 1991
Tanphaichitr V. Thiamin. In : Shils ME. Olson JA, Shike M, ed. Modern nutrition in health and disease, 8th ed. Lea & Febiger. Malvern. PA, 1994
Wilson JA. Disorders of vitamins : Deficiency, excess and errors of metabolism. In : Petersdorf RG, Harrison TR, eds. Harrison's Principles of Internal Medicine, 10th ed. McGraw-Hill, New York, 1983
Food and Nutrition Board, Institute of Medicine, Dietary reference intakes for thiamine, riboflavin, niacin, vitamin B_6, folate, vitamin B_{12}, biotin and choline. National Academy Press, Washington DC, 1998
Sadowski JA. Riboflavin. In : Hartz SC, Russell RM, Rosenberg III, eds. Nutrition in the elderly. The Boston nutritional status survey. Smith-gordon, London, 1992
Bhagavan HN. Interaction between vitamin B_6 and drugs. In : Reynolds RD, Leklem JE, eds. Vitamin B_6 : its role n health and disease, Liss. New York, 1985
Friedrich W. Vitamins, Walter de Gruyter, New York, 1988
FAO. Requirement of vitamin A, iron, folate and vitamin B_{12}. Report of a joint FAO/WHO expert consultation. FAO food and nutrition series No. 23. Food and Agriculture Organization. Rome. 1988
Atkinson SA, Alston-Mills BP, LonneRll B, Neville MC, Thompson MP. Major minerals and ionic constituents of human and bovine milk. In : Jensen RJ, ed. Handbook of milk Composition. Academy Press, California, 1995
Food and Nutrition Board, Institute of Medicine. Dietary reference intakes for calcium, phosphorus, magnesium, vitamin D and fluoride. National Academy Press, Washington DC, 1997
Franz KB, Influence of phosphorus on intestinal absorption of calcium and magnesium. In : Itokawa Y, Durlach J, eds. Magnesium in Health and disease. 1989, John Libbey & Co. London.
Widdowson EM, Dickerson JWT. The chemical composition of the body. In : Comar CL, Bronner F, eds. Mineral Metabolism : An Advanced Treatise, Vol. Ⅱ. The Elements, Part A. Academic Press, New York, 1964
Dietary Reference Intakes, - for Vit A, Vit K, Arsenic, Boron, Cr, Cu, I, Fe, Mn, Mb, Ni, Silicon, Vanadium and Zinc. National Academy Press, 2001
Hawkins WW. Iron, copper and cobalt. In : Beaton GH, McHenry EW, eds. Nutrition : A comprehensive treatise. Academic Press, 1964 New York
Food and Nutrition Board, Institute of Medicine. Dietary Reference Intakes for vitamin A, vitamin K, Ar, Bo, Cr, Cu, I, Fe, Mn, Mo, Ni, Si, Va and Zn. National Academy Press, 2001
Jackson MJ, Physiology of zinc : general aspects. In : Mills CF, ed. Zinc in human biology. Springer-Verlag, New York 1989
Food and Nutrition Board, Institute of Medicine. 1997. Dietary reference intakes for Cs, P, Mg, vitamin D and F. National Academy press, Washington, DC.
Mo D. Pathology and selenium deficiency in Keshin-Beck disease. In : Combs GF, Spallholz JE Jr, Levander OA, Oldfield JE eds. Selenium in biology and medicine. Van Nostrand Reinhold, NY, 1987
Leklem JE, Vitamin B_6. In : Ziegler EE, Filer LJ, eds, Present knowledge in nutrition, 7th ed, ILSI press, Washington DC, 1996

찾아보기

ㅂ

ㅅ

ㅇ

ㅈ

ㅊ

ㅋ

ㅌ

ㅍ

ㅎ

Memo

Memo

Memo

NUTRITION

에센스 영양학

2022년 1월 5일 초판 인쇄
2022년 1월 10일 초판 발행

저 자 서광희/서정숙/이승교/정현숙
박찬윤/윤예리/이윤정/정유미

발행인 주병오 · 주민기

발행처 ㈜지구문화
JIGU CULTURE Co.Ltd

경기도 파주시 회동길 209(문발동)
파주출판문화정보산업단지
영업부 (031) 955-7566 · 7577
편집부 (031) 955-7731~3
FAX (031 955-7730

등록번호 1979년 7월 13일 제9-57호

ISBN 978-89-7006-072-9 24,000원